KB111896

모든 이의 과학사 강의

역사와 문화로 이해하는 과학 인문학

모든 이의
과학사
강의

정인경 지음

여문책

차례

| chapter 1 | 인류의 탄생과 문명의 발흥

1장   진화와 문명

2장   고대 문명의 대약진

| chapter 2 |　　아시아와 유럽을 잇는 중세의 과학과 기술

1장　지식의 햇불, 이슬람 과학

2장　세계의 중심, 중국의 과학기술과 문명

3장　조선 세종시대의 과학 문화유산

4장　중세를 무너뜨린 유럽의 화약혁명

| chapter **4** | 인간을 닮은 현대 과학기술

과학은 모든 이의 것이고
모든 곳에 있었다

이 책의 초판『동서양을 넘나드는 보스포루스 과학사』(2014)가 나왔을 때 저자로서 아쉬운 점이 많았다. 초고가 3년이나 출판사에 묶여 있었고, 후속작인『뉴턴의 무정한 세계』와 동시에 출간되면서 주목받지 못했으며, 책 제목이 불필요한 오해를 불러일으켰다. 그럼에도 이 책을 처음 접한 몇몇 독자로부터 친절한 설명과 주제의식이 돋보인다는 호평을 받았다. 무엇보다도 이 책이 나오고 나의 삶이 변화했다. 여러 중·고등학교에서 강연 요청이 들어왔고, 과학사 교과서를 집필했으며, 청소년을 위한 과학책 단행본까지 쓰게 되었다. 아마 이 책이 나의 과학책 저술 활동의 출발점이었던 것 같다.

이번에 개정판을 내면서 원고를 처음 쓰기 시작할 때의 마음으로 돌아가보았다. 나는 어려운 과학을 누구나 쉽게 이해할 수 있는 글쓰기를 하고 싶었다. '한국에서 과학기술하기', 그다음은 과학기술의 방향성이 중요하다는 것을 모든 이에게 알려주고 싶었다. 이러한 생각의 밑바탕에는 과학은 우리 모두가 만든 것이고, 앞으로 만들어갈 것이라는 믿음이 깔려 있다.

　'모두를 위한 과학Science for All'은 과학사가 지향하는 목표다. 만약 과학이 몇몇 천재 과학자의 소유물이라면 과학사가 서 있을 자리는 없을 것이다. 과학사는 단순히 과학자의 업적을 시대순으로 옮겨놓은 기록물이 아니기 때문이다. 이 책의 첫 문장은 "과학은 인간이 만든 언어다"로 시작한다. 과학은 인간의 활동이고, 인간이 생산한 문화의 산물이다. 이 문장은 과학과 인간을 분리해서 생각할 수 없는, 과학과 인문학의 융합을 함축하고 있다.

　우리는 과학사를 통해 인간의 창조적 활동이 세상을 어떻게 변화시켰는지를 배운다. 바로 과학적 사고와 문제해결력, 합리적 의사소통 능력, 민주주의의 가치 등이다. 최근 문·이과 통합과 교육과정 개정에 담긴 취지 또한 이것을 반영하고 있다. 이 책은 이러한 통합과학과 과학사의 교육지침을 충실히 따르고 있기에, 여러 학교 현장에서 수업 교재로도 활용될 수 있었다. 그동안 진심어린 의견을 보내준 학생들과 선생님들에게 감사의 마음을 전하고 싶다. 그분들 덕분에 개정판이 빛을 보게 되었다. 우리 사회에 과학을 역사와 문화로 이해하는 독서 활동이 더욱 확산되길 바라며, 새롭게 단장한 『모든 이의 과학사 강의』가 독자들의 삶을 조금이라도 풍요롭게 하는 데 일조할 수 있기를 빌어본다.

2020년 봄을 기다리며
정인경

앍은
삶을
바꾼다

과학은 인간이 만든 언어다. 인간은 지구에 출현했을 때부터 자신이 살고 있는 세계를 이해하고 설명하려 했다. 예를 들어 낮과 밤이 생기고 계절이 변하는 자연의 변화를 설명하기 위해 달력을 만든 것처럼 인간은 자연스럽게 과학이라는 언어를 창조했다. 역사적으로 각 문명권에서는 자연세계를 설명하는 독자적인 언어를 가지고 있었다. 이집트 문명에서는 태양신을 숭배하는 신화가 있었고, 우리나라에서는 28수宿라는 별자리 이름을 가지고 태양과 달의 움직임을 관찰했다. 그런데 오늘날 세계의 모든 나라에서는 각 문명권에서 발생한 전통과학을 배우지 않고 서양의 근대과학을 학습하고 있다.

우리 역시 학교에서 17세기 유럽인들이 만든 근대과학을 공부하고 있다. 근대과학은 인간에게 호모 사피엔스라는 이름을 붙였고, 물질을 수소(H), 산소(O), 철(Fe), 황(S) 등의 원소기호로 표시하고 있다. 서양의 과학자들이 동식물과 물질을 분류하고 정의한 대로 우리는 근대과학의 이론체계를 배우고 있다. 이렇게 전 세계가 서양의 근대 과학을 보편과학으로 인정한 데는 이유가 있다. 17세기에 영국의 과학자 아이작 뉴턴이 태양계의 운동을 정확하게 예측한 것을 시점으로 근대과학은 자연세계를 가장 잘 설명하는 언어라는 학문적 권위를 얻었다. 태양계와 같이 실재하는 세계에 대해 가장 확실하고 믿을 만한 지식을 제공함으로써 근대과학은 우리가 흔히 말하는 '진리' 또는 '사실'이 된 것이다.

근대과학 이후에 우리는 과학을 사실이라고 인식한다. 세계는 인간과 독립적으로 존재하고, 과학은 세계에 대한 사실을 말하며, 인간은 과학을 통해 세계를 더욱 정확하게 알게 되었다. 그런데 과학은 지구가 태양 주위를 돌고 있다는 사실과 같이 세계가 어떻게 있는지에 대해서만 말하고 있다. 다시 말해 과학은 세계가 존재하는 방식(사실)을 말할 뿐이지, 우리가 어떻게 살아야 하는지(가치)에 대해서는 말하지 않는다. 18세기 철학자 데이비드 흄이 이렇게 사실과 가치가 분리되었다고 주장한 이래, 대부분의 철학자와 과학자들은 과학을 가치중립적인 지식이라고 간주하고 있다. 오늘날 서양의 근대과학을 배우는 우리도 이러한 서양 철학의 전통을 따르고 있다. 과학은 단지 자연세계에 대한 지식을 가르치고 있으며 우리 삶과는 동떨어져 있다고 말이다.

그런데 최근에 뇌과학과 신경과학은 사실과 가치에 대한 새로운 주장을 제기하고 있다. 뇌과학자들은 인간의 뇌에서 느끼는 감정에 주목했다. 행복, 슬픔, 두려움, 놀라움, 분노와 같은 기본적인 감정은 무엇이 중요한지를 판단하는 데 결정적인 역할을 한다는 것이다. 감정을 느끼는 인간은 자신이 접하는 모든 것에 가치가 '있다' 또는 '없다'를 지각한다. 예컨대 과학이 가치중립적 지식일지라도 인간의 감정은 과학을 가치중립적으로 받아들이지 않는다는 것이다. 인간의 뇌는 과학이 실재하는 세계를 반영하는 사실이라는 점에서 '중요하다'는 감정을 느끼고 가치판단을 한다. 이러한 과정을 뇌 차원에서 보면, 세계가 어떻게 있는지(사실)와 우리가 어떻게 해야 하는지(가치)가 긴밀하게 연결되어 있다는 것을 알 수 있다. 사실을 안다는 '앎'은 어떻게 살아야 하는가 하는 '삶'에 영향을 미친다는 것이다.

쉬운 예를 들어보자. 인간은 오래 굶으면 죽는다. 이때 자연세계는 모든 생명체가 영양이 공급되지 않으면 죽는다는 것을 보여줄 뿐이지, 인간에게 먹지 않으면 죽으니까 굶지 말라고는 하지 않는다. 그런데 인간은 굶으면 죽는다는 것을 알고 두려움과 위기감을 느끼며 굶지 말아야 한다고 판단한다. 또는 죽기 위해 굶어야겠다고 판단하기도 하는데, 이렇게 굶거나 굶지 말아야 한다고 판단하는 것은 인간이다. 과학은 자연세계의 사실을 말하고, 인간은 그 사실을 바탕으로 추론하고 가치판단을 해왔던 것이다. 그래서 지동설이나 진화론과 같은 사실을 알고 난 이후에는 모든 가치판단이 바뀌고 삶이 바뀐다고 할 수 있다.

과학의 역사를 살펴보면 앎이 삶을 바꾸는 수많은 사례가 나온다. 지구가 움직인다는 사실을 몰랐던 사람들이 태양계의 운동을 알았을 때 유럽의 역사가 바뀌었다. 유럽에서 근대과학이 출현한 이후에 중세봉건제와 절대왕정이 무너지고 근대사회로 변혁되었다. 뇌과학자들이 주장한 것처럼 인간은 과학적 사실을 발견하면서 자신의 삶

뿐 아니라 역사까지 바꿔왔다. 지구에 출현한 인간은 부단히 세계와 부딪치면서 주변 환경을 이해하고 새로운 도구를 만들며 살아남았다. 이 과정에서 과학은 세계에 대한 지식이고 기술은 실용적 목적을 위해 만든 도구라고 한다면, 결국 인간은 과학과 기술을 통해 세계를 변화시켰다고 말할 수 있다.

그런데 서양의 근대과학을 수입해서 배우고 있는 우리는 과학을 앎으로서 받아들인 경험을 갖지 못했다. 진지하게 과학과 우리의 삶을 연결해서 생각해본 적이 없다는 뜻이다. 예를 들어 다윈의 진화론은 인간의 존재에 대한 획기적인 사실을 밝힌 것인데, 우리는 다윈의 진화론을 배우면서 삶의 문제를 고민하지 않는다. 우리에게 과학은 언제나 외부에서 주어진 것이었다. 과학의 객관성과 보편성은 서양인들이 주장한 것이고, 우리는 의심 없이 받아들였을 뿐이다. 우리 스스로 어떤 문제의식과 관점을 가지고 과학의 역사를 읽어내지 못한 채 과학사를 서양 과학자의 뒷이야기나 어려운 과학적 개념을 이해하기 위해 부수적으로 공부하는 과목 정도로 인식했다.

우리가 가지고 있는 과학사에 대한 이러한 인식은 잘못된 것이므로 바로잡아야 한다. 과학사에서 우리가 배우는 것은 서양 근대과학의 빛나는 성취가 아니다. 인간이 과학과 기술을 발명해 성공적으로 지구를 지배하게 된 승리의 역사도 아니다. 우리는 과학사를 통해 인간 스스로 세계를 앎으로써 삶을 바꾸고 나아가 역사도 바꾸었다는 통찰을 얻고자 한다. 우리가 어떻게 살아야 하는지 선택의 기로에 서 있을 때, 과학은 세계에 대한 사실을 알려주고 세계를 변화시킬 수 있는 근거를 제공한다.

이 책은 앎이 삶을 바꾼다는 관점에서 인간의 출현에서부터 과학의 역사를 다룬다. 그리고 새로운 논쟁점을 짚어주면서 과학사를 어떻게 바라봐야 하는지에 대한 방향성을 제시한다. 우리는 내가 살고 있는 세계와 나 자신에 대해 얼마나 알고 있는가? 세계는 무엇이고 인간은 누구인가? 우주는 어떻게 생겨났으며 인간은 왜 존재하는가? 수많은 철학자와 과학자들이 탐구했던 이러한 근본적인 질문들을 되새기면서 과학의 역사적 의미를 살펴보자. 과학의 역사는 세계와 우리 자신을 알고 세계를 변화시켜나가는 훌륭한 밑거름이 될 것이다.

chapter

1

인류의
탄생과
문명의 발흥

우리는 누구인가?

인간은 어떻게 지구에 처음 나타났을까? 인간의 기원에 대해 알게 된 것은 역사적으로 그리 오래된 이야기가 아니다. 150여 년 전 찰스 다윈이 『종의 기원』(1859)을 출간하면서 인간의 실체가 드러났다. 다윈은 『종의 기원』에서 인간을 포함한 지구의 모든 생물이 진화해왔다고 주장했다. 지구 생물들은 신이 창조한 것이 아니라 우연히 나타나 진화했다는 것이다. 그리고 진화를 일으킨 원동력으로 자연선택을 제시했다. 자연선택에 의한 진화론! 한마디로 자연은 특정한 환경에 잘 적응한 생물들을 선택한다는 것이다. 진화론에 따르면 인간은 지구에서 살고 있는 다른 생물들과 마찬가지로 자연법칙에 지배받는 존재였다. 인간은 신이 선택한 존재도 아니고 인간 스스로 창조한 존재도 아닌, 자연이 선택한 존재였던 것이다.

다윈의 진화론을 모르면 인간의 역사는 물론 과학의 역사도 이해할 수 없다. 인간의 뇌와 손은 새의 날개나 뱀의 꼬리처럼 자연선택에 의해 진화한 것이다. 이렇게 진화한 인간의 뇌는 돌도끼와 숫자를 발명하고 과학도 발견했다. 그런데 역사책에서는 인간의 생물학적 진화를 무시하고, '손으로 도구를 사용하기 위해 직립보행을 했다'는 식의 과학적으로 잘못된 표현을 쓴다. 인간은 다른 동물들과 마찬가지로 자연환경에 적응하며 진화했는데, 대부분의 역사책은 인간과 환경과의 관계보다 인간의 능력에 초점을 맞춰 과장되게 부풀리는 경향이 있다. 예를 들어 신석기시대의 농업혁명에 대해 마치 인간이 탁월한 재능으로 농사법을 발견한 것처럼 묘사하고 있다.

최근 고인류학과 분자생물학 등이 발전하면서 인류의 역사는 새롭게 쓰이는 중이다. 인류의 역사에서 99퍼센트를 차지하는 구석기시대는 문자가 없었기 때문에 이러한 학문 분야의 과학적 연구가 큰 도움이 된다. 최초의 인간은 누구인가? 인간의 특징은 무엇인가? 왜 인간은 농부가 되었는가? 이러한 질문들은 새로운 논쟁을 불러일으킬 만큼 과학적으로 중요한 문제다. 호모 사피엔스라는 생물 종은 진화하는 과정에서부터 인간의 특징을 형성하며 지적인 존재로 성장했다. 그러다 마침내 농업혁명을 일으켜 문명을 탄생시키고 숫자와 문자를 발명하기에 이르렀다. 우리가 누구인지 더욱 정확히 알아보기 위해서는 과학사에 대한 이해가 필수적이다. 앞으로 과학사는 과학적 관점에서 끊임없이 인류의 역사를 재구성해 살펴볼 것이다.

1

진화와
문명

인간을 인간답게 한 것은 무엇인가?

다윈은 최초의 인간을 예측했다. 지구의 모든 동식물이 하나의 생명체에 뿌리를 두고 갈라져 나온 것과 같이 인간도 그렇게 진화했다고 밝혔다. 그는 1871년에 출간한 『인간의 유래』에서 인간의 조상은 아프리카에서 살았을 것이라고 말했다. 인간과 가장 가까운 친척인 침팬지와 고릴라가 현재 아프리카에서 살고 있기 때문이다. 약 600만 년 전 아프리카 숲속에는 인간과 침팬지의 공통조상인 영장류가 살고 있었고, 그 영장류가 진화해서 한 갈래는 인간이 되고 또 다른 갈래는 침팬지가 되었다는 것이다.

최초의 인간은 누구인가? 『인간의 유래』를 읽고 고무된 고인류학자들은 인류의 화석을 찾아 아프리카 땅을 헤맸다. 그곳에서 그들이 발견한 것은 인간과 유인원의 특징을 동시에 지닌 화석들이었다. 1924년에 남아프리카공화국에서 해부학 교수로 재직 중이던 레이먼드 다트Raymond Dart(1893~1988)는 '오스트랄로피테쿠스 *Australopithecus*'를 발견했다. '남쪽 지방의 원숭이'라는 뜻의 오스트랄로피테쿠스는 인간보다 머리뼈의 크기는 작았지만 골격이 인간과 유인원을 연결하는 고리처럼 보였다. 다트는 인간의 진화가 두뇌의 크기보다는 골격의 변화에서부터 시작되었을 것이라고 추측했고, 이에 대한 논문을 써서 유럽 학계에 보고했다.

그런데 유럽의 고인류학자들은 다트가 발견한 화석과 논문을 학술적으로 인정하지 않았다. 20세기 전후 우생학優生學과 골상학骨相學이 판을 치던 시절에 유럽의 학계는 인종적 편견과 머리뼈의 크기에 빠져 있었다. 아프리카 흑인은 지적으로 열등한 종족이기에 결코 인간의 조상이 될 수 없다고 보았다. 1856년 독일에서 네안데르탈인이, 1868년 프랑스에서 크로마뇽인이 발견되면서 인간의 기원은 유럽에서 시작되었다고 확신했다. 그들은 1912년 영국의 필트다운에서 출토된 화석을 가장 오래된 인간의 화석이라고 고집하며, 유럽이 아닌 다른 지역에서 발견된 화석을 무시했다.

그 후 40여 년이 지난 뒤 유럽의 고인류학자들은 자신들의 잘못을 시인하지 않을 수 없었다. 1953년 불소연대측정법으로 필트다운에서 발견된 화석의 정체가 밝혀진 것이다. 필트다운인이라고 불렸던 이 머리뼈는 불과 600년 정도밖에 안 된 중세시대의 머리뼈와 오랑우탄의 턱뼈가 정교하게 위조된 것이었다. 유럽의 오만과 인종적 편견이 이러한 사기극을 연출했고, 유럽의 학계는 씻을 수 없는 오명을 남겼다.

드디어 다윈의 예견대로 아프리카의 화석 인류가 세계 과학계에

인간의 계통도

인간과 원숭이가 공통의 조상에서 갈라져 나왔음을 나타내는 이 그림은 인간이 원숭이의 사촌
이 아니라는 사실을 잘 보여준다.

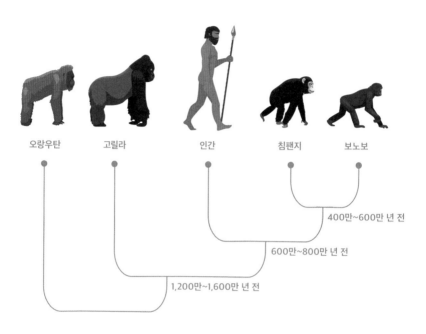

오랑우탄　　고릴라　　　　　인간　　　　　침팬지　　　보노보

400만~600만 년 전

600만~800만 년 전

1,200만~1,600만 년 전

등장했다. 1959년 루이스 리키Louis Leakey(1903~1972)와 그의 아내 메리 리키Mary Leakey(1913~1996)는 탄자니아의 올두바이 골짜기에서 인간 진화의 계보를 다시 작성했다. 그들은 수십 년 동안 에티오피아, 케냐 등지에서 결정적인 화석 증거를 여러 차례 발견했다. 이후 그의 아들 리처드 리키Richard Leakey(1944~)와 수많은 고고학자의 참여로 힘들고 기나긴 발굴 작업은 성과를 거둘 수 있었다. 이때 발견된 수많은 뼛

조각과 도구들은 아프리카가 인류의 요람이라는 사실을 의심할 나위 없이 입증했다.

1970년대에 이르자 인간이 다른 동물에 비해 더 커다란 머리뼈를 지녔을 것이라는 기존의 학설도 깨졌다. 1974년 도널드 조핸슨Donald Johanson(1943~)은 유인원과 비슷한 작은 머리뼈를 지니고 직립보행을 하는 화석 인류를 발견했다. '루시Lucy'라는 이름의 이 화석 인류는 130센티미터의 키에 유인원처럼 팔이 길고 뇌의 크기는 작았지만 인간을 닮은 펑퍼짐한 엉덩이뼈를 가지고 있었다. 에티오피아 북동쪽에 있는 아파르Afar 삼각지대에서 발굴되었다고 해서 '오스트랄로피테쿠스 아파렌시스Australopithecus afarensis'라고 불린 루시는 350만 년 전, 우리처럼 똑바로 걷고 있었던 것이다.

인간의 뇌가 다른 동물에 비해 클 것이라는 기대는 여지없이 빗나갔다. 직립보행을 했던 루시는 결코 큰 뇌를 가지고 있지 않았다. 뇌의 용량은 현대의 침팬지와 비슷한 450cc 정도였다. 루시가 발견된 직후에 메리 리키는 탄자니아 라에톨리Laetoli에서 360만 년 된 발자국을 찾았다. 화산 회토층에 남겨진 이 발자국은 루시와 같은 종인 오스트랄로피테쿠스 아파렌시스의 것으로 밝혀졌다.

오스트랄로피테쿠스는 인간-유인원으로 불린다. 인간이라고 할 수도, 유인원이라고 할 수도 없는 존재였다. 해부학적으로는 침팬지처럼 작은 뇌를 가졌으나 넓은 엉덩이뼈와 곧은 다리뼈로 걷고 있었다. 직립보행은 단순한 신체적 변화인 것 같지만 이것이 갖는 의미는 매우 크다. 신체적 변화로부터 인간의 진화가 시작되었다는 것은 인간이 자연선택에 의해 진화했음을 보여주는 확실한 증거였다. 환경에 대한 고도의 적응력을 입증하는 직립보행이 바로 진화의 비밀을 푸는 첫 번째 열쇠였던 것이다. 그렇다면 오스트랄로피테쿠스는 어떻게 오늘날의 우리처럼 진화했을까? 똑바로 걷기 시작한 다음에는 무엇이 진화한 것일까? 확실히 인간만의 특징이라고 할 수 있는 것은 무엇일까?

루이스 리키와 메리 리키는 케냐의 투르카나 호수 근처에서 100여 명의 머리뼈 파편과 2,700여 점의 석기 조각을 동시에 발굴했다. 화석 인류와 석기가 이렇게 엄청난 규모로 함께 발견된 것은 전례가 없는 일이었다. 오스트랄로피테쿠스가 진화해 약 200만 년 전에 석기를 만들었던 것이다. 리키 부부는 이들에게 '솜씨 좋은 인간', '손쓴 인간'이라는 뜻에서 '호모 하빌리스*Homo habilis*'라는 이름을 붙여주었다.

드디어 '호모'가 출현했다. 오스트랄로피테쿠스와 호모의 차이는 도구가 발견된 점이다. 직립보행을 하기 시작한 오스트랄로피테쿠스는 몸속 에너지를 효율적으로 활용해 두뇌를 발달시킬 수 있었다. 인간의 두뇌 활동은 곧 도구 제작으로 나타났다. 모든 영장류는 도구를 쓸 수 있지만 도구를 만들 수 있는 것은 인간뿐이다. 도구를 쓰는 것과 도구를 만드는 것에는 커다란 차이가 있다. 침팬지는 흰개미를 잡기 위해 가느다란 나뭇가지를 이용하는데, 낚시질하듯 구멍 속에 나뭇가지를 찔러 넣고 흰개미가 묻어 나오는 것을 먹는다. 하지만 인간의 도구는 이런 유치한 수준을 훨씬 뛰어넘었다.

처음에 호모는 침팬지처럼 나뭇가지 같은 도구를 활용하다가 차츰 도구를 고쳐서 쓰기 시작했다. 동물의 정강이뼈를 이용해 국자로 쓰는 것처럼 말이다. 그러다가 필요한 도구를 스스로 만들게 되었다.

과연 돌칼이나 돌망치와 같은 뗀석기를 만들기 위해서는 무엇이 필요할까? 단순하게 돌멩이가 필요할 것이라고 생각하겠지만, 그보다 먼저 선행되어야 할 것이 있다. 돌칼을 만들기 위해 우선적으로 필요한 것은 인간의 상상력이다. 모든 도구는 상상력으로 만들어진 것들이다. 도구를 만들기 전, 뇌에서는 어떤 모양의 도구를 만들지 상상하고 그 상상을 실행하기 위해 손을 움직여야 한다.

호모 하빌리스는 '손쓴 인간'이라는 뜻을 담고 있다. 우리의 손은 다른 영장류와 달리 특별하게 진화했다. 인간의 엄지손가락은 나머지 네 개의 손가락하고 맞붙는데, 이것을 '엄지와 나머지 손가락의 맞붙임 구조'라고 한다. 인간 이외에 어떤 영장류도 이러한 손가락을 지니지 못했다. 돌멩이와 같은 도구를 활용하기 전부터 오스트랄로피테쿠스는 손과 팔이 도구라는 생각을 하기 시작했다. 손을 어떻게 쓸지는 뇌가 결정하는 부분으로, 뇌가 진화하면서 손이 진화했고 손이 진화하면서 뇌의 진화 속도가 더욱 빨라졌다. 손의 진화와 조작 기술은 뇌의 발달과 상호작용한 것이다.

이처럼 인간을 인간답게 만든 것은 도구라고 할 수 있다. 만약에 도구가 없다면 인간은 연약한 생물 종에 불과하다. 인간은 혹독한 환경에서 살아남기 위해 도구를 만들었다. 도구 제작은 자연이 선택한 인간의 가장 결정적인 적응 특성이었다. 그렇다고 도구가 인간을 만들었다는 뜻은 아니다. 도구를 만듦으로써 한 단계, 또 한 단계 인간은 인간 스스로를 만들었던 것이다. 그다음 단계에서 호모 하빌리스는 집단생활을 하고 간단한 말을 하기 시작했다. 호모 하빌리스의 뇌는 손을 움직인 것처럼 입과 성대를 움직여 의사소통을 했다. 뇌의 용량은 점점 커졌고 정교한 손동작으로 도구를 만들고 언어를 구사했다. 이렇게 뇌와 손, 입이 서로 작용해 진화를 가속화했던 것이다.

호모 하빌리스의 뇌 용량은 650cc였고, 오스트랄로피테쿠스는 침팬지와 똑같은 450cc였다. 뇌 용량은 도구를 만들어 썼던 호모 하빌리스부터 서서히 증가해 불을 이용한 '호모 에렉투스*Homo erectus*'에 이르러서는 1,000cc가 되었다. 이는 두뇌 활동이 엄청나게 증가했다는 증거다. 호모 에렉투스가 발견한 불은 인간에게 강력한 힘을 제공했다. 빙하시대에 매서운 추위가 기승을 부릴 때 호모 에렉투스는 불이 있어서 살아남을 수 있었다. 바닷물이 얼어붙어 새로운 육로가 나타나자 용감한 호모 에렉투스는 아프리카를 탈출해 유럽과 아시아로 퍼져나갔다. 드디어 약 20만 년 전 호모 에렉투스에서 호모 사피엔스*Homo sapiens*가 갈라져 나왔다. 현재 우리와 똑같은 1,500cc의 뇌 용량을 가진 호모 사피엔스는 '생각하는 사람', '슬기 인간'이라는 이름으로 불린다.

350만 년 전에 나타난 오스트랄로피테쿠스는 똑바로 걸었고, 200만 년 전의 호모 하빌리스는 도구를 만들기 시작했다. 오스트랄로피테쿠스에서 호모 하빌리스로 진화하는 데는 150만 년 정도의 시간이 걸렸다. 그러고 나서 다시 그만큼의 시간이 지난 뒤, 20만 년 전쯤에 호모 사피엔스가 출현했다. 이렇게 인간이 진화하기까지는 어마어마한 시간이 필요했다. 우리는 수많은 환경의 위험을 물리치고 살아남기 위해 진화했고, 그 과정에서 지구의 어떤 동물보다도 지적인 존재가 되었다. 생각하고, 말하고, 도구를 만들었던 것이다! 과학과 기술의 역사는 이렇게 인간의 진화에서부터 시작되었다.

인간은 왜 농부가 되었을까?

200만 년 전에 출현한 호모 하빌리스는 돌로 만든 도구를 남겼고, 우리는 그들이 살았던 시대를 '석기시대'라고 이름 붙였다. 인류가 도구를 만든 재료에 따라 석기시대, 청동기시대, 철기시대로 역사를 나눈 것이다. 석기시대는 200만 년 정도 지속되었는데, 그 긴 시간 동안 인류는 사냥과 채집으로 식량을 조달해서 먹고살았다. 그러다 1만 년 전쯤에 이르러 수렵채집狩獵採集생활에 변화가 일어났다. 인류가 농사를 짓기 시작한 것이다! 수렵채집에서 식량을 직접 생산하는 새로운 생활방식이 출현했다. 그래서 석기시대는 농사짓기를 분기점으로 구석기시대와 신석기시대로 나뉜다.

구석기시대는 인류 역사의 99퍼센트가 넘는 기간이었다. 이 시대는 우리가 흔히 짐작하듯 굶주림과 맹수의 위협에 시달리던 야만적인 시대가 아니었다. 구석기 수렵채집생활은 환경에 미치는 영향을 최소화하면서 자연과 조화롭게 공존하는 방식이었다. 넓은 땅에 적은 인구가 살았기 때문에 식량자원은 풍족했고 생태계를 어지럽히는 일도 없었다. 남성은 주로 사냥을 했고 여성은 약용식물, 씨앗, 알 등을 채집했으며 여가시간은 충분했다. 이들은 25~50명의 작은 단위로 단출한 살림살이를 가지고 계절마다 나는 먹을거리를 찾아다녔다. 사냥도구나 가재도구는 물론 음식물도 어디서든지 구할 수 있었기 때문에 굳이 가지고 다니거나 저장할 필요가 없었다. 이들은 풍부한 자원의 혜택 속에서 그들 나름대로 만족스러운 삶을 살았다고 볼 수 있다.

인류의 탄생과 문명의 발흥

그런데 왜 인간은 농부가 되었을까? 대부분의 역사책에서는 특별히 재능 있는 인간이 농사짓기를 '발견'해 위대한 농업혁명을 일으킨 것처럼 서술하고 있다. 그래서 우리는 구석기시대에서 신석기시대로 넘어온 과정을 자연스러운 역사적 발전으로 이해하고 있다. 과연 농사짓기가 환경적으로 자연스러운 일일까? 또한 농사짓기가 수렵채집보다 더 수월했을까? 그렇지 않다. 오히려 구석기시대의 수렵채집이야말로 많은 노력과 시간을 들이지 않고 다양한 방법으로 식량을 얻을 수 있는 생활방식이었다. 이에 반해 농사짓기는 땅을 개간하고, 씨를 뿌리고, 작물을 수확하고, 가축을 돌보는 데 엄청난 수고를 들여야만 하는 일이었다. 한마디로 인간은 결코 쉽지 않은 길로 생활방식을 바꿨다고 할 수 있다.

최근 몇몇 연구는 구석기인들이 처음에 농사짓는 법을 몰라서 안 한 것이 아니라 알면서도 하지 않은 것으로 분석하고 있다. 농사법을 알고 있었지만 수렵채집의 생활방식을 바꿀 절박한 동기가 없었던 것이다. 그러다가 어느 시점에 이르러 농사짓기를 하지 않으면 안 되는 상황에 놓였다. 자연환경이 변한 것이다! 환경의 변화에 따라 인간도 변화해야 하는 상황으로 내몰렸다. 살아남기 위해 적응해야 하고, 그렇지 않으면 죽을 수밖에 없는 진화적 압력을 받았던 것이다.

1만 년 전에 지구 전체 인구는 500만 명 가까이 증가했다. 수렵채집으로 먹고사는 데 한계치에 도달했다. 때마침 빙하기가 끝나고 해수면이 상승하면서 사냥하던 터전까지 물에 잠겨버렸다. 좋은 땅은 이미 오래전에 누군가가 차지한 상황이었다. 결국 자원이 빈약하고 척박한 곳에서 식량을 구하기 위한 노력이 농경생활로 이어졌다. 농경은 힘들긴 하지만 노력한 만큼 좁은 땅에서 많은 식량을 생산할 수 있었다. 그런데 먹고사는 일이 나아지는 순간은 잠시뿐이었다. 많은 식량은 인구증가를 가져왔고, 늘어난 인구를 먹여 살리기 위해 더 열심히 농사를 지어야 하는 악순환에 빠지고 말았다. 한번 농사를 짓기 시작하자 이전의 수렵채집생활로 돌아갈 수 없게 되었다. 식량생산은 그 누구도 예상치 못한 엄청난 결과를 초래했다.

　1만 년 전 서남아시아 지역에서 시작된 농경생활이 세계 전역에 자리 잡는 데 5,000년 정도의 시간이 걸렸다. 수렵채집생활에서 농경생활로 바뀐 것은 자발적이고 급격한 변화가 아니라 오랜 시간에 걸친 기나긴 변화였다. 어떤 집단이 주도적으로 농업을 한 것도, 정착시키려고 애쓴 것도 아니었다. 그저 각 지역의 특수한 환경에 따라 식량을 구하는 방법이 변화했을 뿐이다. 물이 풍부한 지역에서는 밭농사를 주로 했고, 건조한 초원 지역에서는 짐승을 길들여서 몰고 다니는 유목생활을 했다. 각 지역에서 나는 작물을 키우고 가축을 길들이는 것이 그곳의 지리적 환경과 기후에 따라 자연스럽게 진행되었다. 대표적으로 서남아시아에서는 밀농사, 중국에서는 벼농사, 중앙아메리카에서는 옥수수농사가 독자적으로 시작되었다. 그런데 각 대륙마다 생태적 환경이 다르듯, 농사를 짓기 시작한 시기와 농경생활이 퍼져나가는 속도도 달랐다. 이러한 대륙 간의 차이는 이후에 세계의 불평등을 낳는 원인으로 작용했다.

　농경생활은 인간이 주변 환경과 상호작용하며 적극적으로 살아가는 방식이었다. 야생동물을 가축화하고 야생식물을 작물화하는 데는 많은 시간과 노력이 들었다. 좋은 품종을 선택하고 정성껏 가꾸며 다른 토양에 이식하는 일들을 수없이 반복해야 했다. 예컨대 소, 양, 염소, 말, 돼지 등의 가축은 야생동물들 중에서 온순하고 병에 잘 걸리지 않으며, 울타리 안에서 잘 번식하고 성장이 빠른 것들을 선별해 품종을 개량한 것이다. 이렇게 농경생활은 자연환경에 맞서서 집요하게 자연을 변화시키는 과정이었다. 이 과정에서 동물을 멸종시키지 않고 생태계를 파괴하지 않으면서 농사를 짓는 것은 불가능했다.

신석기시대에는 가축을 기르고 농작물을 재배하면서 생존에 필요한 양 이상의 생산물이 남아돌게 되었다. 식량과 물자가 넉넉해지자 농기구, 도기, 장신구, 옷, 수레바퀴, 진흙벽돌 등의 크고 작은 기술이 쏟아져 나왔다. 이것은 새로운 생활방식과 공동체를 탄생시켰다. 인구가 점점 늘어나자 사람들은 수백 명씩 모여서 부족을 형성하고 살았다. 부족 간에 남은 농산물과 물건을 사고팔며 교역도 활발해졌다. 초기 신석기시대에는 기술을 가지고 먹고사는 계층이 없었으나 후기에 와서는 도공陶工, 직공織工, 석공石工 등이 생겨났다. 사회가 더 부유해지고 복잡해지면서 기술자를 비롯해 제사장, 부족장과 같은 계급이 나뉘기 시작했다. 잉여생산물은 빼앗거나 지켜야 할 가치가 있는 재산과 권력, 세습신분을 만들어냈다.

마침내 농업은 인간의 역사를 바꿨다. 우리는 구석기시대나 청동기시대의 변화를 구석기혁명이나 청동기혁명으로 부르지는 않는다. 하지만 신석기시대의 변화는 신석기혁명 또는 농업혁명이라고 부른다. 인간이 농사를 시작한 일은 최초로 도구를 제작한 것만큼이나 역사적으로 의미 있는 사건이기 때문이다.

지구에서 인구가 폭발적으로 증가한 시점은 세 번 있었다. 첫 번째는 도구를 제작하는 인류가 출현한 뒤부터 20만 년 전까지 인구가 100만 명에 도달했을 때다. 두 번째는 농업혁명을 계기로 1만 년 전에 500만 명이었던 인구가 1600년까지 5,000만 명으로 늘어났던 때다. 세 번째는 산업혁명이었다. 1600년에 5,000만 명이었던 인구가 오늘날 77억 명으로 증가한 것이다. 이처럼 혁명이라고 이름 붙인 역사적 사건에는 인구의 폭발적 증가가 있었다.

신석기시대에 농업은 서남아시아, 인도, 아프리카, 중국, 동남아시아, 중앙아메리카 등 전 세계의 다양한 장소에서 독립적으로 발생했다. 각 지역에서는 밀과 쌀, 옥수수, 감자 등을 독자적으로 재배하며 새로운 농업기술을 빠르게 배우고 퍼뜨렸다. 수렵채집생활을 하던 인간은 생존의 해법을 비슷한 방향으로 풀어갔다. 그런데 한번 농업을 시작하고 나서는 자연환경도, 인간도, 그 어떠한 것도 이전 시대로 다시 돌아갈 수 없었다. 인간은 야생의 것을 길들이면서 환경에 더 많은 영향을 미치기 시작했고, 이제 구석기시대는 돌아갈 수 없는 과거가 되었다. 결국 인간은 문명을 건설하는 동시에 자연을 파괴하는 길로 접어들고 말았다.

문명은 어떻게 문자와 숫자를 탄생시켰나?

인류의 역사는 선사시대와 역사시대로 구분된다. 선사시대는 인류가 출현한 350만 년 전부터 문자가 발명된 5,000년 전까지고, 역사시대는 그 이후에 문자가 있어서 기록 자료가 남겨진

시대를 말한다. 이렇듯 인류는 선사시대 수백만 년 동안 문자 없이 살았다. 그런데 1만 년 전 농사를 짓기 시작하면서 문명이 탄생했고 문자와 숫자라는 새로운 발명품이 등장했다. 그 후 문자와 숫자는 인류가 지적으로 성장하는 데 엄청난 영향을 미쳤다.

신석기시대의 농업혁명은 최초의 문명을 탄생시켰다. 독자적으로 농업혁명이 일어난 곳에서 도시문명이 나타난 것이다. 농업의 3대 발상지였던 서남아시아, 중국, 중앙아메리카 근방에 적어도 여섯 번 정도의 도시문명이 발흥하고 쇠퇴했다. 기원전 3500년 이후 메소포타미아를 비롯해 기원전 3400년 이후 이집트, 기원전 2500년 이후 인더스, 기원전 2000년 이후 중국, 기원전 500년 이후 중앙아메리카, 기원전 300년 이후 남아메리카에서 문명이 탄생했다. 그런데 놀랍게도 각각의 문명은 모두 독립적으로 문자를 고안해서 쓰기 시작했다. 농업생산력의 증가와 잉여생산물은 식량생산에 참여하지 않은 인구를 부양했을 뿐 아니라 문자 발명의 중요한 토대로 작용했다.

기원전 7000년 전 메소포타미아 지역에서는 요즘 아이들이 보드게임에서 쓰는 것 같은 작은 점토 조각이 활용되었다. 도기 그릇을 구워서 쓰기 시작한 이 시대에는 각각의 뜻을 지닌 여러 모양의 점토 조각들로 수량을 표시했다. 예컨대 달걀 모양의 점토 조각 50개를 모아놓으면 기름 단지가 50통 있다는 것을 뜻했다. 그러다가 점토 조각 50개를 모으는 일이 번거롭다는 것을 알아챈 뒤 50을 상징하는 표시가 생겼다.

메소포타미아의 수메르인은 풍부한 진흙과 갈대를 이용해 숫자를 표시했다. 갈대 끝을 뾰족하게 깎아서 부드러운 진흙 판에 찍으면 쐐

바빌로니아 고대도시 텔로에서 발굴된 설형문자 점토판

기 모양의 자국이 남는데, 찍은 자국 하나가 1이었다. 쐐기 모양의 설형문자도 이때 등장했다. 기원전 3000년경에 기름 단지 50통은 달걀 모양의 문자와 50에 해당하는 숫자기호로 바뀌었다. 하나하나 쐐기를 50개 찍던 것에서 50을 뜻하는 기호와 문자를 창안한 것이다.

여러 물건의 양을 표시하는 데 똑같은 상징을 활용하는 것은 지식 혁명과도 같은 일이었다. 이윽고 몇몇 숫자의 상징은 간단한 십진법으로 발전했다. 아마 인간의 손가락이 열 개이기 때문에 직관적으로 채택된 것으로 보인다. 이렇듯 먼저 수를 나타내는 기호가 생겨난 다음에 문자기호가 탄생했다. 언뜻 보기에는 단순한 진보인 것 같지만 여기까지 오는 데 4,000년이 넘는 시간이 걸렸다. 인간이 숫자와 문자로 자신의 생각을 표현하기 시작하면서 세계에 관한 지식은 급격히 성장했다.

수메르는 기원전 2000년경 바빌로니아에 흡수되었다. 바빌로니아인들은 더 많은 숫자기호를 개발해 하나의 단위가 다른 단위로 전환될 수 있는 체계를 만들었다. 예를 들어 지금 우리가 그램을 킬로그램으로 바꾸는 것과 같은 원리다. 원뿔 열 개는 작은 동그라미 하나와 같고, 작은 동그라미 여섯 개는 큰 원뿔 하나와 같다고 정했다. 그리고 1의 단위가 열 개 모여 10이 되고 10의 단위가 여섯 개면 60이 되는 60진법이 개발되었다. 60이라는 숫자는 약수의 개수가 많아 여러모로 유용했다. 60은 2, 3, 4, 5, 6으로 나누어떨어질 뿐만 아니라 10, 12, 15, 20, 30으로도 나누어떨어져서 곡물이나 토지를 나눠줄 때 편리하게 쓸 수 있었다.

중요한 숫자가 하나 더 있는데, 바로 6과 60을 곱한 360이다. 바빌로니아인들은 1년이 365일인 것에 착안해 360이라는 숫자를 쓰기 시작했다. 오늘날까지 쓰이는 원은 360도, 1분은 60초, 1시간은 60분인 셈법은 바빌로니아에서 온 것이다. 또한 바빌로니아인들은 60진법의 숫자를 가지고 덧셈, 뺄셈, 곱셈, 나눗셈을 개발했다. 곱셈과 나눗셈표를 만들었고, 큰 계산을 작은 계산으로 나눈 뒤 나중에 합치는 방법으로 손쉽게 계산할 수 있었다. 바빌로니아인들은 이러한 셈법을 이용해 간단한 방정식 문제도 해결했다.

한편 기원전 3000년경 이집트인도 숫자와 상형문자에 대한 상징적인 기호를 만들었다. 숫자와 문자의 모양은 달랐지만 바빌로니아인과 이집트인은 비슷하게 문자체계를 발전시켰다. 처음에는 그림문자 하나하나가 사물을 나타내는 뜻글자였는데 나중에는 말소리를 담아내는 소리글자로 발전했다. 숫자와 사물 그리고 소리까지 나타내기 위해 문자체계는 매우 복잡해졌고 수천 개에 이르는 글씨를 알아보기 위해 전문적인 교육기관이 생겨났다.

바빌로니아에는 '에두바Eduba'라는 글쓰기 학교가 있었다. 기록에 따르면 1,000년 동안 이곳에서 학생들에게 글·수학·신화와 전설을 가르쳤다고 한다. 글쓰기 학교뿐만 아니라 도시 중심에는 행정관료, 궁정 점성술사, 달력 전문가 등이 일하는 기관이 여럿 있었다. 이집트에는 문서 보관서와 교육기관을 겸한 '생명의 집House of life'이 있었다. 이곳에서는 종교와 관련된 지식을 보존하고 마술·의술·천문학·수학 등을 공부했다. 고대 이집트에서 글을 안다는 것은 특권적 지위를 누리는 상위 1퍼센트의 엘리트가 되는 길이었다.

이집트에는 십진법을 기초로 한 독특한 숫자체계가 있었다. 19세기 중반, 기원전 1650년경 이집트에서 쓰였던 수학 교과서 '린드 파피루스Rhind Papyrus'가 발견되었다. 이 문헌은 린드라는 이름의 골동품 수집가가 이집트의 고대 유물 속에서 찾아낸 것으로 폭이 34센티미터, 길이가 3.2미터에 이르는 파피루스 두루마리에 84개의 문제와 답이 쓰여 있다. 덧셈과 뺄셈, 분수와 역수, 계산표 등의 산수 문제뿐만 아니라 기하학과 방정식 문제도 포함하고 있다. 이 문헌은 땅의 면적, 빵의 분배, 곡물창고의 부피, 피라미드의 경사 등 주로 실용적인 문제를 다룬 것이다. 이집트 수학은 기하학적 도형을 그려서 땅의 면적을 계산하고, 미지수를 포함하는 방정식을 세워서 빵을 골고루 나눠줄 만큼 실생활에 이용되었다.

이집트인들은 이러한 수학을 바탕으로 피라미드와 같은 기념비적인 건축물을 쌓아 올렸다. 피라미드 건설의 절정기에 세워진 대형 피라미드는 가로와 세로 230미터, 높이 147미터의 규모를 자랑한다. 평균 무게가 2.5톤에 이르는 화강암을 무려 230만 개나 쌓아 올려서 축조한 것이다. 피라미드를 이루는 네 변의 길이는 오차가 25밀리미터에 불과할 만큼 완벽에 가깝다. 오늘날 현대적 장비로 이와 똑같은 피라미드를 지을 수 있을지 장담할 수 없을 정도다. 이집트는 피라미드를 건설하며 문자·수학·천문학·건축기술은 물론 종교의식과 미라 제작기술까지 발전시켰다.

고대인은 왜 달력을 만들었나?

모든 농업 문명은 태양과 달, 별의 규칙적인 움직임을 관측하고 기록하기 시작했다. 농사짓기와 관련된 실용적인 목적에서뿐만 아니라 자연세계의 변화를 이해하기 위해 달력이 만들어진 것이다. 달력은 지구의 자전을 하루, 달의 공전을 한 달, 지구의 공전을 한 해로 측정해 숫자로 기록한 표다. 하루는 태양이 하늘의 가장 높은 점(남중)으로부터 완전히 한 바퀴 돌아서 다시 그 지점에 되돌아올 때까지를 측정했다. 한 달은 달이 보이지 않을 때부터 다시 보이지 않을 때까지 삭망월로 계산했다. 한 해는 태양이 어떤 별자리를 배경으로 한 바퀴 돌아서 그 자리에 다시 나타나는 때를 측정해 항성년 또는 태양년이라 했다.

바빌로니아에서는 주로 태음력이 쓰였는데, 태음력은 달의 운행을 기준으로 날짜를 세던 방식이다. 바빌로니아의 천문학자는 달의 공전주기가 29.53일이라는 사실을 알고 1년을 열두 달로 정했다. 그리고 한 달은 29일, 그다음 달은 30일로 번갈아 지정했다. 그러자 1년이 354일밖에 안 되는 문제가 발생했다. 365.24일인 태양의 공전주기와는 약 11일 차이가 나고 3년이 지나면 33일이 남았다. 하는 수 없이 3년에 한 번 윤달을 넣었는데, 바빌로니아의 왕과 제사장은 한 달치 세금을 더 거둬들일 수 있어서 반겼다고 한다.

바빌로니아인들은 태양보다는 달에 더 마음이 끌렸던 것 같다. 달은 태양보다 눈에 잘 보이고 모양의 변화도 뚜렷하게 나타나기 때문일 것이다. 달은 그믐에서 상현, 상현에서 보름, 보름에서 하현, 하현에서 그믐까지 네 단계로 구분해 관찰할 수 있다. 바빌로니아인들은 달의 모양이 변하는 매달 7일, 14일, 21일, 28일을 불길한 날로 생각하고 집에서 쉬었다. 7일을 일주일로 삼는 전통은 이때부터 생겨났고 로마시대에 이르러 휴일로 지정되었다. 일주일은 천문주기를 바탕으로 하지 않고 임의로 정한 유일한 천문단위다.

이집트인들은 시간 측정에서 달보다 태양을 중요시했다. 당시 7월 중순이면 나일 강가의 새벽하늘에 유난히 밝게 빛나는 별이 나타났다. 이전에 볼 수 없었던 별, 항성 시리우스Sirius가 지평선 근처에서 관찰되면 나일 강이 범람하기 시작했다. 항성은 붙박이별로 하늘에 고정되어 있지만 지구가 태양 주위를 공전하기 때문에 1년마다 나타나는 것처럼 보였다. 그래서 이집트인은 시리우스를 '한 해를 여는 별The Opener of the Year'이라고 불렀다.

시리우스가 출현하는 주기인 365일이 태양력의 기준이 되었다. 이집트인들은 365일에서 5일을 떼고 1년을 360일로 정했다. 30일씩 열두 달을 정하고 나머지 5일은 열세 번째 달, 에파고메네Epagomene라고 부르며 축제와 제사의 기간으로 보냈다. 나일 강이 범람하고 새해가 오기 직전에 축제를 벌이며 풍년을 기원했던 것이다. 그리고 농사일이 시작되기 전에 다 같이 모여 제방을 쌓고 수로를 닦는 등 관개사업을 벌였다.

고대사회에서 하늘을 관찰하는 일은 사회제도의 한 부분으로 정착되었다. 농사짓기와 제사 지내는 일이 결합된 사회에서 천문학은 중요한 학문으로 인정받았다. 고대 천문학은 계급사회의 지배기구에 포함되어 실용적인 동시에 종교적인 의미에서 연구된 분야다. 궁정

점성술사나 달력 전문가 등이 고용되었고 이들이 관찰한 자료를 바탕으로 달력이 만들어졌다. 이렇게 태양과 달, 별들의 움직임을 오랫동안 관찰한 기록은 자료로 축적되었다.

대표적인 천문관측 자료로는 바빌로니아의 황도黃道 12궁이 있다. 바빌로니아인은 태양이 지나는 길을 뜻하는 황도의 개념을 알아냈다. 황도대를 열두 개의 성좌로 구분하고 각 성좌마다 신화 속의 신이나 동물들의 이름을 명명해 황도 12궁이라 했다. 오늘날까지 전해지는 서양 천문학의 별자리 이름은 이때 만들어졌다. 또한 달과 태양의 운행표를 비교적 정확하게 작성했다. 밤과 낮의 길이, 달의 운행 속도, 삭망월의 길이, 달의 위도 등을 관찰해 달력 제작에 반영했다.

숫자와 문자에 대한 기록은 중국에서도 나타났다. 기원전 1650년경 중국 은나라에서는 갑골문甲骨文으로 달력을 기록했다. 갑골문은 거북의 등딱지나 소와 양의 어깨뼈에 새긴 글자를 말한다. 은나라의 갑골문은 바빌로니아나 이집트의 문자체계와 비슷한 그림문자로서 나중에 한자로 발전했다. 갑골문으로 새겨진 은나라의 달력인 은력殷曆은 태음태양력으로서 60간지干支를 가지고 날짜를 기록했다. 태음태양력은 바빌로니아의 태음력과 이집트의 태양력을 절충한 새로운 기법의 달력이었다.

중국의 천문학자들은 달과 태양의 주기가 일치하지 않는다는 문제에 주목했다. 1삭망월은 평균치가 약 29.53일이고 1태양년은 평균치가 약 365.24일이다. 바빌로니아의 태음력에서 보았듯이 1삭망월을 12개월로 하면 354일로 1태양년이 되기에는 11일 정도가 모자란다. 1삭망월이 30일이고 1태양년이 360일이면, 1년은 12개월로 딱 떨어져서 문제가 생기지 않겠지만 1삭망월이 29일, 1태양년이 365일이라는 것이 문제의 발단이었다. 바빌로니아와 이집트에서는 이런 차이를 무시하고 달력을 대충 만들어서 썼지만 중국인들은 달랐다.

중국의 천문학자들은 달과 태양의 주기가 일치하는 더 큰 주기를 찾아냈다. 12삭망월과 1태양년의 차이인 11일이 19년 동안 누적되면 7개월이 된다. 태양력과 태음력을 일치시키는 주기가 19년에 한 번 찾아온다는 것이다. 즉 19년에 7개월을 더하면 235개월(12×19+7)이 되고, 235개월의 일수와 19년의 일수가 정확하게 일치한다는 뜻이다. 이는 기원전 433년 그리스 천문학자 메톤Meton(기원전 460?~?)이 발견했다고 해서 메톤 주기Metonic cycle라고 하는데, 중국에서는 이보다 훨씬 앞선 기원전 600년경에 19년 순환주기를 알고 있었다. 그렇다면 19년 동안 일곱 개의 윤달을 언제 삽입할 것인가? 이 문제를 해결하기 위해 24절기가 고안되었다.

24절기는 태양이 움직이는 계절적 주기를 24등분한 것을 말한다. 한 절기는 태양이 황도를 따라 15도씩 움직이는 간격에 따라 나눈 것으로 24절기의 간격은 15.2일이다. 두 절기에 해당하는 한 달은 1삭망월보다 길어서 어느 지점에 가면 계절과 달 사이의 어긋남이 1개월 이상 벌어지게 된다. 중국의 천문학자들은 이달에 윤달을 넣어 태양년과 삭망월의 불일치를 해결했다. 이러한 중국의 태음태양력은 달과 태양의 움직임을 동시에 반영한 정교한 달력이었다. 이것은 바빌로니아의 태음력이나 이집트의 태양력보다 훨씬 과학적이었다고 할 수 있다.

2

고대
문명의
대약진

그리스 과학은 어떤 역사적 토양에서 나왔나?

인류는 농업혁명을 토대로 고대 문명을 건설했다. 세계 곳곳에서 대규모 관개시설을 구축한 도시국가가 출현했다. 새로운 철기 기술로 무장한 도시국가들은 정복전쟁을 통해 제국을 넓혀나갔다. 그런데 그 이면에는 전쟁과 폭력, 파괴와 건설, 승자독식의 악순환이 멈추지 않았다. 인간으로 태어나 고통을 피할 수 없다는 현실적 문제는 생각하는 인간, 호모 사피엔스를 거듭나게 했다. 도시 문명이 발흥한 지 3,000년 정도가 지난 기원전 6세기를 전후해 중국과 인도, 이스라엘, 그리스에서 질문하고 생각하는 위대한 인물들이 나타났다.

부처, 공자, 예수, 소크라테스는 무자비하고 폭력적인 현실세계에서 인간의 본질을 찾은 성인들이었다. 전쟁보다 효과적으로 세상을 바꿀 수 있는 '그 무엇'을 찾으며 인간의 존엄성과 고귀함에 귀 기울였다. 인도에서는 인간의 내면세계를 바꾸어 고통으로부터 해방될 수 있는 해탈의 경지를 모색했고, 중국에서는 유교적 도덕정치가 실현되는 이상사회를 추구했다. 역사적 토양이 다른 문명에서 나온 사유체계는 철학적이고 종교적인 탐구로 승화했다. 특히 그리스인들은 자신이 살고 있는 세계를 독특한 방식으로 이해하려고 시도했다. 그들은 이성적이고 논리적인 사고를 바탕으로 자연세계를 합리적으로 설명하는 철학을 만들었는데, 이러한 그리스 철학은 다른 어떤 문명보다 서양인들의 세계관에 큰 영향을 미쳤다.

천재적인 그리스인들의 출현! 서양인들은 고대 그리스인들의 철학에서 서양의 정체성을 찾고 문화적 자부심을 품는다. 특히 서양 과학사에서는 그리스 철학에서 과학이 시작되었음을 강조한다. 나중에 중국의 과학에서 언급하겠지만, 이 점은 서양이 그리스의 지적 전통을 독점한다는 측면에서 비판을 받고 있다. 어쨌든 오늘날 세계를 지배하는 서양 과학은 그리스의 철학적 합리주의에서 출발했다. 그렇다면 수많은 도시 문명 중에 왜 그리스에서 과학이 출현한 것일까? 그리스의 천재들이 만들어낸 과학의 정체는 무엇인가? 그것도 그리스의 변방, 식민지 지역이었던 이오니아의 작은 도시 밀레토스에서 도대체 무슨 일이 일어났던 것일까?

당시 그리스는 농업을 하기에 척박한 환경이었다. 큰 강과 비옥한 범람원이 없는 그리스에서는 이집트나 메소포타미아와 같은 대규모 관개농업이 불가능했다. 전적으로 비에 의존하며 산과 계곡으로 둘러싸인 환경에서 할 수 있는 것은 양과 염소의 목축, 올리브와 포도 재배가 전부였다. 이를 극복하기 위해 그리스의 헬레나 문명은 지중해 연안 20여 곳에 식민지를 개척해 상업과 무역의 중심으로 성장했다. 포도와 올리브유를 팔아 곡물을 수입하고 각지에서 들어오는 교역품으로 배를 불렸다.

하지만 농업 기반이 제한된 그리스의 도시국가는 이집트의 파라오처럼 모든 사회 활동을 집중시킬 수 있는 권력과 부를 축적할 수 없었다. 그래서 그리스 시민은 작고 독립적인 도시국가를 발전시켰다. 이곳에서 정치적으로 성숙한 시민이 양성되었고 수준 높은 토론 문화가 생겨났다. 정치에 대한 합리적인 토론은 개인의 의식과 활동을 자극했다. 이러한 그리스의 민주주의 정치체제와 지중해 연안의 해양 문명은 과학이라는 독특한 사유체계가 탄생하는 데 역사적 토양이 되었다.

탈레스Thales(기원전 624?~546?)가 활동했던 밀레토스는 이오니아의 상업 중심지인 항구도시로서 세계 여러 곳으로 뻗어나가는 육로와 해로의 교차점에 위치해 있었다. 당시에는 그리스의 식민지들을 통틀어서 이오니아라고 했는데, 오늘날의 터키 지역인 소아시아의 지중해 연안을 말한다. 이오니아는 이집트와 메소포타미아의 문명을 비롯해 아프리카, 아시아, 유럽의 문화가 한데 만나서 교류하는 곳이었다. 그리스와 멀리 떨어진 곳이었지만 기원전 6세기에는 그리스 문명의 중심이었다. 다양한 인종과 언어가 소통하면서 서로 다른 문화와 사상이 자유롭게 받아들여지는 분위기를 형성했다. 과학이 밀레토스에서 시작되어 이오니아 지역의 여러 다른 도시로 퍼져나간 것은 결코 우연한 일이 아니었다.

일반적으로 과학은 밀레토스의 탈레스에서 시작되었다고 말한다.

고대 그리스의 아고라 유적

'과학', '과학자'라는 용어는 19세기에 나왔으므로 당시 그리스에서 활동하던 학자들은 자연철학자라고 해야 옳다. 이처럼 과학은 자연현상에 대한 지식체계로서 오랫동안 자연철학의 한 분야로 다루어져 왔다. 그런데 자연현상을 탐구했던 학자가 탈레스 이전에 없었던 것은 아니다. 지금까지 이름을 남기지는 못했지만 바빌로니아의 천문학자, 이집트의 기하학자, 중국의 수학자들이 있었다. 그런데도 한결같이 모두 탈레스를 최초의 과학자라고 입을 모은다. 탈레스는 그 이전의 사람들과 무엇이 달랐기에 과학의 시조라는 영예를 얻었을까?

탈레스가 질문한 우주의 근원 물질이란?

탈레스에 관한 이야기는 기원전 547년에 그의 제자 아낙시만드로스Anaximandros(기원전 610?~546?)가 쓴 『자연에 대하여』에 처음 등장한다. 탈레스가 직접 쓴 책은 전해지지 않아서 우리는 그의 제자들을 통해 탈레스의 이야기를 들을 수 있을 뿐이다. 탈레스에 대해서는 유명한 일화가 전해진다. 그가 하늘에 있는 별을 보고 걷다가 우물에 빠지자, 그것을 보고 지나가던 사람이 "하늘만 보다가 정작 발밑에 있는 것을 못 본다"라고 조롱했다고 한다. 탈레스를 조롱하던 사람들에게 그가 하는 과학적 탐구는 돈이나 권력을 얻을 수 없는, 아무짝에도 쓸모없는 짓거리였다. 이 점에서 탈레스는 바빌로니아, 이집트, 중국의 천문학자나 수학자들과 달랐던 것이다.

탈레스 이전의 학자들은 종교적이고 신화적인 자연관을 바탕으로 실용적인 지식을 탐구했다. 고대사회에서 상위 1퍼센트의 지배계급이었던 그들은 자연에 관한 지식을 지배의 도구로 활용했다. 자연현상을 신이나 마술적인 힘으로 설명하고 인간세계에서 일어나는 일들과 결부해 해석했다. 창조주인 하늘의 뜻을 살펴 백성을 다스린다는 종교적 세계관은 고대사회의 지배 이데올로기였다. 또한 천문학과 수학은 달력을 제작하고 피라미드와 같은 대형 건축물을 짓는 데 필요한 실용적 지식이었다. 이러한 종교적이고 실용적인 탐구활동은 그리스의 자연철학자들에 의해 변화하기 시작했다. 그리스의 탈레스는 바빌로니아, 이집트, 중국에서는 볼 수 없었던 새로운 유형의 이론적 탐구를 시도했다.

먼저 탈레스는 '우주의 근원 물질은 무엇인가?'라는 질문을 던졌다. 그리고 '물'이라고 답했다. 그는 물이 모든 물질의 근본을 이루는 공통의 원리라고 보았다. 이러한 탈레스의 질문과 대답은 옳고 그름의 문제를 떠나 세계에 대한 새로운 사고방식을 제시했다는 측면에서 매우 중요하다. 탈레스의 문제제기는 신화의 창조주와 같은 초자연적인 힘에 의지하지 않고 자연세계를 설명하는 방식이었다. 그는 그리스의 산과 바다, 하늘과 땅, 인간과 여러 동식물을 보면서 단 하나의 근원 물질이 있다고 확신했다. 그리고 이 근원 물질이 변해 우리가 살고 있는 세계를 구성한다고 보았다. 거대한 우주는 무엇으로 이루어졌으며 어떤 원리로 돌아가는 것일까? 그는 이러한 자연현상에 숨어 있는 보편적인 원리를 찾는 것이야말로 자연철학자의 임무라고 생각했던 것이다.

아무도 생각지 못했던 '근원 물질'에 대한 질문을 처음 시도했던 것이 바로 과학의 시작이었다. 바빌로니아인이 하늘과 땅을 신의 형상으로 표현할 때, 탈레스는 물이라는 물질에 주목했다. 세계는 신이 창조한 것이 아니라 물질에서 생겨났다! 탈레스는 자연을 설명하는 방식에서 인간의 정서를 만족시키는 신화적 세계관을 과감하게 몰아내버렸다. 신이 노여워서 인간을 벌주려고 우박을 내리고 올리브 농사를 망친 것이 아니었다. 대기 속에 얼어 있던 물이 우박이 되어 떨어지는 바람에 공교롭게 올리브가 피해를 입었을 뿐이다. 천재적인 그리스인들은 이런 현상이 누구의 탓도 아니며 단지 불운한 일이 일어났을 뿐이라고 생각하기 시작했다.

탈레스 이후에 그의 제자들은 철학적인 문제의식을 심화·확대해나갔다. 세상은 무엇으로 만들어졌을까? 우주의 근원 물질은 무엇일까? 물일까? 공기일까? 불일까? 아니면 그 모든 것이 합쳐진 것일까? 아무것도 없는 데서 과연 물질이 나올 수 있을까? 아니면 누군가가 창조했을까? 생명에는 목적이 있을까? 아니면 모두 우연히 생겨난 것일까? 물질의 세계는 늘 똑같을까? 아니면 늘 변화할까? 이에 대해 그리스의 자연철학자들은 합리적인 답을 제시하면서 논리정연하고 체계적인 지식을 발전시켰다. 그중에서 주목할 만한 이론은 엠페도클레스Empedocles(기원전 490?~430?)의 4원소설과 데모크리토스 Democritos(기원전 460?~370?)의 원자설이다.

엠페도클레스는 세상의 모든 물질이 물, 불, 흙, 공기의 4원소로 이루어졌다고 보았다. "세상에 물과 불과 흙, 공기가 있어 해로운 미움은 서로를 갈라놓고 사랑이 있어 이들을 이어주지"라는 시적인 그의 표현에서 미움과 사랑은 척력과 인력을 뜻한다. 물, 불, 흙, 공기의 네 가지 원소가 서로 반발하고 끌어들이며 물질을 구성하고 변화를 일으킨다는 것이다. 엠페도클레스의 4원소설은 거의 2,300여 년 동안 사랑을 받았다. 18세기까지 서양 사람들은 4원소설을 굳게 믿었다. 물, 불, 흙, 공기의 4원소는 눈으로 직접 확인할 수 있는 물질이기 때문이었다.

반면에 데모크리토스의 원자설은 불경스러운 이론으로 무시되었다. 엠페도클레스의 4원소와는 달리 데모크리토스의 원자는 납득하기 어려운 추상적인 개념이었다. 그리스어로 '자를 수 없다'는 뜻의 원자atom는 세계를 구성하는 궁극의 입자다. 데모크리토스는 세계를 더는 쪼개지지 않는 원자와 진공상태의 빈 공간으로 상상했다. 세계는 원자와 빈 공간을 제외하고는 아무것도 없다! 데모크리토스가 이러한 주장을 한 것은 물질을 자를 때 빈 공간이 없으면 잘리지 않기 때문이다. 예를 들어 칼로 사과를 자를 때, 칼날은 원자들 사이의 빈 공간을 통과해야 잘린다. 데모크리토스가 전개한 원자설은 오늘날의 원자설과는 일치하지 않지만 매우 독창적인 이론임에는 분명하다. 그러나 당시 서양 사람들은 원자설을 이해할 수 없었고, 특히 기독교 교리와 어긋난 원자설을 받아들일 수 없었다. 원자가 우연히 결합해 사물을 만든다는 이론은 신의 창조를 부정했고, 원자가 나뉠 수도 변형될 수도 없다는 것은 신의 기적을 용납하지 않았다. 실제로 16세기 이탈리아의 브루노가 화형을 당한 것도 그가 원자론자였기 때문이다. 이처럼 원자설은 신을 모독했다는 이유로 낙인찍혀서 오랫동안 묻혀 있어야 했다.

피타고라스가 과학사에 기여한 것은 무엇인가?

탈레스에서 시작된 자연철학의 전통은 피타고라스Pythagoras(기원전 582?~497?)를 거치면서 한층 발전했다. 피타고라스는 탈레스가 제시한 물보다 더 추상적인 것을 만물의 근원이라고 생각했다. 그는 남부 이탈리아에서 자신의 사상을 따르는 제자들과 종교집단 같은 공동체를 결성하고 '수數'를 신봉했다. 나중에 '피타고라스학파'라고 불린 이들은 우주가 수학적 질서로 이루어졌다는 확신을 가지고 독창적인 이론체계를 만들었다. 과연 수나 수학은 자연세계와 어떤 관계가 있는 것일까?

바빌로니아인이 수를 발명했을 때를 생각해보자. 기원전 7000년경 사람들은 처음에 염소 다섯 마리, 호박 다섯 개, 아이들 다섯 명을 조약돌 다섯 개로 나타냈다. 그다음에 숫자 5를 창안하기까지 4,000년이라는 긴 시간이 걸렸다. 숫자 5는 염소와 호박 등을 추상화한 상징기호다. 그 이후 사람들은 수를 가지고 규칙을 만들어 '5+5=10'과 같은 계산을 했다. 더 나아가 수들 사이에 성립하는 법칙과 도형에 성립하는 법칙을 하나로 연결했다. 이러한 실례가 바로 피타고라스의 정리다. '직각삼각형의 빗변의 제곱은 다른 두 변의 제곱의 합과 같다'($a^2+b^2=c^2$, c는 빗변, a와 b는 다른 두 변)는 정리는 이를 만족시키는 숫자를 구할 수 있고 도형으로도 그릴 수 있다. 이와 같이 수학은 인간이 지적으로 성장하면서 자연세계를 명료하게 표현하기 위해 발명한 이론적 도구다.

피타고라스학파가 주목한 것은 수가 자연현상의 이면에서 근본적인 원리를 제공한다는 사실이다. 예컨대 아름다운 음악소리는 수의 비례로 되어 있다. 피타고라스는 '모노코드'라는 현악기를 연주할 때, 줄 길이의 비율에 따라 다른 소리가 나는 것을 발견했다. 줄의 가운데를 누르면 양쪽에서 똑같은 소리가 나지만, 줄의 길이를 다르게 누르면 긴 쪽에서는 굵은 저음이 나고 짧은 쪽에서는 높은 고음이 들린다. 줄의 길이는 분명히 소리와 관계가 있다! 줄 길이의 비율이 2:1, 3:2, 4:3 등의 간단한 수의 비례일 때는 음이 맑고 아름다운 반면, 27:16, 243:128 등으로 복잡한 수의 비례일 때는 탁하고 날카로운 소리를 낸다. 이러한 실험에서 피타고라스는 간단한 수의 관계가 사물의 본질이라는 생각에 이르렀다.

나아가 피타고라스는 눈에 보이지 않는 수의 질서가 우주의 운행까지 지배한다고 확신했다. 그의 우주는 단순한 기하학적인 도형으로 이루어진 수적인 비율이 일정하게 유지되는 공간이었다. 그래서 지구는 공처럼 둥글고, 우주는 구형의 지구와 별들이 원운동을 하는 곳으로 그려졌다. 수와 수학적 법칙으로 표현되는 우주가 가장 완전하고 아름다운 세계라는 생각은 이러한 우주모형을 탄생시켰다. 오늘날 우주를 뜻하는 '코스모스cosmos'라는 단어도 본래 '질서'와 '조화'라는 뜻에서 피타고라스가 처음 언급했다. 또한 피타고라스는 지구가 둥글고 원운동을 한다고 추론한 최초의 자연철학자이기도 하다.

이후 피타고라스학파가 서양 과학사에 미친 영향은 지대했다. 탈레스의 근원 물질이 물질적이라면, 피타고라스는 형체도 없는 수량적인 것에서 근원 물질을 찾았다. 이들이 제시한 수는 다소 신비주의적인 성격을 띠지만, 자신의 신념을 극단적으로 밀고나가면서 수학과 자연과학을 한 단계 도약시키는 일을 해냈다. 고대 그리스에서 근대과학의 출현까지 2,000년을 뛰어넘어 자연세계가 수학적 법칙을 따른다는 믿음을 전파한 것이다. 플라톤Platon(기원전 427~347)을 비롯해 코페르니쿠스, 갈릴레오, 케플러, 뉴턴 등 수많은 과학자는 우주의 신비를 수학이라는 언어로 풀 수 있다는 확신을 가졌다. 이들에게 우주는 신이 만든 거대한 수학책이었다. 서양 과학이 동양에 비해 큰 성공을 거둘 수 있었던 이유도 피타고라스에서 시작된 수학의 이상주의적 전통이 있었기 때문이다.

플라톤은 왜 자연과학을 탐구했나?

과학사에 플라톤과 아리스토텔레스Aristoteles(기원전 384~322)라는 두 거장이 나타났다. 이들에 앞서 그리스 철학에는 소크라테스Socrates(기원전 469?~399)가 있었다. 플라톤은 소크라테스의 제자였고, 아리스토텔레스는 플라톤의 제자였다. 이 숙명적인 세 사람은 서양 철학의 시조로 등장했다. 지식이란 무엇인가? 진리란 무엇인가? 그들은 인간이라는 존재와 세계에 대해 근본적인 질문을 던지면서 철학체계를 세웠다. 모두가 진리를 의심할 때 소크라테스는 진리가 존재한다는 믿음을 가졌다. 플라톤은 스승의 뒤를 이어 진리를 파악할 수 있는 방법을 찾았다.

플라톤이 살던 시대에 그리스는 도시국가들 사이의 전쟁으로 인간의 정신세계마저 황폐해졌다. 할 수 있는 것은 아무것도 없다는 허무주의가 팽배할 때, 플라톤은 불변의 진리가 존재하고 그것을 기준으로 더 나은 공동체를 세워야 한다고 사람들을 설득했다. 그의 철학은 눈에 보이는 이익을 좇는 무책임한 정치가와 맞서 싸우며 힘든 현실세계를 바꾸기 위한 논리적 무기였다. 이러한 역사적 배경이 플라톤의 이데아idea를 탄생시켰다. 이데아는 플라톤이 추구하는 진리의 세계였다. 눈으로 볼 수는 없지만 진리의 세계가 존재한다는 것이 플라톤 철학의 핵심이다. 모든 것이 생겨났다가 없어지는 현실세계에서 변하지 않는 것은 무엇인가? 플라톤의 대답은 변하지 않는 이데아의 세계가 눈으로 보이는 세계의 배후에 있다는 것이다. 그의 철학은 우리가 살고 있는 세계 그 너머 '보이지 않는 세계'에 사유의 초점을 맞추었으며, 대단히 독창적인 발상의 전환을 가져왔다.

이데아의 세계는 피타고라스가 제시한 수와 도형으로 이루어진 완벽하고 조화로운 우주이며, 정의justice와 선good 같은 도덕적 가치가 충만한 곳이다. 이러한 플라톤의 이데아는 수많은 과학자에게 자연현상을 깊이 들여다보면 보편적 진리에 닿을 수 있다는 영감을 주었다. 모든 서양 과학의 연구와 방법론이 플라톤 철학으로부터 나왔다고 할 만큼 큰 영향을 미쳤다. 대표적인 저작으로는 우주론이 등장하는 『티마이오스Timaeus』를 들 수 있다. 『티마이오스』는 플라톤의 '대화편dialogues' 가운데 유일하게 라틴어로 번역되어 중세 유럽에 알려졌다. 이 책은 고대와 중세를 거쳐 17세기 과학혁명기는 물론 현대에 이르기까지 과학자들의 필독서로 꼽힌다.

플라톤은 주인공 '티마이오스'의 입을 통해 우주에 대한 설명을 해나간다. 이는 당시의 단편적인 우주론과는 비교할 수 없을 정도로 심오한 것이다. 진리는 무엇이고, 어떻게 진리를 얻을 수 있는가? 플라톤은 자연세계를 탐구하는 자연과학, 그다음에 수학 그리고 철학의 순서로 단계를 밟아 참된 진리에 접근할 수 있다고 보았다. 그의 철학에서 자연과학은 이데아가 부분적으로 들어 있는 사물을 탐구하면서 진정한 진리에 도달하는 과정이었다. 지금 우리가 살고 있는 우주는 불완전한 세계지만 이데아를 본떠서 만든 최상의 창조물이기 때문에 진리를 얻기 위해 우주를 탐구하는 것이 바로 자연과학의 목적이라고 밝혔다. 플라톤은 자연과학이 진리를 탐구하는 학문이라는 명확한 방향성을 제시한 것이다.

플라톤이 과학사에서 중요한 위치를 차지하는 것은 이것만이 아니다. 플라톤은 『티마이오스』에서 복잡하고 기하학적인 우주모형을 제시했다. 우주의 중심에는 지구가 있고 그 주위를 행성들이 회전하는 모형으로, 이때 모든 행성은 지구 주위를 같은 속도로 돌고 있다. 플라톤의 우주는 이데아의 세계이기 때문에 완벽한 도형인 원모양의 운동만 존재할 수 있었다. 이러한 우주모형은 17세기 과학혁명이 일어나기 전까지 모든 천문학자에게 우주론의 규범으로 받아들여졌다. 등속원운동이 아닌 다른 형태의 운동을 상상할 수 없을 정도였다. 그런데 문제는 플라톤의 우주가 잘못된 모형이라는 점이다. 실제로는 태양계의 중심에 지구가 있지 않고, 행성들이 등속원운동을 하지 않는다. 플라톤은 고대 천문학자들에게 풀기 어려운 과제를 안겨주었던 것이다.

태양계를 지구 중심의 등속원운동으로 설명하라! 고대 천문학자들이 우주모형을 구상할 때 가장 골치 아팠던 것은 행성의 역행운동이었다. 역행운동이란 말 그대로 행성이 가던 길을 멈추고 거꾸로 가는 현상을 말한다. 예컨대 지구에서 화성을 관찰할 때 동쪽에서 서쪽으로 가던 화성이 다시 서쪽에서 동쪽으로 가는, 납득할 수 없는 움직임을 보이는 것이다. 만약에 태양계의 중심에 지구가 있다면 행성의 역행운동은 일어나지 않을 것이다. 그런데 지구가 태양계의 중심이 아니기 때문에 태양 주위를 도는 지구와 행성들의 속도는 차이가

화성의 역행 관측
화성의 역행운동은 2,000년 동안 천문학자들을 괴롭혔다. 이것은 지구가 우주의 중심이라고 생각하면 도저히 풀 수 없는 문제다. 화성은 아래 사진처럼 갈지자(之) 궤도를 그리며 운행하고 있다.

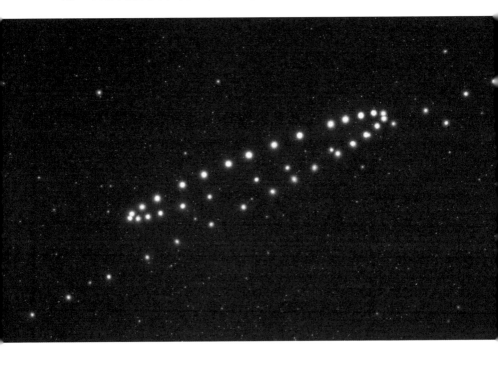

인류의 탄생과 문명의 발흥

날 수밖에 없다. 실제로 화성이나 금성이 역행운동을 하지는 않지만, 지구에서 보는 행성들의 겉보기운동에서는 이러한 현상이 벌어졌다. 지구의 바깥쪽에서 돌고 있는 화성이 지구의 속도보다 느리게 지나칠 때 또는 안쪽에서 돌고 있는 금성이 지구보다 빠르게 지나칠 때 역행운동이 발생했다.

지구가 움직인다는 것을 알지 못했던 고대 천문학자들은 이러한

화성의 역행 원리
화성의 공전 속도가 지구보다 느리기 때문에 아래의 그림과 같이 지구에서 화성을 바라볼 때 역행운동을 하는 것처럼 보이기도 한다.

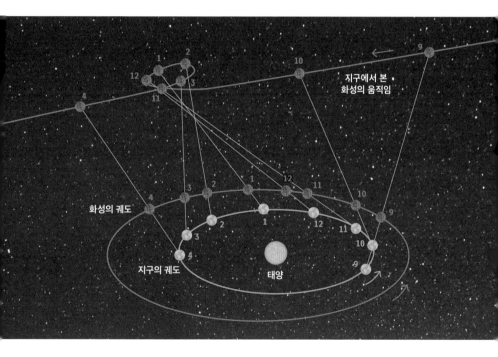

역행운동을 이해할 수 없었다. 어떻게 역행운동을 설명할 것인가? 플라톤은 등속원운동의 우주구조를 제시하고 '현상을 구제하라'는 말을 남겼다. 이 말은 천문학자가 역행운동과 같이 눈에 보이는 현상을 파헤쳐 그 배후에 있는 본질적인 우주구조를 알아내라는 뜻이었다. 플라톤의 우주론을 의심하지 않았던 고대 천문학자들은 지구중심설(천동설)이나 등속원운동이 잘못된 것이 아니라 자신들이 관측자료와 우주모형을 제대로 맞추지 못한다고 생각했다. 플라톤의 철학적 권위는 16세기 코페르니쿠스에 이르기까지 거의 2,000년 동안 모든 천문학자로 하여금 등속원운동을 고수하게 만들었다.

플라톤의 제자 에우독소스Eudoxos(기원전 408?~355?)부터 현상은 구제되기 시작했다. 에우독소스는 지구를 중심으로 다양하게 회전하는 27개의 중첩된 천구들이 있는 우주모형을 제시했다. 눈으로 보이는 겉보기운동을 등속원운동만으로 그리려 하니 우주구조는 거대한 양파처럼 만들어졌다. 다음 세대인 아리스토텔레스에 오면 천구는 모두 56개로 늘어났다. 더 복잡한 우주모형이 될지라도 플라톤의 철학적 신념인 등속원운동은 계속 살아남았다. 이처럼 플라톤은 그리스 자연철학자들에게 과거에는 존재하지 않았던 이론체계와 연구전통을 남겼다. 플라톤이 기원전 387년 아테네 근교에 창설한 아카데미Academy는 거의 1,000년 동안이나 존속되었고 그리스 과학의 연구전통을 세우는 데 큰 역할을 했다.

아리스토텔레스의 이론체계는
왜 2,000년 동안이나 지속되었나?

　　아리스토텔레스는 기원전 384년 그리스 북부의 작은 도시 스타기라에서 태어났다. 이 무렵 스타기라는 정치적으로 마케도니아 왕국의 통치 아래 있었다. 펠로폰네소스 전쟁 이후 쇠약해진 그리스의 도시국가들은 북쪽의 신흥 강국 마케도니아의 침략을 받았다. 당시 아리스토텔레스의 아버지는 마케도니아 왕의 주치의였다. 이때부터 아리스토텔레스와 마케도니아 왕가의 깊은 인연이 시작되었다. 18세가 된 아리스토텔레스는 아테네로 와서 플라톤의 아카데미에 진학했다. 플라톤과 아리스토텔레스, 두 거장은 스승과 제자로 만나 플라톤이 80세에 세상을 뜰 때까지 20년 동안 아카데미에서 함께 연구했다.

　　기원전 343년 아리스토텔레스는 또 다른 위대한 인물을 만났다. 마케도니아 왕 필리포스 2세의 아들로 훗날 알렉산더 대왕Alexander the Great(기원전 356~323)이 된 소년을 3년 동안 가르치게 된 것이다. 알렉산더는 20세가 되던 해, 왕위에 오르고 세계 정복에 나섰다. 알렉산더가 그리스, 페르시아, 인도에 대제국을 건설하는 동안 아리스토텔레스는 아테네로 다시 돌아와 리케움Lyceum이라는 학교를 세웠다. 이곳에서 12년 동안 논리학·철학·정치학·윤리학·천문학·물리학·동물학 등 거의 모든 학문 분야를 연구했다. 기원전 323년 33세의 알렉산더가 갑자기 죽음을 맞이하자 아리스토텔레스의 삶에도 어두운 그림자가 드리워졌다. 재정적 지원이 끊긴 아리스토텔레스는 아테네를 떠날 수밖에 없었고, 그다음 해에 62세의 나이로 알렉산더와 운명을 같이했다.

아리스토텔레스는 60년의 생애 동안 방대한 저술을 남겼다. 이전의 자연철학자들이 남긴 자료들이 대부분 토막글이었던 것에 비하면, 그의 책은 완결된 형태로 여러 권 전해진다. 살아 있는 동안 직접 쓴 것도 있고, 사후 200년 동안 제자들이 정리한 것도 포함된다. 아리스토텔레스의 학문세계는 다루지 않은 분야가 없을 정도로 웅대하고 포괄적이다. 특히 과학과 관련된 논리학·물리학·우주론·자연사·생물학 등은 고대에서 중세, 근대에 이르는 2,000년 동안 서양 학문의 뿌리가 되었다. 과학사에서 아리스토텔레스의 위상은 독보적이라고 할 수 있는데, 17세기 이후 뉴턴 과학이나 다윈의 진화론도 결국 아리스토텔레스를 극복하는 과정에서 출현한 것이다. 그렇다면 아리스토텔레스의 영향력이 이처럼 대단했던 이유는 무엇일까?

아리스토텔레스의 자연철학은 무엇보다도 설득력이 있었다. 피타고라스학파나 플라톤의 철학이 추상적인 반면, 아리스토텔레스의 이론은 일상에서 보고 느끼는 경험세계와 잘 들어맞았다. 플라톤의 이데아를 부정했던 아리스토텔레스는 진리가 세계 밖 어딘가에 있는 것이 아니라 우리가 살고 있는 세계 속에 있다고 믿었다. 그래서 세계는 어떤 물질로 이루어졌고, 그 물질과 관련된 운동은 어떻게 일어나는지를 구체적으로 설명했다. 이렇게 만들어진 아리스토텔레스의 물질론, 운동론, 우주론은 서로 유기적으로 연결되어서 상식적으로 이해하기 쉬웠다. 근대과학을 배운 우리는 아리스토텔레스의 이론이 틀렸다는 것을 알고 있지만, 고대와 중세 사람들의 시선으로 볼 때는 논리적으로 타당한 부분이 많았다. 과학사에서 아리스토텔레스를 공부하는 이유는 그의 이론체계가 어떻게 깨지면서 과학혁명이 일어나는지를 탐색하기 위해서다.

먼저 아리스토텔레스의 물질론부터 살펴보자. 아리스토텔레스는 엠페도클레스의 물, 불, 흙, 공기의 4원소설에 새로운 네 가지 성질을 도입했다. 뜨거움, 차가움, 습함, 건조함의 네 가지 성질을 4원소와 결합한 것이다. 습함과 차가움은 물을, 뜨거움과 건조함은 불을, 습

아리스토텔레스의 원소

아리스토텔레스의 물질론은 4원소에 네 가지 성질을 대응시킨 것이다. 원소의 성질이 원소를 결정하는 질적인 세계관은 원소의 변환과 운동까지도 설명했다. 아리스토텔레스의 4원소설은 근대과학이 출현하기 전, 고대와 중세의 세계관을 지배했다.

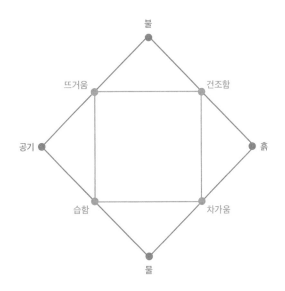

함과 뜨거움은 공기를, 차가움과 건조함은 흙을 만든다. 예컨대 물은 습하고 차가운 성질을 가지고 있는데, 물을 끓이면 차가운 성질을 버리고 뜨거운 성질을 얻어서 습하고 뜨거운 성질의 공기로 변환된다고 설명했다. 이렇듯 아리스토텔레스의 4원소설은 일상에서 경험하는 물질의 변화를 그럴듯하게 설명했다.

그렇다면 우리의 경험이 닿지 않은 우주의 질서는 어떻게 설명할 수 있을까? 아리스토텔레스는 달을 경계로 해서 우주를 천상계와 지상계로 구분했다. 그는 달 위의 세계인 천상계는 영원불변의 완전한 세계인 반면, 달 아래의 지상계는 끊임없이 변하는 불완전한 세계로 설명했다.

아리스토텔레스가 엄격히 나눈 천상계와 지상계는 질적으로 다른 원소로 이루어졌을 뿐 아니라 서로 교류할 수 없는 세계였다. 지상계에 있는 물, 불, 흙, 공기의 4원소는 천상계에 존재할 수 없었다. 아리스토텔레스는 영원불변의 천상계에 맞는 제5원소 '에테르'를 새롭게 고안했다. 제5원소는 다른 원소와 결합하지도 않고 변하지도 않으며 오직 순수한 상태로 천상계에서만 존재했다. 아리스토텔레스의 우주에서 천상계와 지상계의 구분은 물질론과 운동론의 중요한 대전제가 되었다. 이렇게 나뉜 천상계와 지상계에서 각각의 물질은 어떻게 운동을 할까?

아리스토텔레스는 운동을 물질이 가지고 있는 자연스러운 본성이자 물질이 존재하는 목적이라고 보았다. 그래서 지상계의 4원소는 각각의 물질마다 원래의 자리로 돌아가려는 본성을 가진다. 흙과 물은 무겁기 때문에 본성적으로 우주의 중심인 지구를 향하고, 공기와 불

아리스토텔레스의 우주구조

천상계와 지상계로 구분된 아리스토텔레스의 우주는 위계질서가 명확한 세계관이다. 자연세계
를 철저하게 위와 아래로 나누는 세계관은 인간 사회에 자연스럽게 적용되어서 중세의 사회체계
를 떠받치는 이데올로기가 되었다.

천구

고정된 별들

천상계

은 가볍기 때문에 하늘을 향해 올라간다. 그리고 마지막 남은 제5원소는 지구의 중심에서 가까워지고 멀어지는 직선운동이 아닌 지구 중심을 도는 등속원운동을 한다. 각각의 물질은 본성에 따라 자연스러운 위치를 차지하려고 하는데, 이러한 운동을 '자연스러운 운동'이라고 했다.

아리스토텔레스가 말한 자연스러운 운동은 일상에서도 쉽게 관찰되는 현상이다. 행성들은 완벽한 원을 그리며 지구 주위를 도는 것처럼 보이고, 무거운 흙과 물은 아래로 떨어지고 가벼운 공기와 불은 위로 올라가는 것처럼 보인다. 중력이 작용해 일어나는 운동을 아리스토텔레스는 이렇게 설명한 것이다. 중력은 설명하기 까다로운 개념인데, 아리스토텔레스는 우주론과 물질론을 연결해 논리적으로 납득할 수 있는 운동론을 제시했다. 이러한 우주론, 물질론, 운동론은 뉴턴이 만유인력의 법칙을 발견하기 전까지 중력을 설명하는 가장 설득력 있는 이론이었다.

오늘날 우리는 아리스토텔레스의 이론이 모두 틀렸음을 안다. 천상계와 지상계의 구분 같은 것은 없으며, 물질과 운동은 아무런 관계가 없다는 것을 말이다. 그런데 아리스토텔레스는 물질과 운동, 우주를 하나의 체계로 연결해서 설명했다. 바로 이것이 아리스토텔레스의 위대함이다. 서로 톱니바퀴처럼 맞물려 있는 이론체계는 강력한 효과를 발휘했다. 만약 지구가 우주의 중심이 아니라고 한다면, 지구 중심을 향해 떨어지는 물질의 운동을 어떻게 설명할 것이냐는 반박이 들어오고 만다. 지구 중심의 우주구조가 깨지면 물질론과 운동론까지 수정해야 하는 문제가 생기는 것이었다. 그래서 아리스토텔레스의 권위는 기원전 4세기부터 17세기까지 2,000년 동안이나 지속될 수 있었다.

한편 아리스토텔레스는 생물학 연구에서도 뛰어난 업적을 남겼다. 그가 남긴 저술 가운데 3분의 1이 생물학에 관련된 분야일 정도였다. 특히 동물학에 관한 연구 범위는 놀랄 만큼 방대하다. 120종의 어류와 60종의 곤충을 포함해 500종이 넘는 동물을 분류하고 관찰했다. 아리스토텔레스는 이러한 자료를 바탕으로 논리학의 창시자답게 생물의 종류를 정의하는 데 정확한 기준을 적용했다.

아리스토텔레스는 동물을 크게 붉은 피를 가진 종류와 그렇지 않은 종류로 분류했다. 피가 있는 척추동물에는 포유류, 조류, 파충류, 양서류, 어류, 고래를 포함시켰고, 피 없는 무척추동물에는 두족류, 갑각류, 곤충과 거미, 조개, 산호 등을 포함시켰다. 그리고 새끼를 낳는 동물과 알을 낳는 동물을 구분했다. 그다음에 알을 낳는 동물을 새처럼 알을 낳는 경우와 물고기처럼 알을 낳는 경우로 나누었다. 그 결과 새끼를 낳는 고래가 어류보다 포유류에 가깝다는 것을 알아냈다. 이렇게 체계화한 520여 종의 동물 분류는 18세기 칼 린네Carl Linné(1707~1778)의 분류학이 나올 때까지 서양에서 생물 종을 구분하는 기준이 되었다.

아리스토텔레스의 생물 분류는 엄격한 위계질서를 가지고 있었다. 식물-연체동물-어류-파충류-조류-포유류-인간으로 이어지는 순서는 그가 정한 '자연의 사다리'였다. 각 단계를 차지하고 있는 생물 종은 고정되어 있었고 다른 단계로 오르내리는 일은 불가능했다. 각각의 생물 종은 자연에 속한 자기 위치를 찾아가기 위해 태어난 존재였다. 아리스토텔레스는 운동론에서 물질이 본성에 따라 자연스러운 위치로 움직이듯, 생물도 자연의 질서에 귀속되기 위한 목적이 있다고 생각했다. 이러한 목적론적 자연관은 19세기 다윈의 진화론이 등장하기 전까지 서양 사상에 확고하게 뿌리내렸다. 좋은 고정불변이고 자연의 사다리는 하등동물에서 고등동물로 발전하는 목적 지향의 방향성을 가진다는 것이다.

이와 같이 아리스토텔레스의 생물학은 물리학 못지않은 영향력을 발휘했다. 그의 제자 테오프라스토스Theophrastos(기원전 372?~287?)는 스승의 생물학 연구를 식물학으로 확장시켰다. 또한 로마시대 의사였던 갈레노스Claudios Galenos(129~199)는 아리스토텔레스의 생물학을 바탕으로 서양 의학을 집대성했다. 의학 분야의 아리스토텔레스로 불리는 그는 20권이나 되는 『갈레노스 전집』을 남겼다. 이처럼 아리스토텔레스는 과학적 연구의 디딤돌 역할을 했다. 생물학 분야를 비롯해 아리스토텔레스의 자연철학 전체는 이후 서양의 지적 전통을 좌지우지했다고 해도 과언이 아니다. 아리스토텔레스를 거론하지 않고서는 어떤 것도 다룰 수 없을 정도로 그의 영향력은 막강했다.

유클리드의 『기하학 원론』은 어떻게 구성되었나?

기원전 323년 알렉산더는 세계 최대의 제국을 건설하고 33세의 젊은 나이에 세상을 떠났다. 멀리 인도까지 진출했던 알렉산더의 제국은 그가 죽은 뒤 얼마 안 가서 무너졌고, 드넓었던 제국은 수년 만에 세 개의 왕국으로 다시 쪼개졌다. 그러나 알렉산더의 동방원정은 그리스 문화와 오리엔트 문화를 융합시킨 새로운 헬레니즘 문화를 탄생시켰다. 그리스 도시국가가 중심이었던 헬레나 문명이 막을 내리고 범세계적인 헬레니즘 문명이 새로운 시대를 열었다.

헬레니즘 문명의 중심에는 이집트의 알렉산드리아Alexandria가 있었다. 알렉산더 대왕은 정복전쟁을 통해 70여 곳에 도시를 세우고 아시아, 아프리카, 유럽이 만나는 지중해 연안에 자기 이름의 수도 알렉산드리아를 세웠다. 그가 죽자 알렉산더의 부하였던 프톨레마이오스가 이집트를 차지하고 그리스식의 예술, 학문, 상업을 알렉산드리아에 도입했다. 그는 음악과 시의 여신 뮤즈의 이름에서 딴 '무세이온Mouseion'이라는 공공 도서관을 건립했다. 이곳은 박물관, 강의실, 강당, 해부실, 정원, 동물원, 천문대, 기숙사까지 갖춘 연구기관으로 발전했다. 도서관에는 세계 곳곳으로부터 50만 개의 파피루스 두루마리가 수집되었으며, 박물관에는 한때 100명 이상의 석학들이 모여서 연구를 했다. 알렉산드리아는 뛰어난 학자들뿐만 아니라 아프리카인, 페르시아인, 로마인, 그리스인, 이집트인, 유대인, 인도인, 아랍인, 페니키아인 등이 넘쳐나는 인구 60만의 국제적인 대도시로 성장했다.

활력이 넘치는 대도시 알렉산드리아에 독특한 과학 문화의 전통이 만들어졌다. 그리스 과학은 활동무대를 아테네에서 알렉산드리아로 옮겨와 동방의 이집트 전통과 융합했다. 이집트는 3,000년 동안 중앙집권적 관료제를 바탕으로 실용적인 학문을 키웠던 고대 문명의 본고장이었다. 이곳 이집트의 알렉산드리아에서 그리스 과학은 국가적 차원으로 확대된 헬레니즘 과학으로 거듭났다. 순수하고 추상적인 과학은 한층 실용적인 학문과 융합해 제도화되었다. 거대한 규모를 자랑하는 알렉산드리아의 박물관과 도서관은 5세기까지 거의 700년 동안 그리스 학문 발전에 견인차 노릇을 했다. 플라톤과 아리스토텔레스의 후계자들은 국가 지원금을 받으면서 어떤 의무에도 얽매이지 않고 자유롭게 연구할 수 있었다. 이곳에서 과학사에 이름을 남긴 유클리드, 아르키메데스, 아폴로니우스, 히파르코스, 프톨레마이오스 등이 배출되었다.

그리스의 자연철학자들은 인간의 사유를 통해 진리를 얻는 방법을 탐구했다. 어떻게 하면 사람들의 생각이 일치된 결론에 도달할 수 있을까? 모든 사람이 합의할 수 있는 방법은 없는 것일까? 그래서 탄생한 것이 아리스토텔레스의 논리학이다. 논리학은 눈에 보이지 않는 생각을 눈에 보이는 언어로 나타낸 학문이다. 유클리드Euclid(기원전 330?~275?)는 아리스토텔레스의 논리학을 도형과 기호의 기하학에 적용한 새로운 논리학을 구상했다. 그는 플라톤의 아카데미에서 연구하다가 알렉산드리아의 도서관에 수학교사로 초빙되었다. 그곳에서 프톨레마이오스 1세를 가르쳤고 기념비적인 수학책『기하학 원론 Stoicheia』을 펴냈다.

유클리드는『기하학 원론』에서 먼저 용어를 '정의'했다. 단어와 기호를 이해하는 데 있어 사람들의 혼란을 없애기 위해서였다. 그는 '점은 쪼갤 수 없는 것이다', '선은 폭이 없이 길이만 있는 것이다'와 같이 점, 선, 직선, 면 등의 정의 스물세 개를 열거했다. 그다음에는 직관적으로 명백한 사실, 즉 증명할 수 없는 명제를 '공리'라 하고 다섯 개를 채택했다. 그러고 나서 '정의'와 '공리'만을 이용해 '법칙'을 도출하는 증명과정을 밟았다.

『기하학 원론』의 첫 번째 법칙은 '유한한 길이의 직선을 주었을 때, 그것을 써서 정삼각형을 만들라'였다. 유클리드는 프톨레마이오스 1세에게 이 문제를 냈는데, 프톨레마이오스 1세는 문제를 풀지 못하고 작도기로 정삼각형을 그렸다고 한다. 그러자 유클리드는 '답은 모두가 합의한 것에서 출발하라'고 지적하며 공리로부터 증명하는 법을 가르쳐주었다. 세 번째 공리 '모든 점에서 모든 거리를 반지름으로 해서 원을 그릴 수 있다'와 첫 번째 공리 '모든 점에서 다른 모든 점으로 직선을 그을 수 있다'를 이용하면, 두 개의 원 사이에 반지름을 한 변으로 하는 정삼각형을 그릴 수 있다고 설명했다. 이렇게 정의와 공리만을 가지고 새로운 사실을 추론하는 것을 '공리적 방법 axiomatic method'이라고 한다.

유클리드의 『기하학 원론』은 이전의 그리스 자연철학자들이 발견한 결과를 체계적으로 모아서 재편집한 책이다. 재편집에 불과한 책이 서양 과학사에 그토록 큰 영향을 미친 이유는 무엇일까? 그것은 머릿속에 그려진 생각을 논리적으로 추론해 결론을 끌어내는 형식을 고안했다는 데 있다. 바로 정의, 공리, 정리, 증명의 형식체계에 유클리드의 독창성이 있었던 것이다. 유클리드는 열세 권이나 되는 『기하학 원론』에서 스물세 개의 정의와 다섯 개의 공리만을 가지고 465개의 명제를 증명했다. 예를 들어 현실적으로 존재하는 정형의 입체는 정사면체, 정육면체, 정팔면체, 정십이면체, 정이십면체 등 다섯 가지뿐이라는 사실을 증명했고, 5권에서는 피타고라스학파가 발견한 무리수의 존재를 증명했다.

유클리드는 그리스 자연철학자의 수학적 전통과 아리스토텔레스의 논리학을 훌륭히 계승해 형식논리학을 창안했다. 이때부터 정의, 공리, 법칙 증명이라는 수학적 사유의 틀이 만들어졌다. 『기하학 원론』은 유럽에서 성경 다음으로 많이 읽힌 책으로 꼽히며 2,000년 이상 기하학의 교과서로 군림했다. 『기하학 원론』의 공리와 명제들은 오늘날 현대 수학책에 이르기까지 수없이 인용되고 있다. 특히 공리적 방법의 형식체계는 서양의 모든 학문에서 논증의 모델이 되었다. 뉴턴의 『자연철학의 수학적 원리 *Principles of Natural Philosophy Mathematica*』와 스피노자의 『에티카 *Ethica*』, 미국의 「독립선언문」 등이 『기하학 원론』의 형식을 그대로 따르고 있다. 일례로 미국의 「독립선언문」은 '모든 사람은 평등하게 태어났다'는 공리에서 시작해 '영국으로부터 독립해야 한다'는 결론을 이끌어냈다.

고대 천문학자들이 풀어야 할 과제는 무엇이었나?

알렉산드리아의 박물관에서 연구원으로 일했던 아리스타르코스 Aristarchos(기원전 217?~145?)는 태양 중심의 우주론을 주장했다. 우주의 중심에 태양이 있고, 그 주위를 지구가 하루에 한 번

자전하며 1년에 한 번 공전한다는 지동설을 제안했다. 코페르니쿠스 Nicolaus Copernicus(1473~1543)가 16세기에 채택했던 지동설을 거의 1,900년이나 앞서서 내놓았던 것이다. 놀랍게도 그가 지동설을 제안한 근거는 천체의 '크기와 거리'를 양적으로 측정한 결과였다.

아리스타르코스는 지금까지 전해진 문헌『태양과 달의 크기와 거리에 관하여』에서 태양과 달, 지구의 관계를 수량으로 나타냈다. 당시에는 엄두도 낼 수 없는 어마어마한 거리를 계산한 것이다. 예를 들면 아리스타르코스는 태양의 지름이 지구의 140배에 이르고 지구에서 태양까지의 거리는 지구에서 달까지 거리의 19배에 이른다고 계산했다. 실제는 400배에 이르지만 당시에는 19배의 거리도 엄청나게 먼 거리였다. 아리스타르코스는 태양이 지구보다 엄청나게 크고 아주 멀리 있다는 것을 밝혔다. 그렇다면 태양이 지구 주위를 돈다는 것, 즉 큰 물체가 작은 것 주위를 아주 빠른 속도로 돈다는 것이 이치에 맞지 않았다. 그래서 아리스타르코스는 작은 지구가 큰 태양 주위를 도는 것이 타당하다는 생각에 이르렀다.

태양에서 지구까지의 거리 측정에는 삼각법이 이용되었다. 아리스타르코스는 달이 반달일 때 달과 지구, 태양이 직각삼각형을 이룬다는 것을 알았다. 그는 지구에서 달과 태양 사이의 각도를 측정해 지구에서 태양까지의 거리를 계산할 수 있었다. 고대 천문학자들에게 삼각법은 별의 위치와 거리를 잴 수 있는 유용한 방법이었다. 삼각형은 세 변과 세 각만을 가진 가장 단순한 도형이기 때문에 한 변의 길이나 한 각의 크기만 달라져도 다른 변과 각이 달라질 수밖에 없다. 마법의 삼각형이라고 불리면서 삼각형이 수학에서 실용적으로 활용된 이유가 바로 이 점이었다. 특히 직각삼각형은 한 변과 한 각만 알면 저절로 나머지 변과 각을 알 수 있어서 더욱 유용했다. 고대 천문학자들이 밤하늘에 빛나는 별빛 하나만으로 별자리 그림을 그릴 수 있었던 것은 삼각법이 있어서 가능한 일이었다. 그들은 직각기를 눈에 대고 별을 바라보면서 그 각도로 별의 고도와 별과 별 사이의 거리를 측정할 수 있었다.

삼각법의 아버지로 불리던 히파르코스Hipparchos(기원전 190?~125?)는 에게 해에 있는 로도스 섬에 관측소를 세우고 정확한 관측 자료를 만들었다. 그는 그리스와 바빌로니아에서 관측된 기록을 모아 대조하고 계통적으로 정리했다. 그리고 에우독소스의 천구와 천체 좌표를 받아들여서 별의 위치를 나타내는 일람표를 작성했다. 이런 노력의 결과, 히파르코스는 약 850개 별의 위치를 정하고 나서 별의 밝기를 6등급으로 나누어 표시했다. 별의 밝기에 따른 이러한 분류는 오늘날에도 통용된다.

또한 히파르코스는 지구와 달의 크기와 거리, 태양과 달의 크기와 거리를 측정해 아리스타르코스의 계산을 수정했다. 더 나아가 행성과 태양의 움직임까지 다시 관측하고 새로운 우주구조를 구상했다. 그는 130년 전쯤에 발표된 아리스타르코스의 태양중심설을 알고 있었지만 그의 가설을 채택할 수 없었다. 태양중심설이 일상적 경험에 맞지 않는 점이 가장 큰 문제였다. 만일 지구가 자전하고 동시에 태양 주위를 돈다면 우리가 땅에 붙어 있는 것을 어떻게 설명할 것이며, 위로 던져 올린 물체가 뒤로 처지지 않고 똑바로 떨어지는 것을 어떻게 납득시킬 것인가?

물질론과 운동론까지 고민했던 히파르코스는 일상적인 경험과 부합하는 아리스토텔레스의 우주론을 받아들이기로 했다. 하지만 행성의 역행운동과 같이 관측 자료와 우주모형과의 차이를 메우기 위해서는 새로운 돌파구가 필요했다. 그는 아폴로니오스Apollonios(기원전 262?~200?)가 고안했던 주전원과 이심원이라는 수학적 기법을 채택했다. 주전원은 하나의 커다란 원운동 궤도 위에서 작은 원운동을 하는 궤도이고, 이심원은 중심이 지구와 일치하지 않는 원으로, 주전원과 이심원은 지구중심설을 유지하면서 현상을 구제하는 대안적 방법이었다. 관측 자료와 지구중심설을 일치시키는 과정에서 고대 천문학은 새로운 단계로 진입했다. 주전원과 이심원 모형은 원운동을 하지 않는 행성의 역행운동과 부등속 타원운동을 정교하게 표현할 수 있었기 때문에 천문학자들을 만족시켰다.

왜 프톨레마이오스의 우주체계를 위대하다고 하는가?

2세기 로마가 지배했던 알렉산드리아에서 프톨레마이오스Klaudios Ptolemaeos(85?~165?)는 고대 천문학을 총망라해 『수학적 집대성 *Megalē Syntaxis Astronomias*』이라는 걸작을 세상에 내놓았다. 후에 『알마게스트』로 알려진 이 책은 16세기 코페르니쿠스의 지동설이 나오기 전까지 최고의 천문학 교과서였다. 이슬람 학자들은 아랍어의 정관사 '알Al'에 위대하다는 뜻의 그리스어 최상급인 '메기스테

Magiste'를 합쳐서 『알마게스트*Almagest*』, '가장 위대한 책'이라는 이름을 붙였다.

『알마게스트』가 그렇게 칭송받은 이유는 무엇일까? 프톨레마이오스는 아리스토텔레스의 우주론을 완벽히 구현하는 지구 중심의 우주구조를 제시했던 것이다. 프톨레마이오스의 우주구조를 살펴보면, 항성恒星, 붙박이별과 행성行星, 떠돌이별을 천구의 원운동으로 설명했다. 우주의 중심에는 지구를 고정시키고 맨 바깥에는 항성들이 붙어 있는 항성 천구를 배치했다. 항성 천구는 행성들이 도는 방향과 반대 방향으로 하루에 한 바퀴씩 돌아, 별자리가 1일 1회전하는 현상을 보여주었다. 프톨레마이오스는 지구가 자전하면서 일어나는 현상을 항성 천구로 대치했고, 행성은 지구와 항성 천구 사이의 공간에서 움직이는 것으로 설명했다. 지구를 중심으로 행성들의 천구는 달, 수성, 금성, 태양, 화성, 목성, 토성의 순서로 돌고 있었다.

분명히 프톨레마이오스의 우주구조는 우리가 알고 있는 태양계가 아니다. 지구를 중심으로 태양과 행성이 돌고 있는 우주구조는 관측된 결과와 결코 부합될 수 없었다. 행성의 배열순서뿐만 아니라 회전주기, 역행운동도 이 우주구조에서는 설명이 불가능했다. 그런데 놀랍게도 프톨레마이오스는 잘못된 아리스토텔레스의 우주론을 완벽하게 입증할 수 있는 관측 자료를 제공했다. 불가능한 일을 가능하게 한 것, 이것이 『알마게스트』를 위대하게 만든 이유였다.

프톨레마이오스는 불가능을 넘어서기 위해 수학을 이용했다. 그는 히파르코스의 주전원과 이심원을 그대로 가져다 쓰고, 여기에 등각속도점까지 추가했다. 등각속도점은 행성들의 부등속운동을 등속

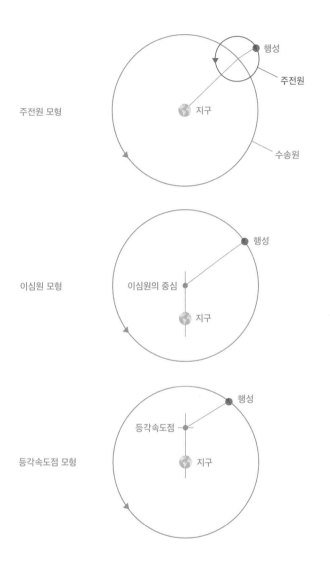

주전원 모형

행성

주전원

지구

수송원

이심원 모형

행성

이심원의 중심

지구

등각속도점 모형

행성

등각속도점

지구

프톨레마이오스의 천문학 기법

프톨레마이오스는 플라톤의 등속원운동을 지키기 위해 주전원과 이심원, 등각속도점을 활용했다. 주전원과 수송원은 행성의 역행운동을 설명하기 위해 고안한 것이다. 그는 지구를 중심으로 수송원이 돌고 있고, 이 수송원을 중심으로 작은 주전원이 돈다고 했다. 이심원과 등각속도점은 행성의 부등속 타원운동을 설명하기 위해 도입된 것이다. 이심원은 지구가 중심이 아닌 또 다른 중심을 둔 것이고, 등각속도점은 프톨레마이오스의 우주구조 안에 설정한 가상의 점이다.

원운동으로 설명하기 위해 어떤 지점에서 일정한 각속도로 움직이게 만든 장치다. 물론 프톨레마이오스도 이때 이용된 주전원, 이심원, 등각속도점이 물리적으로 실재하지 않는다는 것을 알고 있었다. 하지만 관측 자료와 맞지 않는 지구 중심의 우주구조를 고수하기 위해서는 이러한 수학적 기법들에 의존할 수밖에 없었다.

프톨레마이오스의 수성 궤도 모형
프톨레마이오스의 모형에서 수성은 주전원 위를 움직인다. 주전원의 중심은 이심원 위를 지나가고 이심원의 중심은 자신의 주전원 위를 움직인다. 이때 등각속도점에서는 행성의 움직임이 일정한 원운동으로 관찰된다.

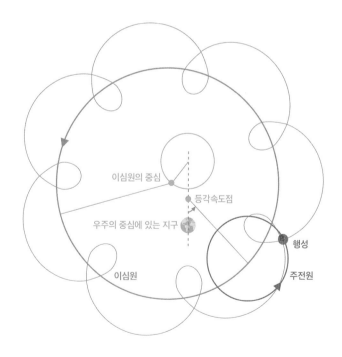

마침내 관측된 자료와 천구의 운동을 맞추기 위해 80개의 원이 이용되었다. 따라서 그의 우주구조는 매우 복잡하고 고도의 수학적 계산이 필요한 것이 되었다. 맞지 않는 관측 자료와 우주구조를 가지고 천체의 위치를 정확하게 예측할 수 있도록 꿰맞추는 것이 어디 쉬운 일이겠는가! 그런 일을 해낼 수 있는 사람은 오직 프톨레마이오스밖에 없었다. 프톨레마이오스의 우주구조는 너무나 어렵고 복잡해서 제대로 분석하는 일조차 힘들었다.

이렇게 프톨레마이오스의 우주는 접근하기 어려웠지만 완벽한 논리적 구조를 가지고 있었다. 무엇보다도 아리스토텔레스의 물질론, 운동론, 우주론을 반영했기 때문에 학문적 권위에 있어 감히 도전할 자가 없었다. 아리스토텔레스의 이론체계와 프톨레마이오스의 우주구조는 하나로 결합해 아리스토텔레스-프톨레마이오스 우주론으로 알려졌다. 이것은 단순한 우주구조가 아니라 물질론과 운동론을 포함한 거대한 패러다임이었다. 고대인이 일상적으로 경험하는 현상과 이론체계가 딱 맞아떨어져서 지구가 우주의 중심이라는 것을 누구도 의심하지 않았다. 수백 년 동안 그리스의 연구전통이 만들어낸 성과는 『알마게스트』의 위대함으로 포장되어 무려 1,500년 동안이나 실체에 이르는 길을 차단해버렸다.

한편 로마는 작은 도시국가에서 지중해 일대를 장악한 강력한 국가로 성장했다. 알렉산드리아의 헬레니즘 과학이 활력을 잃어가는 동안 로마는 유럽과 북아프리카, 이집트까지 지배하는 고대 최대의 제국이 되었다. 실용적인 기술을 앞세운 로마 문화는 그리스 과학의 정신을 압도했다. 로마인들은 그리스 과학을 라틴어로 번역조차 하

프톨레마이오스의 이론이 반영된 천동설의 행성 궤적

프톨레마이오스의 이론에 따르면 수성과 금성의 행성 궤도만을 나타내도 이렇게 궤도가 복잡한 우주구조가 완성된다.

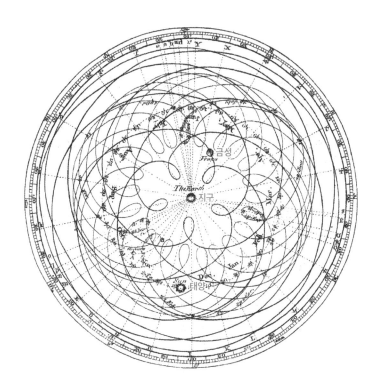

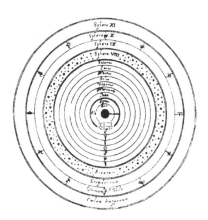

단순화된
프톨레마이오스의 우주구조

프톨레마이오스의 우주구조를 단순화하면 지구를 중심으로 모든 별이 일정하게 늘어선다. 바로 우리가 잘 아는 전형적인 천동설의 우주구조다.

지 않았다. 알렉산드리아의 도서관과 박물관은 그리스 과학의 수난을 보여주는 생생한 증거였다. 391년 기독교가 로마제국의 공식 국교로 승인되었을 때 알렉산드리아의 도서관은 불태워졌다. 415년에 폭동이 일어났을 때 박물관은 철저하게 짓밟혔고, 알렉산드리아 박물관의 여성 과학자 히파티아Hypatia(370?~415)는 기독교 광신도에게 살해당했다. 정치적 혼란과 기독교의 전파는 그리스 과학에 적대적인 환경을 제공했다. 기독교인들은 그리스인을 이교도라 불렀고, 그리스 과학을 탐구하는 행위는 이단으로 몰렸다. 476년 서로마제국이 멸망했고 529년 동로마의 황제 유스티니아누스는 플라톤의 아카데미를 폐쇄했다. 624년 알렉산드리아를 정복한 이슬람 군대는 도서관의 문헌을 남김없이 불태웠다. 이제 그리스 과학을 공부하는 사람은 사라졌으며, 그리스 과학 문헌도 찾을 수 없게 되었다. 7세기가 되자 서양에서 그리스 과학은 완전히 자취를 감추었다.

중국 자연관의 특징은 무엇인가?

고대 중국에서는 그리스 자연철학과는 전혀 다른 자연관이 형성되었다. 중국인들은 자연을 살아 있는 생명체와 같은 유기체有機體로 생각했다. 작은 유기체들이 모여 거대한 유기체를 이루듯 인간을 포함한 모든 물질은 생명 리듬을 가지고 탄생한다고 여겼다. 자연세계는 탄생, 성장, 성숙, 쇠퇴 그리고 죽음이라는 주기를 거치는데, 이러한 변화는 무질서하게 일어나는 것이 아니라 리듬과 규칙이 있다고 보았다. 중국인들은 이러한 자연의 질서와 원리를 '자연의 도道'라고 했다.

먼저 중국인들은 밝음과 어둠, 따뜻함과 추위, 습함과 건조함, 활동과 정지같이 양극단을 오가는 작은 순환들에 주목했다. 예를 들어 아침에 해가 밝아졌다가 다시 어두워지고 따뜻한 봄이 왔다가 추워지는 것과 같이, 자연은 서로 의존적이면서 대립하는 성질이 주기적으로 반복되는 것처럼 보였다. 중국인들은 이것을 음양陰陽의 원리로 공식화했다. 음陰이란 구름이 해를 가린 어둠을 뜻하고, 양陽이란 구름이 걷히고 해가 나타나는 밝음을 뜻한다. 어둠과 밝음의 두 성질을 가만히 살펴보면 매우 오묘하다고 할 수 있다. 어둠은 밝음이 있어야 드러나고 밝음은 어둠이 있기에 감지되는 것처럼 음과 양은 서로 떼려야 뗄 수 없는 관계다. 실제로 낮에서 밤으로 변화하는 과정을 보면 밝음과 어둠은 서로 공존하고 있음을 알 수 있다. 밝은 낮에 잠재되어 있던 어둠이 밤이 되면 서서히 드러나기 때문이다. 이렇게 중국인들은 모든 사물에 상반되는 요소가 동시에 내재해 있고 서로 작용하면서 변화를 일으킨다고 생각했다.

그렇다면 중국인들이 생각하는 우주의 근원 물질은 무엇일까? 서양인들은 물, 불, 흙, 공기와 같은 물질을 제시했지만 중국인들은 물질인 아닌 '기氣'를 만물의 근원이라고 보았다. 중국의 전통과학에 따르면 우주가 형성되기 전에 혼탁한 상태의 기가 있었다고 한다. 그 기는 맑고 가벼운 기와 탁하고 무거운 기로 갈라져 각각 하늘과 땅을 형성했고, 이때 나누어진 음과 양의 기는 서로 작용하면서 만물을 생성했다. 중국인들은 이러한 기와 음양에 오행五行을 덧붙여 음양오행이라는 개념을 정립했다. 오행은 자연현상 속에서 서로 살려주고 제어하는 관계를 개념화한 다섯 가지의 상징적 체계다. 각각을 나무[木], 불[火], 흙[土], 쇠[金], 물[水]이라고 말하지만 이것은 다섯 가지의 사물이 아니라 어떤 성질이나 경향성을 추상화한 것이다.

실제 기와 음양오행은 명확하게 정의할 수 없고 이해하기 어려운 개념이라고 할 수 있다. 중국인들은 음양을 땅과 하늘, 여성과 남성, 내부와 외부, 어둠과 밝음, 정지와 운동, 차가움과 따스함 등의 대립적 성질로 분류했다. 그리고 수성, 금성, 화성, 목성, 토성과 같은 다섯 가지 행성처럼 맛에는 신맛, 쓴맛, 단맛, 매운맛, 짠맛이 있고, 색깔에는 푸른색, 붉은색, 노란색, 흰색, 검은색이 있으며, 방위에는 동쪽, 남쪽, 중앙, 서쪽, 북쪽이 있다는 식으로 오행은 계절, 냄새, 소리, 별자리, 기후, 신체 등을 다섯 가지의 범주로 구분했다. 따라서 음양오행은 각각 존재하는 개별적인 실체가 아니라 서로 의지하는 관계론적인 존재라고 할 수 있다.

중국의 전통과학은 자연세계뿐만 아니라 인간 사회까지도 기와 음양오행의 긴밀한 연결망으로 그렸다. 우리의 몸을 예로 들면 음양은 따뜻함과 차가움으로, 오행은 간, 심장, 폐, 지라, 신장의 오장五臟으로 유비될 수 있다. 이때 기는 온몸에 퍼져 있는 경락을 따라 흐르며 영양분을 조달하고 우리 몸을 지탱한다. 이와 같이 기와 음양오행으로 그려진 세계는 서로 다른 요소들이 유기적으로 연결된 통합체이고, 어떤 하나의 요소라도 문제가 생기면 전체에 영향을 미친다.

지금 우리는 중국 과학의 개념을 감으로 느끼면서 이해하고 있다. 개념이 불명확하지만 일상적인 경험에서 충분히 느낄 수 있는 것이 중국 과학의 특징이다. 이러한 질적이고 유기체적인 자연관이 한漢나라(기원전 202~기원후 220) 때에 성립했고 2,000년 동안 동양의 과학 사상을 지배했다. 동시대에 나왔던 유클리드의 기하학과 비교하면 중국과 서양 과학의 차이를 확연히 구별할 수 있다. 그리스 과학이 수와 도형이라는 불변적 요소를 바탕으로 자연세계의 질서를 탐구했다면, 중국 과학은 음양오행이라는 관계론적 요소를 가지고 변화무쌍한 자연세계를 이해했다.

중국의 전통과학은 살아 있는 유기체인 인간을 다루는 의학 분야에서 진가를 발휘했다. 우리에게 한의학으로 친숙한 동양 의학은 기와 음양오행으로 현대인의 질병을 성공적으로 치료하고 있다. 한의학 분야에는 유클리드의 『기하학 원론』만큼 학문적으로 인정받는 『황제내경黃帝內徑』이 있다. 오늘날 대학교의 수학과에서 유클리드의 기하학을 배우듯 한의학과에서는 『황제내경』을 공부한다.

『황제내경』은 기원전 3세기 전국시대 말에 쓰인 의학서로서 지금까지 동양 최고의 의학경전으로 평가받는다. 이 책은 세계를 대우주로, 인간을 소우주로 보는 커다란 사유의 틀을 세우며 한의학 성립에 결정적인 영향을 미쳤다. 『황제내경』은 기와 음양오행으로 몸과 병을 이해하고 오장육부의 생리학에 대한 원칙을 제시했다. 또한 기가 온몸을 순환한다는 12경락 이론 등 한의학의 핵심적인 사상을 모두 담아냈다. 침구법과 경락법은 물론 양생법과 예방의학, 진단에 따른 적절한 치료법까지 완벽한 경험의학적 이론체계를 제공했다. 우리는 중국의 전통과학이 서양 과학 못지않은 학문적 체계가 있다는 것을 『황제내경』에서 확인할 수 있다.

중국의 유교적 세계관은 자연의 탐구에
어떤 영향을 미쳤나?

기원전 221년에 이루어진 진秦나라(기원전 221~206)의 중국 통일은 역사적으로 큰 의미가 있다. 진나라는 중국의 광활한 대륙을 차지하고 강력한 중앙집권국가를 세웠다. 15년 만에 한나라에 의해 멸망했지만 왕조만 바뀌었을 뿐 중국 대륙을 지배하는 중앙집권 체제는 서양 세력의 침략을 받았던 19세기 말까지 유지되었다. 진나라가 중국 대륙을 통일한 시점에 서양에서는 로마가 제국을 건설했다. 기원전 272년 로마는 이탈리아반도를 통일하고 유럽의 주도권을 잡았다. 하지만 로마는 중국처럼 오랫동안 유럽을 지배하지 못했다. 로마가 등장하기 이전에 서양 세계의 중심은 그리스였다. 그리스의 아테네에서 마케도니아 그리고 로마로 옮겨온 중심은 다시 프랑크 왕국에서 신성로마제국으로 이동했다. 이렇게 서양 세계에서 중심이동이 잦았던 이유는 중앙집권체제가 정착되지 않았기 때문이다.

반면 일찍이 중앙집권체제를 갖춘 중국은 유럽과 다른 문화적 토양을 마련했다. 특히 체제의 기반이었던 관료적 유교 문화는 과학사에서 유럽의 기독교 문화와 비견될 만큼 과학 활동에 큰 영향을 미쳤다. 서양 과학이 기독교와 팽팽한 긴장관계를 이루며 공존했듯이, 동양의 전통과학은 유교 문화의 영향권에서 성장하고 쇠락했다. 실제로 한나라 때 유교가 중국의 정치, 사회, 문화의 핵심 사상으로 자리 잡으면서 전통과학 사상도 만들어졌다.

한나라의 대표적인 유학자였던 동중서董仲舒(기원전 170?~120?)는 천인감응론天人感應論과 재이론災異論을 주장했다. 천인감응론이란 하늘[天]과 인간[人]이 연결되어 상호 교감한다는 이론이다. 지진과 홍수, 일식, 월식 등의 자연현상은 하늘에서 일어나는 이상한 재앙이라는 뜻에서 재이災異라고 여겼다. 이러한 자연재해는 인간 사회에서 일어난 잘못된 일을 벌주기 위해 하늘이 반응을 보인 것이라고 해석되었다.

유교에서 하늘은 인격적인 의지를 가진 존재였다. 하늘의 아들인 천자天子는 하늘의 명령, 즉 천명天命을 받는 자로서 중국의 황제를 말한다. 하늘의 명에 따라 백성을 잘 다스려야 하는 황제가 잘못했을 때는 이를 꾸짖기 위해 천재지변이 일어난다고 보았다. 동중서와 같은 유학자들은 황제를 모시는 신하로서 하늘의 뜻을 파악해 황제에게 알려주는 것이 자신의 임무라고 생각했다. 이렇듯 유교적 자연관에서 자연현상과 황제의 정치적 행위는 긴밀하게 연결되어 있었다.

천인감응론은 자연과 인간이 하나의 생명체처럼 연결되어 있다는 유기체적인 자연관에서 비롯되었다. 여기에 인간의 정치가 자연현상과 깊은 관계가 있다는 재이론이 나온 것은 지극히 유교적인 발상이다. 유교의 궁극적인 목표는 나라를 잘 다스리고 세상을 평화롭게 만드는 일이었다. 그런데 홍수나 가뭄과 같은 천재지변은 생활터전을 한순간에 무너뜨렸다. 백성을 도탄에 빠뜨리는 것은 천재지변만이 아니었다. 황제의 폭정으로 전쟁과 반란이 일어나면 그 혼란은 막을 길이 없었다. 유학자들은 황제가 정치를 잘해야 자연재해와 전쟁을 막을 수 있다고 보았다. 지금 보면 자연현상과 인간의 정치사가 무슨 관계가 있느냐고 할 수 있겠지만, 자연과 인간의 조화로운 공존은 유교 문화에서 당연히 정치가 맡아야 할 부분이었다.

따라서 하늘에서 일어나는 모든 현상은 국가와 황제가 관여할 일이었다. 중국의 유교 문화권에 속한 동양 사회에서는 아무나 하늘을 관찰하고 기록할 수 없었다. 황제의 명령에 따라 몇몇 유학자가 담당했는데, 이들이 곧 과학자였다. 체계적이고 조직적인 과학 연구는 대부분 국가기구 안에서 이루어졌다. 엄격한 국가적 통제를 받으며 행했던 동양의 과학 연구는 서양에서 개인적 호기심이나 순수한 동기로 이루어진 것과 크게 차이가 났다. 유교 문화를 바탕으로 한 관료제는 중국을 비롯한 동양의 과학 활동에 독특한 성격을 부여했다.

특히 하늘을 관찰하고 기록하는 천문학은 제왕의 학문으로서 최고의 대접을 받았다. 중국의 천문학은 우주론과 천문역법으로 나누어볼 수 있다. 우주론은 주로 유학자들을 중심으로 우주의 생성과 구조에 대한 이론을 다루던 분야였으며, 전문적인 천문학자들이 연구하던 천문역법은 우주론보다는 실용적이고 정치적인 목적을 가진 분야였다. 천문역법에서 천문은 자연현상을 관측해 그 의미를 해석하는 일이었고 역법은 정확한 달력을 만드는 일이었다. 한나라 때에 이르러 이러한 우주론과 천문역법은 중국 과학의 주요한 활동으로 자리 잡았다.

중국 과학에서 우주론은 그리스 과학과 비교해보았을 때 소박한 수준이었다. 정치적인 필요로 천문역법은 발달했으나 우주의 생성과 구조에 대해서는 그다지 관심을 두지 않았다. 중국인들이 생각했던 우주는 하늘이 둥글고 땅이 네모지다는 천원지방天圓地方의 단순한 모양이었다. 이것을 바탕으로 하늘이 삿갓 덮어놓은 모양[蓋]이라는 개천설蓋天說과 둥그런 모양이라는 혼천설渾天說이 나왔다.

개천설의 우주구조

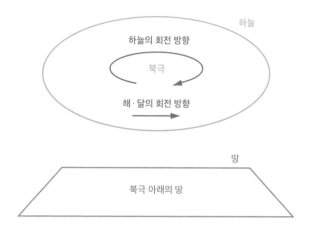

혼천설의 우주구조

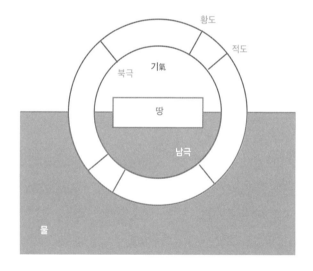

혼천설은 달걀의 노른자처럼 땅이 우주의 중심에 위치하고 둥근 하늘이 그 둘레를 감싸고 있는 모양이었다. 얼핏 보기에는 땅이 둥글다는 지구설을 떠올릴 수 있으나, 당시에는 땅이 둥글다는 관념이 존재하지 않았다. 여전히 하늘은 둥글고 땅은 네모지다는 천원지방의 개념을 유지했다.

반면에 중국의 천문역법은 중앙집권적 관료제에서 체계적이고 조직적으로 연구되었다. 한나라 때에 장형張衡(79~139)은 천문역법과 기상관측, 계산 등을 관장하는 부서의 최고 책임자로서 독창적인 과학 연구를 주도했다. 그는 여러 가지 발명품을 제작했는데, 그중에는 혼천설의 우주구조를 본떠서 만든 혼천의渾天儀가 유명하다. 혼천의는 여러 개의 둥근 테로 이루어진 천문관측기구였다. 둥근 테에는 눈금이 표시되어 있어 태양, 달, 별의 운행을 관측할 수 있었다. 혼천의는 관측기구이면서 동시에 우주의 구조와 운행을 시각적으로 재현하는 기구이기도 했다. 이러한 혼천의는 여러 나라로 퍼져 동양의 대표적인 천문관측기구로 발전했다.

또한 장형은 지진 측정을 위한 독창적인 장치인 지동의地動儀를 발명했다. 장형이 살던 시대인 89년에서 140년 사이에는 동한東漢의 도읍지인 낙양 일대에 지진이 서른세 차례나 발생했다고 한다. 장형은 지진 발생의 피해를 줄이기 위해 132년에 지진계를 제작했다. 지름이 1.9미터인 거대한 청동 단지에 막대기를 세우고 바깥에는 여덟 방향에 용 장식을 달았다. 지진이 일어나 단지 속 막대기가 쓰러지면, 쓰러진 방향에 있는 용의 입으로 여의주가 나와 밖에 있는 두꺼비의 입으로 떨어지게 했다. 떨어진 구슬을 보고 지진이 일어난 방향을 알 수 있도록 한 것이다. 이 지동의는 얼마나 정확한지 138년 낙양에서 400킬로미터나 떨어진 곳에서 일어난 지진까지도 측정했다고 한다.

(위) 132년에 제작된 장형의 지동의를 현대에 와서 복원한 것
(아래) 중국의 학자인 왕진탁王振鐸이 1936년에 제작한 지동의의 내부. 런던 과학박물관 소장

고대 중국의 과학기술은 서양을 훨씬 능가한 것이 많았다. 지동의는 1880년에 만들어진 유럽의 지진계보다 1,700년이나 앞선 것이었다. 세계 4대 발명품인 종이, 나침반, 화약, 인쇄술 모두 중국에서 발명되었다. 종이는 105년경 환관이었던 채륜蔡倫(?~121?)이 발명했다는 것이 『후한서』에 전해지고 있다. 그런데 그 이전에 제작된 종이가 최근에 발굴되어서 종이 발명의 시점은 점점 올라가고 있다. 오늘날 연구자들은 늦어도 기원전 2세기경에는 중국에서 종이가 발명된 것으로 추정하고 있다. 중국인들은 종이를 만들기 위해 대나무, 볏짚, 순면, 해초, 등나무, 아마, 황마, 모시풀 등의 많은 섬유를 이용했다. 종이는 610년경 우리나라를 거쳐 일본으로 전해졌고, 1180년경 아라비아인들을 통해 유럽으로 전파되었다. 유럽에서 처음 종이가 제작된 것은 12세기였으니 중국보다 1,500년이나 뒤처졌다고 할 수 있다.

기원전 4세기부터 중국에서는 나침반을 이용했다는 기록이 있다. 최초의 나침반은 천연자석을 이용해 방위를 나타내는 단순한 형태였고 나침반 바늘은 국자나 물고기 모양이었는데, 나중에 화살표 모양으로 개량되었다. 그리고 화약의 원료가 되는 초석(화학명 질산칼륨)과 황에 대한 기록도 기원전 2~3세기경이면 나타났다. 고대의 중국인들은 초석이 보라색 불꽃을 내며 탄다는 것을 알고 자연광산에서 초석을 수집했다. 유럽에서는 13세기가 되어야 화약에 초석이 쓰인다는 것이 알려졌는데, 그 시기 중국인은 초석과 황, 목탄 등을 배합해 완벽에 가까운 화약을 만들었다. 이렇듯 종이, 나침반, 화약 등은 중국에서 발명되어 서양으로 전해졌다. 이 시기 중국의 발명품들은 유럽보다 거의 1,000년을 앞섰으며 놀라운 기술적 성취에 도달했다.

chapter

2

아시아와
유럽을 잇는
중세의
과학과 기술

세계 과학사에서 중세시대는
진정 '암흑기'였는가?

유럽은 로마가 몰락한 후 수백 년 동안 암흑의 미개지였다. 글을 읽고 시간을 아는 사람이 거의 없을 정도로 유럽 문명은 야만스럽고 무지한 상태로 후퇴했다. 그렇다고 해서 이 시기에 유럽이 아닌 다른 지역까지 암흑기였던 것은 아니다. 아라비아반도의 이슬람 문명과 인도의 불교 문명, 동아시아의 유교 문명은 유럽에 비해 훨씬 번성한 문화를 누리고 있었다.

그런데 서양의 과학사학자들은 비유럽권의 문명을 과소평가하고 의도적으로 축소하는 경향이 있다. 과학혁명을 일으킨 유럽에 초점을 맞춰 세계 과학사를 쓰고 있기 때문이다. '과학기술의 주도권은 늘 유럽이 가지고 있었다'는 유럽 중심적 시각이 문제인 것이다. 그들은 유럽이 고대 그리스의 학문을 계승해 근대과학을 출현시켰고 그 이후에 세계를 지배한 것을 부각하기 위해 다른 문명권의 지적 활동을 인정하지 않고 있다.

이러한 서양 과학사의 문제점을 단적으로 드러낸 사례가 이슬람 문명에 대한 평가다. 고대 그리스 과학은 중세의 암흑기 동안 이슬람 문명에 보존되었다가 15세기경 유럽에 다시 전해졌다고 한다. 유럽인들은 이 과정에서 이슬람 문명의 역할을 무시한 채, 고대 그리스에서 탄생한 과학이 직접 유럽으로 유입된 것처럼 말한다. 플라톤과 아리스토텔레스의 직계후손은 자신들이며, 이슬람 학자들이 한 일은 아무것도 없고 단지 번역하고 전달하기만 했다는 것이다. 유럽인들은 오직 자신들만이 고대 그리스의 전통을 재발견했다고 주장하고 있다.

그러나 유럽인들이 침체기로 규정하는 중세시대에 유럽 밖에서는 중요한 변화들이 일어났다. 아시아는 유럽보다 높은 농업생산성으로 많은 인구를 부양하며 수공업과 상업이 발전한 대도시를 출현시켰다. 교양 있는 지식인 계층과 기술자들은 부유한 삶을 누리고 고급문화를 향유했다. 종이, 인쇄술, 나침반, 화약과 같은 발명품이 나왔으며 유럽에는 없었던 비단, 면직물, 도자기, 차, 향신료 등 진귀한 상품을 대량으로 생산해 유럽에 수출했다.

이렇듯 중국과 우리나라에서는 유교 문화를 꽃피우며 철학과 기술에 눈부신 발전이 있었다. 날로 부강해진 이슬람제국은 그리스 과학 지식을 흡수해 몇몇 분야에서 독자적인 연구를 수행했고, 이들이 일구어놓은 이론과 발명품들은 서서히 유럽으로 퍼져나갔다. 그 결과 낙후된 지역이었던 유럽이 이슬람 문명과 유교 문명의 혜택을 입을 수 있었다.

세계 과학사에서 과학과 기술을 소유한 단일한 중심이란 없었다! 세계는 이름 없는 연구자와 기술자를 포함해 다양한 형태의 지식과 기술이 공존하며 상호작용하고 있었다. 15세기 유럽의 학문을 자극한 것은 그리스 과학의 원형 그대로가 아니라 이슬람화한 그리스 과학이었다. 또 유럽 경제에 활력을 불어넣은 기술도 중국, 인도, 이슬람의 지역 환경에 맞게 개선된 발명품들이었다. 이렇게 각자의 환경에서 뿌리내렸던 지식과 기술이 아시아와 유럽을 잇는 비단길과 뱃길을 통해 자연스럽게 유럽에 유입되었고, 마침내 근대과학과 산업의 발전에 밑거름으로 녹아들었다. 오늘날 유럽이 세계 강대국으로 부상할 수 있었던 것은 이렇듯 비유럽권의 다양한 지적 소산을 수용하고 발전시켰기 때문이다.

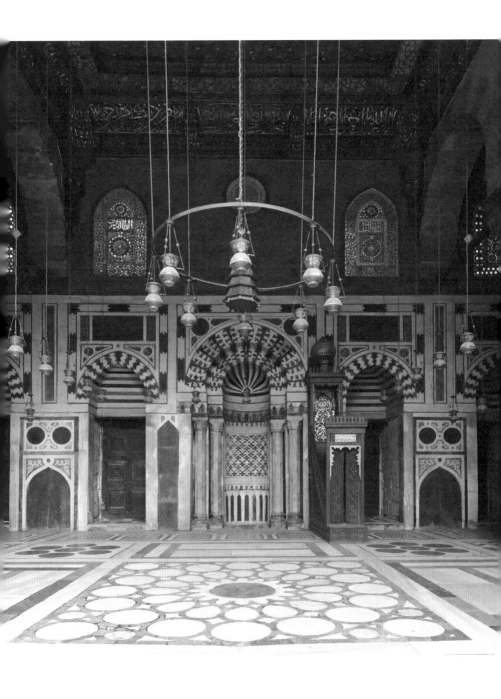

이집트 카이로에 있는 모스크 내부

1

지식의
횃불,
이슬람 과학

과학사에서 이슬람 번역 운동이 갖는
의미는 무엇인가?

유럽에 기독교가 자리 잡을 무렵 서아시아에서 이슬람교가 탄생했다. 7세기경 지금의 사우디아라비아가 있는 아라비아반도에서 상인이었던 무함마드Muhammad(570~632)는 신이 하나뿐이라는 계시를 얻었다. 그는 유목생활을 하던 아랍의 부족들을 통일하고 '신의 뜻에 복종한다'는 의미를 지닌 이슬람교를 창건했다. '무슬림'은 신의 뜻에 복종하는 사람, 즉 이슬람교도를 가리키는데 이들은 알라신 앞에 모든 사람이 평등하다는 교리를 바탕으로 공동체 생활을 했다. 무함마드가 죽은 뒤 무슬림들은 큰 규모의 군대를 조직하고 아라비아반도를 넘어 세계를 향해 정복전쟁을 벌였다. 이들은 100년 만에 서쪽으로는 포르투갈과 에스파냐, 동쪽으로는 북인도에 이르는 거대한 영토를 차지하고 통일된 사상으로 이슬람 공동체를 건설했다.

이슬람의 정복과 제국의 건설은 고대 문명의 중심지들을 다시 연결했다. 알렉산드리아의 헬레니즘 문화, 페르시아와 인도의 지적 전통이 하나로 결합할 수 있는 계기를 마련한 것이다. 특히 이슬람인들은 기독교인, 유대인, 조로아스터교도 등의 이교도에 대해 관용적인 태도를 보였다. 750년 이라크의 바그다드에 수도를 세운 아바스 왕조Abbasid dynasty(750~1258)는 고대의 선진 문명을 적극적으로 받아들였다. 경제와 문화, 학문의 발달로 930년경 바그다드는 인구 110만을 자랑하는 세계 최대의 도시로 성장했다. 중세의 이슬람 세계는 활력이 넘치는 과학 문화를 창조하며 9세기에서 14세기까지 적어도 500년 동안 번창했다.

이슬람 문화에 활력을 불어넣은 훈풍은 비단길을 타고 중국으로부터 왔다. 중국 한나라 때에 발명된 종이가 757년경 이슬람제국에 전해졌다. 종이 제조법을 알고 있었던 중국인이 전쟁포로로 잡혀와 최초의 종이를 만들었던 것이다. 종이는 이집트인들이 썼던 파피루스나 유럽에서 썼던 양피지에 비해 값싸고 여러모로 쓸모가 많았다. 이런 종이의 가치를 알아본 이슬람의 지배자들은 공식적으로 사용을 권장했다. 794년 무렵에는 바그다드에 중국인 기술자들을 고용한 제지공장이 세워졌고, 10세기 중반에는 에스파냐까지 종이 제조기술이 전해졌다.

종이의 보급은 지식의 확산에 불을 지폈다. 이슬람교의 지배자인 칼리프들이 그 중심에 있었다. 이들은 유용한 지식들을 모아 번역하고 책으로 출판하는 데 지원을 아끼지 않았다. 813년에 왕위에 오른 바그다드의 칼리프 알마문al-Ma'mūn(786~833)은 철학과 신학에 조예가 깊은 지도자였다. 그는 아리스토텔레스를 꿈에서 만난 일화를 남길 정도로 그리스 철학과 과학의 중요성을 인식하고 숭상했다. 알마문은 아리스토텔레스의 논리학을 기초로 이슬람교의 성서인 『쿠란』을 합리적으로 해석하고 종교적 반대세력에 맞섰다. 832년에는 아바스 왕조의 정통성과 종교적 이념을 확립하기 위해 '지혜의 집'을 설립하고 본격적으로 외래 학문의 연구와 번역 사업을 벌이기 시작했다.

칼리프뿐만 아니라 이슬람의 지식인과 엘리트들은 그리스 문헌의 가치를 알아보았다. 아리스토텔레스의 『논리학Organon』, 유클리드의 『기하학 원론』, 프톨레마이오스의 『알마게스트』 등을 철저히 연구하고 지적 사업의 초석으로 삼았다. 아바스 왕조의 정치적 후원을 받은 번역 사업은 이슬람의 수많은 학자와 외국인 번역자들을 불러 모았다. 이들은 의학, 응용수학, 천문학, 점성술, 연금술, 논리학 등 폭넓은 분야를 연구했고, 사실상 대부분의 그리스 과학을 거의 아랍어로 번역했다. 이렇게 정부로부터 지원을 받는 방대한 번역 사업은 당시 유럽의 개인적 번역과는 대적할 수 없는 여건을 조성했다. 900년 이슬람 세계에서는 갈레노스의 저술을 129편이나 갖고 있었는데 유럽에는 고작 세 편밖에 없었다.

넘쳐나는 책들은 도서관 서가를 채우고 학자들을 키웠다. 당시 이슬람 세계에 설립된 도서관은 수백 곳에 이르렀을 것으로 추정된다. 에스파냐의 코르도바에만 70곳의 도서관이 있었고 수십만 권의 장서가 소장된 도서관도 여러 군데였다. 10세기 이집트 카이로의 '지혜의 집'에는 200만 권의 책이 있었고 그중에 과학 관련 서적만 1만 8,000여 권이 있었다. 이때 중세 유럽의 도서관 사정은 어떠했을까?

번역된 책이 적었던 만큼 도서관이나 도서관의 장서도 빈약했다. 중세 유럽의 교회는 책 만드는 일을 엄격히 통제했다. 대부분의 책은 수도원에서 제작되었으나 책의 재료인 양피지가 비싸서 일반인은 구하기 어려웠고 도서관의 규모도 대체로 작았다. 14세기 파리 대학의 도서관조차 장서가 2,000권에 불과했다고 하니 이슬람의 학문적 토양이 훨씬 풍요로웠음을 알 수 있다.

이와 같이 이슬람의 번역 사업은 일시적인 유행이 아니라 200년 동안이나 지속된 사회적·역사적 현상이었다. 정치 엘리트들부터 학자와 전문가, 군인, 상인 등이 참여한 범사회적인 문화운동이었다. 이슬람의 지식인들은 아리스토텔레스의 사상에 지적 권위를 부여했고 '지혜의 집'과 같은 제도권 공간에서 수준 높은 연구를 수행했다. 그리스 학문을 아랍 사상의 중심에 올려놓은 이슬람인들은 진정한 그리스 과학의 발견자였다. 그리스어로 된 과학을 아랍어로 번역하는 과정은 그리스에 국한되어 있던 과학을 아랍, 인도, 페르시아의 문화와 융합해 보편적 학문으로 위상을 높였다. 이제 아랍어는 과학을 공부하는 학자라면 꼭 배워야 할 국제어가 되었다. 그만큼 그리스어-아랍어 번역 운동은 과학사에서 중요한 의미를 갖는다.

이슬람 과학은 후대에 어떤 영향을 미쳤나?

이슬람의 지배자들은 번역 사업뿐만 아니라 천문관측에도 큰 관심을 보였다. 바그다드의 칼리프 알마문이 828년경 최초의 천문관측소를 세운 것을 선두로 곳곳에 관측소가 설립되었다. 그 가운데 제일 유명한 곳은 1259년 카스피 해 인근에 세워진 마라게 천문대Maragheh observatory였다. 이 천문대에서는 천문학·수학·지리학에 관련된 장서와 각종 자료가 보관되어 있었고, 정교한 천문관측장비를 만드는 주조소까지 갖추고 있었다. 이후 마라게 천문대를 모방한 천문대가 이슬람 지역 여러 곳에 세워졌다. 칼리프와 이슬람 사원의 전폭적인 지원을 받는 천문대는 관측소와 학교, 도서관이 통합된 과학 연구기관이자 학생들을 가르치는 교육기관으로 발전했다. 이슬람의 천문대는 쿠빌라이 칸Khubilai khan(1215~1294)의 동방원정을 통해 중국에까지 영향을 미쳤다.

이슬람 문명에서 천문학은 종교적 의미에서 특별히 주목받았다. 이슬람의 종교의식에는 독특한 기도법과 라마단 행사가 있다. 이슬람교도라면 하루에 다섯 번 새벽, 정오, 오후, 해 질 녘, 밤에 무함마드의 탄생지인 메카를 향해 기도해야 한다. 그리고 이슬람력으로 아홉 번째 달을 뜻하는 '라마단'에는 한 달 동안 일출과 일몰 사이에 금식을 하며 종교행사를 치러야 한다. 이때 정확한 시간과 방향을 알아야 기도를 할 수 있고, 정확한 달력이 있어야 라마단 기간을 정할 수 있다.

이 같은 종교행사를 주관하는 곳이 이슬람 사원인 모스크mosque였다. 이슬람 사원에는 메카를 가리키는 기도용 벽면을 설치하고 기도 시간을 알리는 시간 계시원을 두었다. 이들에게 전문적인 천문학과 지리학 지식은 필수적인 자격요건이었다. 언제 해가 뜨고 지는지를 계절에 따라 정확하게 맞추는 것은 결코 간단한 문제가 아니었기 때문이다. 그들의 손에는 항상 복잡한 천문표가 들려 있었는데, 이 천문표는 이슬람 사원이 운영하는 천문관측소에서 만든 것이었다. 천문표에는 월식과 일식, 달의 위상 변화, 행성의 운동, 별의 좌표 등 천체현상에 대한 모든 기록은 물론 그와 관련된 수학 방정식까지 수록되어 있었다. 한마디로 수준 높은 천문학 교과서라고 할 수 있다.

이슬람의 천문표 중에는 알콰리즈미al-Khwarizmi(780~850)가 만든 것이 가장 유명하다. 알콰리즈미는 알마문의 후원을 받고 활약한 이슬람의 대표적인 천문학자이자 수학자였다. 알콰리즈미의 천문표는 이슬람 지역에서 수백 년 동안 이용되었고 나중에 라틴어로 번역되어 유럽에서도 쓰였다. 또한 아스트롤라베astrolabe에 대한 그의 저작도 수 세기에 걸쳐 명성을 유지했다. 아스트롤라베는 이슬람 천문학이 남긴 과학 유물로서 지름이 15센티미터쯤 되는 두꺼운 원반 모양의 휴대용 천문관측기구다. 유목생활을 하는 이슬람인들이 언제 어디서나 천체관측을 통해 시간과 방향을 알기 위해 만든 도구였다. 이후에 아스트롤라베는 아시아와 유럽 세계로 전해져 천문학 도구에 많은 영향을 미쳤다. 유럽인들도 아메리카 대륙을 발견했을 때 아스트롤라베를 활용했다고 한다.

우리에게 낯익은 대수학, 알고리즘, 0이라는 숫자 또한 알콰리즈미의 업적들이다. 알콰리즈미는 수학책 『알자브르al-Jabr』를 썼는데, 이 책은 서양에 『앨지브라Algebra』로 전해졌다. 이슬람의 수학책 '알자브르'가 서양에서 '앨지브라'로, 동양에서는 '대수학代數學'이라는 이름으로 변모했다. 대수학은 개개의 숫자 대신에 문자를 써서 수의 성질이나 관계, 법칙을 연구하는 학문을 말한다. 알콰리즈미는 그의 책에서 1차 방정식 $ax+b=0$과 2차 방정식 $ax^2+bx+c=0$의 해법을 다루었

다. 알다시피 여기서 x는 미지수이고 a, b, c는 계수다. 알콰리즈미는
이런 현대적 방식의 본격적인 기호체계를 쓰지는 않았지만, 산수 계
산을 대수적 원리로 체계화해 대수학의 아버지로 인정받았다. 우리
가 컴퓨터 용어로 알고 있는 알고리즘algorithm도 그의 이름 '알콰리즈
미'에서 유래했다고 하니 기억해야 할 위대한 수학자임이 틀림없다.

더 놀라운 것은 알콰리즈미가 인도로부터 아라비아 숫자를 최초
로 도입한 사실이다. 0의 발견은 인류 지성사에서 획기적 성과로 꼽
힐 만큼 중요한 사건이다. 만약에 0이 없다면 14와 104와 1,040을 구

별할 수 없고 140 곱하기 14도 140을 열네 번 더하는 수고를 해야 한다. 0부터 9까지의 숫자를 쓰는 '자릿수 기수법'은 0이 있어서 모든 숫자의 표시와 사칙연산이 훨씬 용이해졌다. 유럽에서는 1,000년이 넘도록 숫자체계에서 0을 생각지 못했는데, 그것은 0과 무한의 관념을 거부하는 그리스의 전통 때문이었다. 아무도 생각지 못했던 0의 존재는 머나먼 인도 땅에서 5세기경에 출현했다. 무한의 지혜를 사고했던 인도 철학은 무한의 반대개념인 0의 존재를 상상한 것이다. 그 후 알콰리즈미에 의해 이슬람에 소개된 인도의 십진법은 '아라비아 숫자'라는 이름을 얻어 전 세계로 퍼졌다.

이슬람 과학에서 빼놓을 수 없는 인물로는 10세기경 의사이자 철학자였던 이븐시나Ibn Sīnā(980~1037)가 있다. 그의 위대한 책『치유의 서Kitab Al-Shifa』는 르네상스 시대 유럽 대학에서 읽혔을 정도로 수백 년 동안 학문적 권위를 누렸다. 이 책은 이름 그대로 치유를 위한 책이다. 몸을 치유하는 것뿐만 아니라 인간의 무지라는 질병을 치유하고 정신적 충만함을 채우고자 했다. 이븐시나는 이슬람식으로 해석한 그리스의 철학과 우주론을 제시하고 궁극적으로 신과의 합일을 이끌어내기 위해 모든 지식을 집대성했다. 이슬람 과학의 성격을 잘 보여주는『치유의 서』는 그가 집필한 의학 백과사전『의학정전al-Qānūn fi attibb』과 더불어 유럽 세계에 지대한 영향을 미쳤다. 그는 수학·음악·천문학·광학 분야에도 수백 권의 저술을 남겼는데, 유럽에서는 아비센나Avicenna라는 이름으로 널리 알려졌다.

12세기에 이븐시나를 비판적으로 계승한 이븐루시드Ibn Rushd(1126~1198)가 등장했다. 알모라비드Almoravid 왕조의 수도 코르도바에서 태

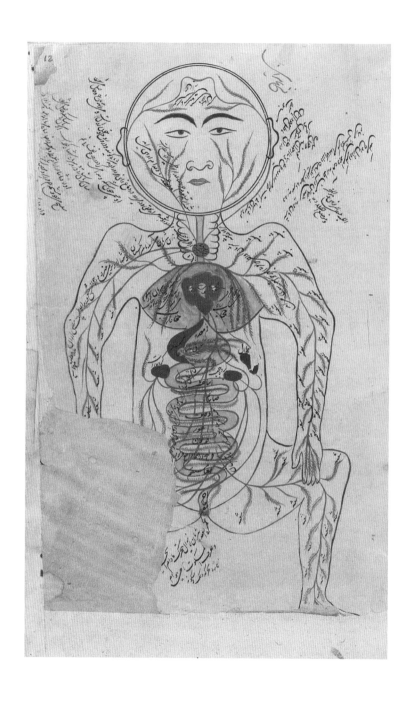

이븐시나의 『의학정전』에 수록된 인체의 혈관을 묘사한 삽화

어난 이븐루시드는 법관, 천문학자, 의사로 활약하며 모든 학문 분야에서 뛰어난 업적을 남겼다. 무엇보다도 아리스토텔레스의 방대한 저작에 꼼꼼한 주해서를 남겨 이슬람 철학과 과학에 새로운 지평을 열었다는 평가를 받는다. 이븐루시드는 플라톤의 철학에 치우쳤던 이븐시나의 사상을 비판하고 아리스토텔레스의 인식론을 토대로 이슬람 철학을 재해석했다. 또한 이슬람 세계에서 '신학과 철학이 양립할 수 있는가'와 같은 질문에 대해 합리주의적 태도를 취하며 신앙에 대한 이성의 우위를 옹호했다.

이러한 태도는 당대 이슬람 세계에서는 환영받지 못했으나 13세기 중세 유럽에 유입되면서 폭발적인 반응을 얻었다. 이븐루시드는 유럽에 아베로에스Averrhoës라는 이름으로 전해졌고, 파리 대학의 교양학부 교수들은 아리스토텔레스에 대한 그의 합리주의적 재해석에 놀라움을 금치 못했다. 이들은 기꺼이 '아베로에스주의자Latin Averroists'가 되어 아베로에스의 철학을 기독교 신학에 동화시키려고 노력했다. 유럽에 소개된 아베로에스의 철학은 그리스어로 쓰인 아리스토텔레스의 저작을 이슬람 세계에서 아랍어로 연구한 것을 다시 라틴어로 번역한 것이다. 따라서 중세 유럽의 과학은 엄밀히 말해 '그리스-이슬람-라틴 과학'이라고 해야 할 만큼 이슬람 세계로부터 많은 영향을 받았다.

한편 이슬람 의학은 독자적인 사상과 사회적 지원이 맞물려 훌륭한 제도를 확립했다. 정부가 지원하는 병원은 이슬람 세계 전역에 있었다. 그중에 1284년 이집트 카이로에 설립된 만수리 병원은 8,000여 명의 환자를 수용했다고 하니 그 규모를 짐작할 만하다. 이슬람 병원은 천문관측소처럼 도서관, 약국, 강의실을 갖추고 연구와 교육을 병행했다. 전문 의료진과 간병인, 학생이 함께 모여 다른 문명권에서 찾아볼 수 없는 체계적인 의료가 실시되었다. 노인과 회복기 환자를 가정에서처럼 돌봐주었고 정신질환자를 치료하는 특수병동도 있었다.

특히 이슬람 의학에서 안과 분야는 두드러진 발전을 보였다. 모래바람이 부는 덥고 건조한 사막기후는 안과 질환을 발병시켰다. 이 때문에 눈병에 관한 연구와 치료법이 많이 나왔고 병원마다 안과 치료가 특화되어 있었다. 초기에 이슬람 의학은 번역된 그리스의 문헌 중에서 히포크라테스와 갈레노스의 저작에 많이 의존했는데, 점점 중국과 인도의 전통과 지식을 흡수하면서 점점 실용적이고 종합적인 의학체계로 발전했다.

이러한 이슬람 과학의 제도화는 11세기경 최고조에 다다랐다. 이슬람 사원과 궁정, 병원, 도서관, 학교, 천문관측소는 연구에 매진하는 과학자들로 활기가 넘쳤다. 그런데 수백 년 동안 번창했던 이슬람 과학도 서서히 쇠퇴의 조짐을 나타내기 시작했다. 정치적으로는 십자군 전쟁으로 사회가 분열되었고, 종교적으로는 보수화되면서 문화적 다양성을 잃어갔다. 이슬람 문명은 아프리카, 인도, 아시아, 아랍, 유럽 등의 다양한 종교와 문화가 융합되었던 곳인데, 이슬람 종교가 점점 불관용적으로 엄격해지자 이슬람 과학의 활력이 사라졌다. 설상가상으로 과학자들을 지원했던 재정적 뒷받침마저 줄어들어 더는 이슬람 세계에서 창조적 과학 활동을 찾아볼 수 없게 되었다.

2

세계의 중심,
중국의
과학기술과 문명

중국 번영의 토대는 무엇이었나?

960년 건국한 송宋나라(960~1279)는 중국의 '르네상스'를 열었다. 정치·경제·사회의 모든 면에서 최고의 전성기를 누렸으며, 이 안정과 번영은 800년이나 지속되었다. 송, 원元(1271~1368), 명明(1368~1644), 청淸(1636~1912) 네 왕조가 중국을 지배하는 동안 세계의 중심은 동아시아였다. 유럽이 중세의 암흑기에 머물러 있던 때, 중국과 인도를 중심으로 한 아시아는 농업생산성에서 유럽을 크게 앞지르고 있었다. 아시아와 유럽의 격차는 토지와 기후에서 비롯되었다. 유럽의 토지는 암석이 많고 단단해 식량생산에 적합하지 않았다. 유럽인들은 토지의 비옥도를 높이기 위해 토지개간과 비료투입에 많은 노동력을 쏟아부어야 했다. 또한 농사짓기에 필요한 비가 여름에 내리지 않고 겨울에 내렸는데, 이러한 기후 탓에 보리, 밀, 귀리, 콩, 기장 등 내한성 농작물을 재배할 수밖에 없었다.

반면 아시아는 토지와 기후조건이 유럽보다 훨씬 좋았다. 드넓은 평원 지역은 기름진 황토로 덮여 있었고, 여름철이면 비가 내려 농사에 충분한 물을 제공했다. 한두 마리의 가축으로도 충분히 쟁기질이 가능해 농사짓기도 수월했다. 주식인 쌀은 유럽의 밀보다 토지 면적당 수확량이 훨씬 많았다. 실제로 송나라 때에 이룬 중국의 번영은 벼농사의 도입에서 시작되었다. 8세기부터 중국 남부의 양쯔 강 유역에서는 쌀이 경작되었는데, 11세기경 새로운 벼 품종이 도입되면서 농업생산력이 크게 증가했다. 새로운 품종으로 연간 2모작, 3모작이 가능했고 모내기 기술이 개발되어 농지를 효율적으로 활용할 수 있었다.

중국의 관리들은 농사법에 관한 기술서적을 발간하고 선진농법을 적극 권장했다. 논을 갈아엎는 쟁기와 물을 대는 양수기가 개발되었고 계단식 논이 만들어졌다. 이 시기 중국의 농업기술은 대규모 관개시설에서 세계 최고 수준이었다. 그 결과 중국의 인구는 800년경 5,000만에서 1200년경 1억 1,500만으로 두 배 이상 급증했다. 송나라 때는 나라 전역에 인구 100만 이상의 도시가 다섯 곳이나 있었다고 한다. 유럽의 도시 인구가 이만큼 증가한 것은 19세기에 이르러서였다.

농업생산력을 바탕으로 새로운 학문과 과학기술은 중국의 장기적 번영에 핵심적인 역할을 했다. 신유학新儒學으로 학문의 물꼬가 트이고 과거제도로 등용된 인재들이 나라를 다스렸다. 종이와 인쇄술은 지식을 유통시키고 유교적 문화 부흥을 일구었다. 과거제도를 통해 누구나 실력만 있으면 관직에 나갈 수 있었고, 이러한 실력 위주의 인재등용은 황제에 충성하는 관료체제를 탄탄히 다졌다. 거대하고 치밀하게 잘 짜인 중앙집권적 행정체제는 넓은 중국 땅 구석구석까지 미치지 않은 곳이 없었다. 이러한 중국의 관료제 아래 천문역법으로 대표되는 중국의 전통과학기술은 송나라 때에 이르러 많은 발전을 이룩했다.

왕조가 바뀔 때마다
달력을 만든 이유는 무엇일까?

중국에서 천문역법은 제왕의 학문이었다. 천문은 별자리 그림이고 역법은 달력이지만 중국에서는 그 이상의 의미를 지녔다. 유교 문화권에서 하늘의 일은 왕이나 왕조의 운명을 좌우하는 정치적 상징으로 해석되었기 때문에 하늘의 그림을 그리고 하늘의 움직임을 기록하는 일은 매우 중요하게 취급되었다. 특히 역법은 왕조가 바뀌면 달력을 고쳐야 한다는 관습에 따라 새로운 달력의 개정이 계속 추진되었다. 이를 '수명개제受命改制' 사상이라고 하는데, 뜻을 풀어보자면 천명天命을 받아서 제도를 고친다는 말이다. 피비린내 나는 전쟁과 정치적 암투 속에서 권력을 잡은 새로운 왕조는 천명이라는 명분을 내세워 혁명을 정당화하는 일이 시급했다. 지난 왕조의 제도를 바꿔서 분위기를 쇄신하는 데 역법은 좋은 본보기였다.

중국의 역법은 달력보다 훨씬 복잡한 천체력이었다. 천체력이란 태양과 달, 5행성의 운행을 정확히 관찰하고 분석해 일식이나 월식 등을 예측할 수 있는 천문표로 만든 것이다. 특히 달의 주기인 삭망월과 태양의 주기인 태양년을 정하는 것이 중요했다. 원나라 때 채택한 수시력授時曆의 경우 1태양년의 일수가 365.2425일로 오늘날 지구가 태양을 공전하는 시간을 측정한 것과 거의 일치할 만큼 정확했다. 중세 유럽에서 쓰인 율리우스력은 1582년 그레고리력으로 바뀌기 전에 약 12일의 오차가 났다. 중국에서라면 이런 주먹구구식 달력은 왕조의 수치로 여겼을 것이다. 중국에서 정확한 달력을 만들어 백성에게 알리는 것은 제왕의 의무이자 통치자의 능력을 보여주는 일이었다.

역법 제작은 중국의 과학기술력이 총동원된 국가적 프로젝트였다. 천문학·수학 분야의 뛰어난 전문가와 새롭게 발명된 각종 천문기구가 투입되었다. 중앙집권적 관료체제가 떠받쳤던 중국의 천문역법이 당대 세계 최고 수준이었음은 두말할 여지가 없다. 세계 과학사가 주목하는 11세기 소송蘇頌(1020~1101)의 천문시계도 이러한 토양에서 탄생했다.

송나라의 소송은 1087년에 황제의 명을 받아 5년에 걸쳐 거대한 천문관측 시계탑을 완성했다. 12미터에 이르는 소송의 천문시계는 아래에 톱니바퀴 장치를 장착하고 탑 위에는 그 힘으로 돌아가는 혼천의를 설치했다. 또 우리가 흔히 시계의 부속품으로 알고 있는 톱니바퀴 모양의 탈진기를 발명해서 지구가 움직이는 것과 똑같은 속도로 회전하도록 만들었다. 이 천문시계는 한눈에 지구의 움직임을 볼수 있고 시간을 정확히 측정할 수 있는 위대한 발명품이었다. 소송은 자신의 발명품에 대한 제작과정을 모두 정리해 『신의상법요新儀象法要』라는 책으로 남겼다. 이 책을 바탕으로 최근 런던 과학박물관에서

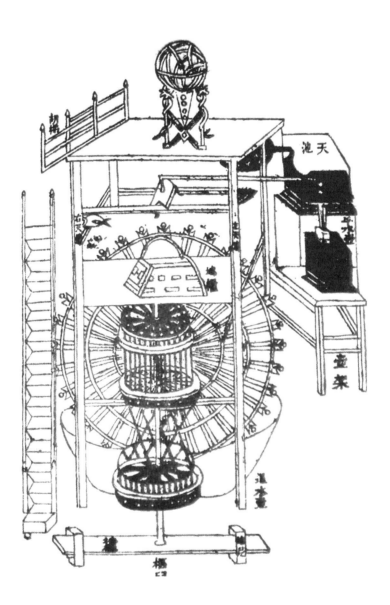

는 소송의 천문시계를 복원해 소장하고 있다.

소송에 이어 원나라 때는 곽수경郭守敬(1231~1316)이라는 위대한 천문학자이자 기계공학자가 있었다. 곽수경은 쿠빌라이 칸의 명령을 받아 원나라 건국 직후에 역법의 개정을 주도한 인물이다. 칭기즈 칸의 손자인 쿠빌라이는 원나라를 세우면서 중국의 제도와 문화를 적극 수용하며 몽골을 중국적인 국가로 만들려고 애썼다. 그는 중국식 역법을 채용하기 위해 1276년 곽수경에게 새로운 역법의 개정을 명했다.

곽수경은 이슬람에서 건너온 천문기구를 개량해 가운데 둥근 고리의 지름이 약 1.8미터에 이르는 거대하고 독창적인 모양의 '간의簡儀'를 만들었다. 그리고 중국의 주변국들까지 포함해 27곳에 관성대觀星臺를 세우고 대대적인 천체관측을 실시했다. 이 관측소들은 동쪽으로는 한반도까지, 서쪽으로는 운남성과 사천성까지, 남쪽으로는 남중국해까지, 북쪽으로는 시베리아까지 뻗어 있었다. 당시 중국인들은 이를 '사해측정四海測定'이라고 불렀는데 남북으로는 5,000킬로미터, 동서로는 2,500킬로미터의 거리를 아우르는 엄청난 규모였다. 곽수경은 이렇게 관측한 자료를 바탕으로 중국 최고의 역법인 '수시력'을 완성했다.

중국의 천문역법은 서양보다 훨씬 풍부한 관측 자료를 남겼다. 태양의 흑점, 일식과 월식, 혜성, 신성 등은 중국의 역사에 자세히 기록되어 있다. 중국은 기원전 720년 이후에 일어난 일식과 월식을 1,600회 기록했고 기원전 352년에서 서기 1604년 사이에 관찰된 신성과 초신성은 75개나 되었다. 신성과 초신성은 별이 폭발하면서 밝게 보이는 현상으로 1054년에 폭발한 초신성의 기록은 중국과 고려, 일본에만 남아 있다.

초신성은 낮에도 보일 만큼 밝게 빛나서 중세 유럽인들이 보지 못했을 리 없는데 유럽에는 초신성의 기록이 없다. 왜일까? 중세 유럽인들은 아리스토텔레스의 우주론에 따라 하늘은 완전하며 불변한다고 믿고 있었다. 그래서 초신성과 같은 새로운 별의 출현을 인정할 수 없었기 때문에 기록도 하지 않았던 것이다. 반면 중국인들은 하늘의 각종 천문현상에 정치적 의미를 부여했기 때문에 철저히 기록하는 관행을 가지고 있었다. 따라서 혜성에 관한 관측도 중세 유럽보다 중국의 기록이 더 믿을 만하다. 중국은 기원전 613년부터 1621년까지 2,200년 동안 혜성을 주의 깊게 관찰했다. 이 기록에는 기원전 240년부터 76년마다 찾아온 핼리 혜성 기록도 들어 있었다. 중국의 1500년 이전 기록은 현대 천문학에서 주기적으로 찾아오는 혜성의 궤도를 추적하는 데 매우 유용하게 활용되고 있다.

중국은 풍부한 천문기록과 함께 체계적인 별자리 그림을 후세에 남겼다. 중국 별자리 체계의 핵심은 북극성과 28수宿라고 불리는 28개의 별이었다. 28수는 달의 위치 변화를 기준으로 별 28개를 나누어놓은 것이다. 좀더 쉽게 설명하면, 달이 날마다 위치가 변하며 28일 동안 한 바퀴 도는 것에 착안해 천구를 오렌지 조각 나누듯 28개로 분할해서 각각의 자리에 해당하는 별을 지정한 것이다. 이렇게 지정된 28수는 움직이지 않는 별인 항성이기 때문에 태양과 달, 5행성의 운행을 관찰하는 데 기준 좌표로 활용되었다.

12세기 중국은 세계 어디에서도 찾아볼 수 없는 훌륭한 천문도를 제작했다. 〈순우천문도淳祐天文圖〉라는 이름의 이 천문도는 1193년에 그려진 것으로 영구히 보존하기 위해 1247년 다시 돌에 새겨 지금까지 남아 있다. 전체 높이가 2.5미터, 지름 91.5센티미터인 천문도 안에는 실제 관측한 1,440여 개의 별들이 그려져 있다. 천문도 한가운데 북극을 중심으로 안쪽의 편심원인 황도와 중심원인 적도가 있고, 가운데 작은 원에서부터 퍼져 나온 방사선 28수는 간격이 고르지 않게 분할되어 있다. 우리나라 천문도도 이러한 중국의 전통적인 별자리 체계를 기초로 그려졌다.

중국에서는 왜 과학혁명이 일어나지 않았나?

중국이 중세 유럽을 앞선 분야는 천문학만이 아니었다. 중국의 전통과학기술은 수학·기상학·지도 제작술·지진학·연금술·의학·농학·음악 분야에서 독자적인 학문적 성취를 이루었다. 또한 종이와 나침반, 화약 이외에도 외바퀴 수레, 옻칠, 화약, 자기磁器, 우산, 릴낚시, 현수교 등 셀 수 없이 많은 세계 최초의 발명품을 내놓았다. 그런데 애석하게도 중국의 과학기술은 유럽에 알려지지 않았다. 이 점에 의문을 품고 중국의 과학기술을 연구한 과학사학자가 있었다.

조지프 니덤Joseph Needham(1900~1995)은 중국의 과학기술을 말할 때 빠질 수 없는 인물이다. 영국의 생화학자였던 그는 중국 문명을 연구하는 데 전 생애를 바쳤다. 그의 드라마 같은 인생은 1937년 케임브

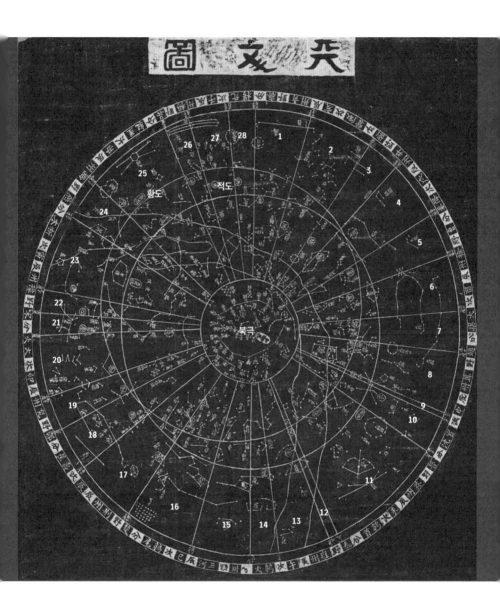

리지 대학 연구실에서 중국 여학생 노계진魯桂珍을 만나면서 시작되었다. 그녀를 통해 중국과 사랑에 빠진 니덤은 제2차 세계대전 중인 1942년에 영국 왕립학회의 사절로 중국을 방문하고 중국의 문명을 몸소 체험했다. 1948년 케임브리지로 돌아온 그는 죽기 전까지『중국의 과학과 문명Science and Civilization in China』이라는 대작을 집필하는 데 매달렸다. 노계진은 1957년부터 니덤의 동료로 함께 연구하다가 1990년부터는 그의 두 번째 부인으로 마지막 2년을 살았다.

1954년『중국의 과학과 문명』1권이 나오자 세계 학계는 뜨거운 반응을 보였다. 그 후 제7권 34책을 출간하겠다는 니덤의 야심찬 계획은 케임브리지 대학의 니덤연구소와 세계 곳곳의 수십 명의 학자들에 의해 지금까지 계속되고 있다. 한때 니덤은 마르크스주의자라는 이유로 미국에서 외면당하기도 했다. 그러나 니덤의 연구는 '순수과학 밖에서 이루어진 가장 중요한 성취'라는 찬사를 들으며 영국, 중국, 일본 등지에서 국가훈장을 받았다.

서양인들은『중국의 과학과 문명』을 통해 인류의 찬란한 문화유산에 큰 감동을 받았다. 책의 방대한 분량은 물론 각 책마다 수십 쪽에 달하는 참고문헌과 색인은 동양 문명에 무지했던 서양인들을 놀라게 했다. 니덤은 14세기 이전 중국의 과학기술이 서양보다 훨씬 앞섰다는 것을 실증적으로 증명했고, 유럽이 아닌 다른 지역 과학의 중요성을 일깨웠다. 유럽이 근대과학의 모든 연구주제를 독점하던 시절에 그는 비유럽의 과학기술을 연구함으로써 유럽 중심주의와 서양 우월주의에 대한 새로운 도전을 시작했던 것이다.

니덤의 말을 직접 들어보자.

실제로 우리 자신의 문명 못지않게 고상하고 영감을 불어넣는 비유럽 문명들의 역사와 가치들에 대해서 더 주의를 기울이는 것이 분명히 바람직할 것이다. 그리고 '우리가 바로 그 사람들이고, 지혜는 우리로부터 나왔다'고 자랑하는 그 지적 자만심을 포기하자.[*]

여기에서 니덤은 유럽인들의 지적 자만심이 비유럽 문명의 가치를 외면하고 있다고 비판했다. 세계사를 유럽의 입장에서 재구성한 유럽 중심주의 역사학은 유럽인들이 우월하다는 이데올로기를 생산했고, 오늘날 서양이 세계를 지배하는 데 기여했다. 우리가 지금까지 배웠던 세계사도 서양의 관점에서 기술된 역사학이며, 특히 과학사는 유럽 중심주의의 편향이 더욱 강하다고 할 수 있다. 니덤은 이러한 문제의식에서 그리스 과학에 대한 유럽인들의 잘못된 태도를 지적하며 다음과 같이 이야기했다.

그리스인들의 역할을 지나치게 찬양하고, 근대과학뿐 아니라 일반적으로 과학이라는 것 자체가 처음부터 유럽의, 그리고 유럽만의 특징이었다고 주장함으로써 유럽의 독특함을 보존하려고 애쓴다.[**]

그리스 문명은 오리엔트 문명인 이집트의 영향을 받아서 성장했고, 그 위치는 페르시아와 연결된 지중해 문화권에 있었다. 유럽, 아

[*] 조지프 니덤 지음, 김영식 편역, 『중국 전통문화와 과학』, 창작사, 1986, 72~73쪽.

[**] 위와 같은 책, 58쪽.

시아, 아프리카가 교차하던 고대 지중해는 유럽의 바다가 아니었다. 그런데 유럽인들은 그리스의 유산을 독차지하고 자기네들만이 근대 과학을 출현시킨 것처럼 강조하고 있다. '우리가 바로 그 사람들이고, 지혜는 우리로부터 나왔다'는 유럽인들의 자만심은 역사를 왜곡하고 있다.

나아가 니덤은 "과학혁명이 왜 유럽에서만 일어났을까?" 동시에 "왜 중국에서는 과학혁명이 일어나지 않았을까?"라는 질문을 던졌다. 유럽이 본래 우월하기 때문에 과학혁명이 일어났다는 안일한 대답을 피하기 위해 이러한 질문을 한 것이었다. 그런데 유럽에서 과학혁명이 왜 일어났는지를 묻는 질문은 타당하지만 중국에서 왜 일어나지 않았는지를 묻는 것은 질문 자체에 문제가 있을 수 있다. 예컨대 어느 집에 불이 났다면 왜 불이 났는지를 질문할 수는 있겠지만, 불이 나지 않은 집에 불이 나지 않은 이유가 무엇인지를 물을 수는 없기 때문이다.

니덤의 이 질문은 지난 수십 년 동안 과학사학계에 열띤 논쟁을 불러일으켰다. 그러다 마침내 유럽에서 일어났던 일을 중국과 비교하는 것 자체가 잘못이라는 결론에 이르렀다. 한마디로 어떤 일이 있어야 한다고 미리 전제하는 오류를 범했다는 것이다. 과학사학자들은 중국이 유럽과 같은 길을 걸어야 했다고 요구하는 것은 또 다른 얼굴의 유럽 중심주의라는 데 동의했다. 니덤은 질문하고 답하는 과정에서 근대과학을 보편과학이라고 상정하고 비유럽권의 전통과학이 근대과학이라는 거대한 바다로 흘러들어갈 것이라고 예단했다. 그러나 이것 또한 유럽 중심주의적 사고방식이라는 것을 피해갈 수는 없었다.

어쨌든 니덤의 『중국의 과학과 문명』이 나온 지 꽤 많은 시간이 흘렀다. 니덤은 유럽이 아닌 다른 지역의 과학기술적 성취를 알리려고 노력했지만 근대과학의 보편주의에서 벗어나지 못한 한계를 지니고 있었다. 그만큼 비유럽권의 과학기술은 유럽의 잣대로 재단하는 일이 당연시되던 시대였다. 이렇듯 뚜렷한 시대적 한계가 있었지만 유럽과 세계의 학계가 동양의 과학사에 주목하도록 한 니덤의 업적은 길이 남을 것이다. 앞으로 과학사는 다양한 문화권의 과학과 기술을 폭넓게 연구하고 인류의 다양한 문화유산과 지혜를 접할 수 있도록 변화해야 한다.

3

조선
세종시대의
과학 문화유산

조선은 왜 천문도와 세계지도를 제작했나?

중세 이슬람과 중국 문명의 발전에 이어 동쪽의 작은 반도 국가인 조선에서 세계 과학사가 주목할 만한 과학기술의 성과가 나타났다. 15세기 세종시대의 과학기술은 이슬람과 중국에 버금가는 세계적 수준으로 발전했다. 천문·역산·의학·농업·지리학·도량형·음악·인쇄·화약기술에 이르기까지 모든 분야에서 두드러진 발자취를 남겼다. 고려 말기부터 이슬람과 중국의 문화를 흡수하며 쌓아두었던 문화적 역량이 조선이라는 새로운 나라를 세우며 표출되기 시작했던 것이다.

조선 왕조는 건국과 동시에 〈천상열차분야지도天象列次分野之圖〉와 〈혼일강리역대국도지도混一疆理歷代國都之圖〉와 같은 과학 문화유산을 탄생시켰다. 조선의 개국공신 권근權近(1352~1409)은 〈천상열차분야지도〉의 서문에서 유교적 왕도정치를 실현하기 위해 천문도를 제작했다고 밝히고 있다. 앞서 중국의 천문역법과 정치적 관계에서 보았듯이, 동양의 유교 문화권에서 하늘의 질서 있는 세계는 인간 세계의 이상으로 여겨졌다. 천명을 받아 왕이 된 자는 관상수시觀象授時, 하늘의 형상을 관찰해(관상) 백성들에게 시간을 주는 일(수시)을 중요한 의무로 삼았다. 태조 이성계는 천문도를 제작해 자신이 천명을 받아 역성혁명에 성공했으며 왕의 본분을 다하는 정치를 해나갈 것임을 널리 선포했다.

이렇게 조선 왕조의 권위를 상징하는 〈천상열차분야지도〉는 전통 천문역법이 총망라된 세계적 걸작이다. 가로 122.8센티미터, 세로 200.9센티미터의 흑요석에 새겨진 이 천문도는 중앙에 1,467개의 별이 그려져 있고 하단에 제작경위와 각종 천문자료가 빼곡히 기록되어 있다. 북극을 중심으로 28수의 별자리 체계가 정연하게 배치되었으며 천문역법의 중요한 천문상수(천문학에서 이용되는 기본적인 수치, 1태양년의 일수 등)들을 제공했다. 또한 동양의 전통적인 천문도 중에서 유일하게 별의 밝기에 따라 별의 크기가 다르게 그려져 있다. 이것은 고구려 천문도의 전통을 계승한 것으로 우리나라에서만 볼 수 있는 천문도의 특색이다. 중국의 〈순우천문도〉에 이어 세계에서 두 번째

〈천상열차분야지도〉의 탁본

1985년 과학 문화재로는 처음으로 국보로 지정된 문화유산이다. 천문도의 이름이 '천상열차분야지도'인 것은 하늘의 모습(천상)을 열두 구역으로 나누고, 이에 대응하는 땅의 열두 구역(분야)에 따라 별자리 그림을 그렸다는 뜻이다. 조선시대에는 태조가 제작한 것 이외에도 많은 천상열차분야지도가 만들어졌다. 숙종 때에 태조의 것을 복각한 천상열차분야지도는 보물 제837호로 지정되어 현재 세종대왕기념관에 보관되어 있다.

로 오래된 석각 천문도로 알려진 〈천상열차분야지도〉는 조선 왕조의 정치적 주체성과 높은 과학 수준을 보여주는 귀중한 과학 문화재라고 할 수 있다.

〈천상열차분야지도〉가 하늘의 지도라면 〈혼일강리역대국도지도〉는 땅의 지도다. 조선의 왕과 개국공신들은 하늘과 땅의 모든 것을 살펴보려는 의지를 다지며 국가적 사업으로 천문도와 세계지도를 편찬했다. 권근은 〈천상열차분야지도〉의 서문에 이어 〈혼일강리역대국도지도〉의 서문을 썼는데, 그는 더 넓은 세상을 앎으로써 나라를 잘 다스리기 위해 지도를 제작한다고 밝혔다. 〈혼일강리역대국도지도〉의 중앙에는 중국이 있고 동쪽으로는 조선, 남쪽 바다에는 일본이 있으며 서쪽으로는 아라비아반도와 아프리카, 유럽 대륙이 그려져 있다. 조선 왕조의 포부는 아리비아반도를 거쳐 아프리카와 유럽 대륙을 아우르고 있었다. 새로 건국한 조선은 아프리카와 유럽 대륙만큼이나 큰 문화대국으로 표현되었던 것이다.

〈혼일강리역대국도지도〉가 제작된 1402년은 유럽에서 본격적으로 대항해시대가 열리기 전이었다. 유럽인들은 1488년 바르톨로뮤 디아스Bartolomeu Diaz(1451~1500)가 희망봉을 통과하고 나서야 비로소 아프리카가 하나의 대륙이라는 사실을 알았다. 실제로 1482년 피렌체에서 출간된 프톨레마이오스의 『지리학』에는 아프리카가 절반밖에 그려져 있지 않았다. 그런데 조선인을 비롯한 아시아인들은 1402년에 이미 아프리카 대륙을 알고 있었다. 최근 서양 학계에서는 〈혼일강리역대국도지도〉를 역사상 가장 오래된 '아프리카-유라시아 전도'로 소개하고 있다.

〈혼일강리역대국도지도〉

이 지도는 아쉽게도 원본이 남아 있지 않으며, 후대에 제작된 모사본 네 개도 모두 일본에 있다.
아래의 지도는 일본 혼코지本光寺에 있는 〈혼일강리역대국도지도〉의 모사본으로 현재 텐리天理
대학에서 보관 중이다.

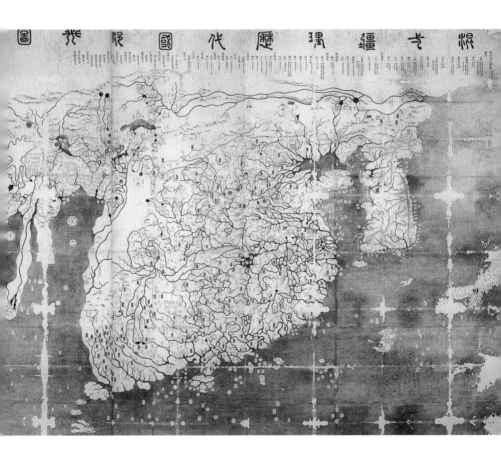

그렇다면 조선인들이 어떻게 아프리카와 유럽 대륙을 그릴 수 있었을까? 〈혼일강리역대국도지도〉는 중국에서 수입된 이택민李澤民의 〈성교광피도聖教廣被圖〉와 청준淸濬의 〈혼일강리도混一疆理圖〉 그리고 최신의 조선 지도와 일본 지도를 참고했다고 한다. 이택민의 〈성교광피도〉는 중국 원나라 때 이슬람 지도학의 영향을 받아 만들어진 지도로 몽골제국이 유라시아 대륙을 하나로 통일한 이후 유럽까지 넓어진 세계를 반영했다. 청준의 〈혼일강리도〉는 중국 내륙을 상세히 수록한 지도다. 〈혼일강리역대국도지도〉는 이 두 지도를 결합해 제작되었다. 조선인들은 중국으로 전파된 이슬람 지도학을 자기 것으로 소화해 역사적으로 직접 교류가 없었던 아프리카와 유럽 대륙까지 그렸던 것이다. 미지의 대륙을 객관적 실체로 인정하고 적극적인 자세로 세계를 이해하려는 노력이 〈혼일강리역대국도지도〉라는 뛰어난 지도를 탄생시켰다.

세종은 어떻게 조선의 독자성을 추구했는가?

1418년 세종은 21세의 젊은 나이로 조선의 네 번째 왕이 되었다. 그해부터 1450년까지 그가 보위에 있었던 32년은 한국 과학사에 길이 남을 창조의 시대였다. 세종은 조선 왕조가 건국한 지 30년도 채 되기 전에 왕위를 계승했다. 이미 아버지 태종이 18년 동안 정적을 숙청하며 정치적 안정을 구축한 상태였다. 세종은 어린 나이에 왕위에 올랐지만 조선 왕조를 이념적으로 튼튼한 토대 위에 세워야 한다는 시대적 요구를 잘 알고 있었다. 그는 가장 먼저 천문역법부터 손보기 시작했다. 관상수시가 왕의 최고 덕목이라고 여겼던 시대에 유교적 이상을 구현하는 새로운 천문역법을 만들어 그 위용을 떨치고자 한 것이다. 세종은 먼저 정인지鄭麟趾(1396~1478)를 불러 중국의 북경이 아닌 조선의 한양에 맞는 북극 고도를 찾으라고 명했다. 여기에서 북극 고도란 지역마다 다르게 보이는 북극성 각도를 말한다. 그는 한양의 북극 고도(38도 4분의 1)를 측정하고 그것을 기준으로 하는 조선의 시각법視角法을 만드는 일이 시급하다고 생각했던 것이다.

당시 중국의 역법을 쓰던 조선은 종종 날짜가 어긋나는 사실을 발견했다. 중국과 한반도는 경위도의 차이가 있기 때문에 중국의 역법에서 일식을 예측했던 날짜가 조선에서는 맞지 않는 일이 벌어졌다. 그런데 더 심각한 문제는 이러한 중국 역법조차 잘 운용할 수 없었다는 점이다. 고려 때 중국에서 들어온 수시력은 매우 정교한 역법이었는데, 조선의 천문관들은 수시력에 쓰인 수학적 방법론을 이해하지 못했다. 조선 초에 명나라의 새로운 역법인 대통력大統曆이 들어왔지만 조선의 천문관에게는 여전히 그림의 떡일 수밖에 없었다.

이러한 문제를 잘 알았던 세종은 수시력과 대통력을 완전히 이해하고 조선의 경위도에 맞는 새로운 역법을 창안하려는 계획을 세웠다. 이 계획은 두 가지 방향으로 이루어졌다. 하나는 이순지李純之(1406~1465)와 김담金淡(1416~1464)에게 역법의 원리에 대한 이론적인 연구를 수행하도록 했고, 또 하나는 정인지와 정초鄭招(?~1434)에게 고전 천문자료를 바탕으로 간의 제작을 추진시켰다. 정인지와 정초는 원나라 곽수경의 간의를 참고해 간의 제작과 관련된 자료를 연구했고, 당대 최고의 과학자이자 기술자였던 이천李蕆(1376~1451)과 장영실蔣英實(1390?~1450?)은 직접 간의 제작에 참여했다.

간의 제작팀은 먼저 목간의를 만들어서 한양의 북극 고도가 38도 4분의 1임을 확인하고 본격적인 천문관측기구의 제작에 돌입했다. 이는 대대적인 국가적 사업으로서 구리로 주조된 대간의大簡儀를 만드는 데만 7년이 걸렸다. 이 기간 동안 대간의를 비롯해 소간의小簡儀, 규표圭表, 혼천의渾天儀와 혼상渾象, 앙부일구仰釜日晷, 일성정시의日星定時儀, 소정시의小定時儀, 현주일구懸珠日晷, 행루行漏, 천평일구天平日晷, 정남일구正南日晷, 정방안正方案, 자격루自擊漏, 옥루玉樓 등이 만들어졌다.

역법 연구팀은 대통력을 이해하는 작업부터 시작해 그 연구결과를 『대통력일통궤大統曆日通軌』로 묶어서 편찬했다. 중국 역법을 소화하는 전초 단계가 마무리되자 드디어 1442년에 조선의 독자적 역법서인 『칠정산七政算』 내편과 외편이 세상 빛을 보았다. 이 과정을 시기별로 구분하면, 1423년에 세종이 선명력과 수시력을 비교하라는 지시를 내렸고 그 후 10년이 지난 1433년에 '칠정산'의 연구에 착수했다. 그리고 다시 10여 년이 지난 1442년에 결실을 맺은 것이다. 20여 년 동안 이루어진 역법의 개정은 각종 천문관측기구를 제작하고, 수많은 관측 자료를 모으며, 계산법에 능통한 전문 관리를 키우는 작업을 동시에 진행한 대규모 학술연구 사업이었다.

칠정산이란 태양, 달, 수성, 금성, 화성, 목성, 토성의 일곱 개 천체인 칠정七政의 운행을 계산하는 방법을 일컫는다. 『칠정산』 내편은 중국의 가장 정확한 역법인 수시력을 바탕으로 한양에서 관측된 자료를 맞추어 새로 작성된 것이다. 그 안에는 그동안 이해하지 못했던 수시력을 완전히 통달해 조선의 역법으로 응용한 업적이 담겨 있다. 『칠정산』 외편은 이순지와 김담이 이슬람 역법인 회회력回回曆을 직접 한역본으로 정리한 것이다. 회회력은 고대 그리스 프톨레마이오스의 『알마게스트』를 토대로 만든 역법이다. 당시 세계적 수준의 중국 역법을 뛰어넘기 위해서는 원나라 때 이슬람에서 도입된 회회력을 소화하는 일이 급선무였다. 조선의 천문관들은 명나라에서 보내온 회회력에 착오가 많은 것을 바로잡고 이슬람 역법까지 섭렵했다.

『칠정산』이 완성된 후 200년 동안 조선에서 역법을 만들고 일월식을 계산하는 모든 작업은 『칠정산』을 표준으로 삼았다. 천명을 받은 황제만이 역법을 개정할 수 있다고 믿었던 중국의 입장에서 보면, 한낱 제후국이었던 조선에서 독자적 역법을 쓰는 것은 불쾌한 일이었다. 이 때문에 조선은 공식적으로는 중국의 역법을 받아들이고, 비공식적으로는 『칠정산』을 활용하며 문화적 독자성을 지켰다. 『칠정산』은 우리나라에 맞는 정확한 역법을 만들었다는 점에서 과학기술적으로 빛나는 성취이며 민족적 주체성을 살린 역사적 업적이다.

어찌 조선이 중국과 하늘만 다르겠는가?

천문역법에서 보다시피 세종은 뚜렷한 전략을 가지고 있었다. 조선이 뛰어넘어야 할 산인 중국을 공략하고 그다음에 조선의 독자성을 추구한다는 전략이었다. 당시 중국은 세계의 중심이었고 대부분의 선진문물은 중국에서 생산되어 주변국으로 흘러들어가고 있었다. 세종은 중국의 최신 지식을 검토하고 조선에 맞는 과학기술을 추구했다. 조선은 이제 중국의 아류가 아니며 조선은 중국과 다르다! 세종은 이러한 생각을 천문학 분야뿐만 아니라 농학·의학·음악 등의 모든 분야에 관철시켰다.

고려시대에는 원나라의 농법서인 『농상집요農桑輯要』을 쓰고 있었는데, 이를 못마땅하게 여긴 세종은 정초에게 새로운 농법서를 만들도록 지시했다. 이때 세종은 조선의 풍토에 맞고 백성이 직접 활용할 수 있는 책이어야 한다는 점을 강조했다. 그래서 정초는 전국 방방곡곡을 발로 뛰어다니며 늙은 농부의 경험과 기술을 수집해 누구나 알기 쉽게 읽을 수 있는 책을 썼다. 이렇게 탄생한 『농사직설農事直說』에는 조선 땅에 맞는 농사법을 개발하는 것이 당연하다는 취지를 명백히 밝히고 있다.

의학 분야에서는 조선의 약재인 '향약'의 가치를 중점적으로 부각했다. 당시 '약재' 하면 중국산인 당약唐藥이 좋다는 인식이 퍼져 있었는데, 세종은 이러한 인식을 불식시키기 위해 향약 장려 정책을 펼쳤다. 고려 중엽부터 나온 향약 관련 책들을 증보해 『향약집성방鄕藥集成方』과 『향약제생집성방鄕藥濟生集成方』을 편찬하며, 조선의 향약은 단지 값싸고 구하기 쉬운 중국 약재의 대용품이 아니라 약리적으로도 조선인에게 적합하고 우수하다는 것을 널리 알렸다.

세종은 즉위 직후부터 향약에 대한 관심이 많았다. 중국으로 학자를 보내 국내에서 생산되지 않는 중국산 약재를 구해 조선산 약재와 비교해보았다. 약용식물은 산지에 따라 약효가 다를 수 있으므로 그

효용을 정확히 파악하기 위해서였다. 또한『세종실록지리지^{世宗實錄地}理志』에 국내 향약 분포 실태를 조사하며 향약의 국산화를 위한 체계적인 노력을 꾀했다. 여러 가지 약용식물을 언제 어떻게 기르고 수확하는지를 월별로 설명한『향약채취월령^{鄕藥採取月令}』을 발행해 백성들에게 쉽게 향약을 재배하고 채취할 수 있는 정보를 보급하는 일에 힘썼다.

그뿐만 아니라 세종은 세계에서 유례없는 의학 백과사전인『의방유취^{醫方類聚}』의 편찬 사업을 추진했다.『의방유취』는 중국 고대부터 원나라 때까지 의학서적을 총망라한 책이다. 중국의 축적된 의학정보를 집대성할 목표를 가지고 의서들을 수집해 각종 처방을 체계적으로 분류하고 정리한 것이다. 그 규모 면에서 당시 세계 최대의 의학책이라고 할 만큼 방대했으며, 내용 면에서도 동아시아 의학자들 사이에서 손꼽히던 역작이다. 오늘날의 의학총론, 생리학, 병리학, 내과, 외과, 이비인후과, 산부인과, 소아과, 예방의학 등에 해당하는 내용을 95갈래로 나누어 분석해 지금까지도 그 학술적 가치와 유용성을 인정받고 있다.『의방유취』가 있어서『동의보감』이 나왔다고 할 수 있을 정도로 이 책은 동양 의학사에 지대한 영향을 미쳤다.

『의방유취』는『칠정산』이 나온 그 이듬해인 1445년에 초고 365권으로 간행되었다. 이 책의 제작과정에는 우리나라 의학역사상 가장 많은 학자와 의관이 투입되었고『칠정산』만큼이나 대규모 사업으로 진행되었다. 그 후 중복된 것을 빼고 편집, 교정을 보는 데만도 30년 넘게 걸려 1477년에 다시 출간되었다. 이 두 가지 사업만 보더라도 세종은 조선이 중국의 아류가 아님을 세계만방에 알렸다. 비록 중국의 변방에 위치했으나 조선은 중국과 맞먹는 문화대국을 꿈꾸며 '세계 속의 조선'으로 뻗어나갔던 것이다.

그즈음에 세계가 인정하는 과학적 언어, 한글이 탄생했다. 세종은 1443년 중국과 다른 우리나라의 독자적인 글자인 '훈민정음訓民正音'을 만들어 반포했다. 『훈민정음해례본訓民正音解例本』에는 한글을 만든 이유와 창제원리가 적혀 있는데, 이 책의 서문은 "나라의 말소리가 중국과 달라 문자와 서로 통하지 아니하므로"라는 말로 시작된다. 여기에서 중국과 다른 것은 문법이나 용어가 아니라 '읽는 소리'였다. 당시에는 같은 한자를 읽는데 중국과 읽는 소리가 다르고 한자를 읽는 표준적 방식이 없었다. 이를 답답하게 여긴 세종은 한자의 음을 정확히 표기할 수 있으면서 우리말을 쉽게 표현할 수 있는 문자체계를 만들기 위해 고심했다. 그러다 아침에 배우면 저녁에 읽을 수 있다는 한글을 창안했다. 한글은 모음 열 개와 자음 열네 개를 조합해 1만 1,000가지 이상의 음을 낼 수 있는 글자다. 일본어는 300가지, 중국어는 400가지 음을 내는 것과 비교하면 한글의 음성적 표현능력은 단연 세계 최고라 해도 과언이 아니다.

세종은 현대 언어학에서 말하는 문자의 장점을 통달한 듯했다. 예컨대 천, 지, 인을 상징하는 'ㆍ', 'ㅡ', 'ㅣ'이 세 가지 기호로 복잡한 모음을 모두 표현한 것이다. 이러한 한글은 가장 간단한 것으로 가장 많은 것을 표현하는 문자체계로서 세계인의 주목을 받고 있다. 1997년 10월 『훈민정음해례본』은 『조선왕조실록朝鮮王朝實錄』과 함께 유네스코 세계 기록문화유산으로 등재되었다. 인류사에서 유일하게 언어의 창제과정을 밝혀놓은 『훈민정음해례본』의 가치를 세계가 인정한 것이다. 여기에 실린 한글의 원리와 사용법은 한글이 얼마나 과학적인 글자인지를 유감없이 보여준다.

그렇다면 세종시대 과학기술은 어떻게 이루어진 것인가? 무엇이 이 시기 과학기술을 발전시켰고 그 이후 쇠퇴의 길을 걷게 했는가? 안타깝게도 찬란했던 과학기술은 세종이라는 구심점이 사라지자 빛을 잃어갔다. 궁정과학의 성격을 지녔던 세종의 과학기술은 유교적 관료제의 테두리에 갇혀서 왕의 의지에 전적으로 좌우될 수밖에 없었다. 세종이 과학기술에 관심을 가졌던 것은 조선 건국 이후 나라의 기초를 다지기 위한 정치적·시대적 요구에서 비롯된 것이었다. 천문관측기구를 제작해 천문역법을 발전시키고 농사와 의료에 관한 책을 편찬하는 일은 국정을 잘 수행하기 위한 세종의 통치행위 중 하나였다. 이러한 노력이 성공적인 결과를 낳아서 국가적 기반이 잘 갖춰지고 난 다음에는 이전처럼 힘을 쏟을 필요가 없어졌다. 이같이 동아시아에서 왕이 주도했던 과학기술은 궁정과학의 한계를 지니고 있었다.

4

중세를 무너뜨린
유럽의
화약혁명

유럽이 중국에 진 빚은 무엇인가?

중세의 유럽은 당대 이슬람, 중국, 인도 대륙의 문명 중심지에 비해 경제적으로나 문화적으로 낙후된 지역이었다. 선진 문명의 중앙집권적 국가들은 대규모 관개농업으로 발달한 도시문화를 누리고 있었는데, 유럽은 갓 신석기 농업단계에서 벗어나 바이킹의 침입에 시달리는 후미진 곳이었다. 1000년경 인구통계를 살펴보면 라틴 기독교도는 2,200만 명에 불과했으나 중국의 인구는 6,000만 명, 인도의 인구는 7,900만 명, 이슬람의 인구는 4,000만 명에 이르렀다. 당대 세계 최대 규모의 도시 바그다드의 인구가 100만 명을 웃돌고, 콘스탄티노플의 인구가 30만 명, 중국 개봉開封의 인구가 40만 명에 육박할 때 로마에는 3만 5,000명, 파리에는 2만 명, 런던에는 1만 5,000명이 살고 있었다.

유럽이 서서히 기지개를 켜기 시작한 것은 몇 가지 농업기술의 변화에서 비롯되었다. 정교하고 다양한 농사법을 개발했던 중국에 비해 유럽의 농경은 더디게 발전했다. 중국에서는 기원전부터 쟁기가 이용된 것에 비해 유럽에서는 10세기경에 이르러서야 바퀴가 달린 무거운 쟁기가 보급되었다. 지중해 지역에서 썼던 가벼운 쟁기를 무거운 쟁기로 바꾸자 북유럽 습한 저지대의 끈적끈적한 점토질 땅을 갈아엎을 수 있었다. 무거운 쟁기를 끄는 데 여덟 마리의 황소가 필요했지만 이 쟁기의 보급으로 경작하기 힘들었던 척박한 땅까지 농사를 지을 수 있었다.

또한 중국에서 들어온 쇄골걸이 마구는 무거운 쟁기를 효율적으로 끄는 데 큰 도움을 주었다. 가슴걸이 혹은 쇄골걸이로 불리는 이 마구는 말을 소 대신에 쓸 수 있는 혁신적인 방법이었다. 소는 등골이 수평이고 어깨 위에 혹이 있어서 그 혹에 마구가 쉽게 고정되지만, 말은 목이 길고 혹이 없어서 마구가 목을 조이는 문제점이 있었다. 그런데 중국에서 발명된 마구는 말에 쇄골걸이를 씌워 혹이 없는 말의 목에 혹을 만들어주는 역할을 했다. 잡아당기는 힘이 말의 기도를 압박하지 않도록 고안된 것이다. 이러한 쇄골걸이 마구는 소보다 속도와 지구력이 뛰어난 말을 농사일에 투입해서 농업생산성을 크게 향상시킬 수 있었다.

유럽의 농업생산량을 증가시킨 또 하나의 방법은 삼포제三圃制 농법이었다. 9세기경 북동 프랑스에서 시작된 삼포제는 밭을 세 부분으로 나누어 3년 주기로 돌아가면서 농사를 짓는 방법이다. 첫 번째 밭에는 겨울밀이나 호밀을 심고, 두 번째 밭에는 그다음 해 봄에 보리나 콩을 심고, 세 번째 밭은 쉬게 두는 것이다. 삼포제를 도입하자

마구의 형태(A: 목띠-배띠 마구, B: 봇줄 마구, C: 쇄골걸이 마구)

고대부터 8세기까지 서양에서 마구를 매는 방법은 '목띠-배띠 마구'밖에 없었다. 말의 숨통을 조이는 목띠-배띠 마구는 수송의 효율성에서 쇄골걸이 마구보다 한참 뒤떨어진다. 실험적으로 확인한 결과 목띠-배띠 마구를 맨 두 마리의 말이 끄는 중량은 0.5톤인데 쇄골걸이 마구를 매면 한 마리의 말이 1.5톤을 거뜬히 끌 수 있었다.

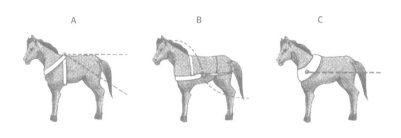

수확하는 작물이 다양해져 봄에 나오는 귀리와 채소류로 유럽인의 식탁이 풍성해졌다. 그뿐만 아니라 휴경하는 시간이 늘어나면서 토양의 비옥도도 높아졌다. 간단한 변화인 것 같지만 무거운 쟁기와 쇄골걸이 마구, 삼포제는 중세 유럽에서 농업혁명이라고 불릴 만큼 큰 변화를 일으켰다.

　1000년경 유럽 전역에 3,600만으로 추정되던 인구가 300년 후에는 두 배 이상 불어나 1300년경에는 8,000만 명에 달했다. 무거운 쟁기와 여러 마리 말의 활용은 공동 소유와 공동 경작, 공동 가축 사육을 확산시켜 중세 마을의 규모를 키우고 장원제를 정착시켰다. 부유하고 도시화된 유럽의 발전에는 농업혁명이 낳은 장원제가 밑거름이 되었다.

이 외에도 중세 유럽의 봉건제에서 빠질 수 없는 중국의 발명품이 있다. 말을 탈 때나 타고 있을 때 발을 올려놓는 쇠고리, 등자였다. 만약 등자가 없었다면 중세의 기사도 존재하기 어려웠을 것이다. 8세기 이전 유럽의 전사는 전투장소에 도착할 때까지만 말을 타고, 도착한 후에는 말에서 내려 싸워야 했다. 등자를 갖추고 난 뒤, 말을 탄 갑옷 입은 기사는 무거운 창을 들고 기마 돌격전을 할 수 있었다.

등자는 단순한 장치지만 갑옷과 창으로 무장한 기사에게는 꼭 필요한 물품이었다. 발을 올려놓는 등자가 없다면 기사들은 무거운 중량을 이기지 못하고 말에서 떨어졌을 것이다. 등자의 출현에 따른 기사의 등장으로 유럽 봉건제는 제 모양을 갖추기 시작했다. 기사는 영주에게 충성을 바치고 그 대가로 장원을 관리하며 농노의 소작료를 받았다. 기사와 영주의 이런 관계는 봉건체제를 유지하는 중요한 버팀목이었다.

그런데 시간이 흐르며 한정된 봉건영지에 기사의 수가 넘쳐나기 시작했다. 더는 기사들을 수용할 수 없게 된 유럽 사회는 기사들을 십자군 전쟁Crusades(1096~1272)으로 내몰았다. 십자군 전쟁은 서유럽의 기독교인들이 성지 예루살렘을 탈환한다는 명분을 내걸고 이슬람 세계를 약탈한 침략전쟁이다. 유럽인들은 11세기에서 13세기까지 200년 동안 여덟 번의 원정을 감행했지만, 문화적으로 우월한 이슬람 문명과의 전쟁에서 승리할 수는 없었다.

등자의 활용

1099년 아스칼론 전투를 묘사한 이 그림에는 등자를 적극 활용한 중세 기사들의 모습이 잘 나타
나 있다.

기독교 문화는 어떻게
그리스 과학을 수용했나?

     십자군 전쟁으로 이슬람 문명을 접한 유럽인들은 고대 그리스 과학과 이슬람 과학을 보고 놀라지 않을 수 없었다. 이내 자신들의 지식 수준이 형편없음을 깨달았고 고대의 과학적 유산을 받아들이기 위해 직접 행동에 나섰다. 가장 먼저 한 일은 번역학교를 세우고 번역자들이 서로 협력해 방대한 양의 아랍어 서적을 라틴어로 옮기는 것이었다. 이슬람 세계와의 격전지였던 에스파냐의 톨레도와 이탈리아의 시칠리아, 베네치아 등지가 주요 활동무대였다. 이곳에서 그리스어와 아랍어는 물론 스페인어, 시리아어, 히브리어 등 여러 언어가 번역의 홍수에 동참했다.

    이렇게 12세기 번역의 시대가 찾아왔다. 당시 번역의 일인자는 크레모나의 제라르Gerard of Cremona(1114~1187)를 꼽을 수 있다. 그는 프톨레마이오스의 『알마게스트』를 비롯해 아리스토텔레스의 『물리학』, 유클리드의 『기하학 원론』, 알콰리즈미의 『대수학』, 아비센나의 『의학정전』등 70여 권의 아랍어 원전들을 번역했다. 그다음 세대에는 모에르베케의 윌리엄William of Moerbeke(1215~1286)이 제라르의 뒤를 이었다. 윌리엄은 토마스 아퀴나스Thomas Aquinas(1225~1274)가 번역서들이 저질이라고 불만을 토로한 것에 자극을 받아, 대부분의 아리스토텔레스 저술을 그리스어 원문으로부터 새로 번역했다. 그는 여기에 아리스토텔레스와 관련된 그리스어 주해서까지 포함해 49권 정도를 번역했다. 이후 아리스토텔레스가 그리스 철학자인 줄도 몰랐던 유럽인들 사이에서 아리스토텔레스 하면 '철학자'로 통할 만큼 번역서가 널리 퍼져나갔다.

번역 사업이 한창 진행되고 있을 때, 중세 유럽에 대학이 출현했다. 대학은 농업혁명에 따른 부의 증가와 도시의 성장에 발맞춰 등장한 것이다. 유럽의 도시는 경제적 번영을 바탕으로 정치적 자유를 누리는 자치도시로 성장했으며 대학의 든든한 배경이 되었다. 그 결과 이탈리아의 볼로냐, 프랑스의 파리, 영국의 옥스퍼드 등지는 대학의 중심지로 발전했다. 1100년경 인구 2만 명의 소도시였던 파리는 대학이 탄생한 1200년경에 이르러 인구 10만 명이 넘는 프랑스의 문화도시로 거듭났다.

대학을 뜻하는 라틴어 'universitas'는 조합을 뜻하는 '길드guild'를 의미하기도 한다. 중세에는 수공업자 조합 같은 길드가 많았는데 대학도 이러한 길드 가운데 하나였다. 대학은 선생과 학생이 뭉쳐서 만든 세속적이며 학문적인 공동체로서 국가와 교회로부터 일정한 거리를 두고 자치적인 활동이 보장된 기관이었다. 교육행정에 권한이 있었던 대학은 번역 사업을 통해 유입된 고대 그리스와 이슬람의 학문을 교과과정으로 채웠다. 중세 대학은 교양학부와 상급학부인 법학·의학·신학의 네 개 학부로 이루어졌고 교양학부에서는 기초적인 철학과 자연과학을 배웠다. 이때 철학 과목인 문법·수사학·변증법의 3학과 자연과학 과목인 수학·기하학·천문학·음악의 4과가 교양과목으로 채택되면서 아리스토텔레스의 논리학·물리학·우주론·수학 등에 관한 저술이 대학 교과과정의 핵심이 되었다.

중세 대학의 학문하는 방식인 스콜라학은 간단히 말해 원문 강독이었다. 예를 들어 논리학 수업에서는 아리스토텔레스의『논리학』을 읽으며 기독교 교리를 이성적으로 논증하는 방법을 배우는 식이었다. 주된 교육은 기독교 교리를 논증하기 위한 것이었는데, 이 과정에서 신앙과 이성의 갈등은 불가피했다. 아리스토텔레스의 철학은 전통적인 기독교 교리와 맞지 않는 내용이 많았기 때문이다. 예컨대 아리스토텔레스의 세계에서 창조란 없었으며 신은 전지전능하지도 않았고 인간의 영혼이 불멸하는 것도 아니었다.

이때 토마스 아퀴나스가 등장해 기독교 세계관과 그리스 이교도 전통과의 대립을 해소하고 타협점을 찾아나갔다. 대학의 스콜라학은 기독교를 아리스토텔레스화하거나 아리스토텔레스를 기독교화하면서 아리스토텔레스의 이론체계를 방어하고 발전시켰다. 토마스 아퀴나스가 죽은 지 3년 후, 그의 책 열두 권이 교회의 금서가 되며 갖은 우여곡절을 겪지만, 이것은 유럽의 지식인들이 고대 그리스와 이슬람의 학문을 유럽의 풍토에 맞게 수용하는 과정에서 겪은 진통이라고 할 수 있다. 이처럼 13세기 중세 유럽은 대학이라는 새로운 제도를 만들고 그 안에서 아리스토텔레스 과학에 대한 비판적 검토를 시도하며 지적 기반을 다져나갔다.

유럽의 대포와 범선이 어떻게
세계를 지배하게 되었나?

중국에서 발명된 화약은 14세기에 유럽으로 전해졌다. 유럽인들은 화약을 이용해 대포와 총으로 만드는 데 관심이 많았다. 유럽의 통치자와 기술자들은 갑작스레 불을 뿜으면서 발사되는 대포에 매료되었다. 1450년대가 되자 화약은 중국에서 전해진 지 100년만에 유럽의 전쟁터를 완전히 바꾸어놓았다. 처음에는 지름 60센티미터의 돌덩이를 쏘는 사석포射石砲, bombard가 등장했는데 포와 포탄이 너무 무거워서 운반하기 어려웠다. 이것은 곧 프랑스군이 1465~1477년에 개발한 이동식 공성포攻城砲로 대체되었다. 이동성과 화약 폭발력을 갖춘 공성포는 적의 성벽을 무차별적으로 파괴했다. 1494년 이탈리아에 침공한 프랑스군은 공성포를 가지고 불과 여덟 시간 만에 성벽을 모두 돌무더기로 만들어버렸다. 이 요새는 과거 7년간의 포위전에도 끄떡없었던 곳으로 유명했지만 새로운 대포 앞에서 무릎을 꿇고 말았다.

대포는 중세의 성벽을 무너뜨리며 영주와 기사의 봉건제마저 흔들어놓았다. 프랑스와 영국의 백년전쟁Hundred Years' War(1337~1453)이 시작될 당시에 볼 수 있었던 활과 석궁, 창, 갑옷으로 무장한 말 탄 기사는 옛말이 되었다. 백년전쟁이 끝날 즈음에는 화약포병이 대세를 장악했다. 이렇게 전쟁의 양상이 변화하자 잔 다르크Joan of Arc(1412~1431)와 같은 어린 소녀가 전쟁영웅이 될 수 있었다. 17세의 문맹이었던 잔 다르크는 누구보다 빠르게 포를 다루며 노련한 영국 장군들을 물리치고 프랑스를 승리로 이끌었다.

대포라는 신기술은 과거의 군사적 경험과 무기를 한순간에 무력하게 만들었다. 사태가 이러하다 보니 전쟁에 이기기 위해서는 비싼 값을 치르더라도 신무기를 구입해야 했다. 하지만 영주나 귀족, 기사들은 그 비용을 감당할 처지가 못 되었다. 영주들 사이에서 정치권력을 집중시킨 왕만이 새로운 전쟁의 경제적 규모를 감당할 수 있었다. 이제 전쟁은 민족과 국가 단위로 규모가 커졌으며 유럽 국가들 사이의 각축전은 더욱 치열해졌다.

이탈리아는 성벽을 부수는 대포의 등장으로 유럽 국가들 중에서 가장 곤혹을 치렀다. 당시 피렌체와 밀라노 같은 부유한 도시국가들은 다른 유럽 국가들의 표적이었다. 이탈리아인들은 포격을 잘 견딜 수 있는 새로운 요새를 만들 방법을 짜내느라 고심했다. 이탈리아의 통치자들은 레오나르도 다 빈치Leonardo da Vinci(1452~1519)나 미켈란젤로Michelangelo Buonarroti(1475~1564) 같은 최고의 전문가들까지 동원했다. 1520년대가 되자 그들은 '이탈리아식 요새The Trace Italienne'라 불리는 새로운 방어시설을 건설했다. 별 모양의 이 요새는 어떤 공격에도 버틸 수 있었지만 엄청난 비용이 든다는 문제가 있었다. 그럼에도 이탈리아식 요새는 안전한 방어시설로 정평이 나면서 유럽의 다른 지역으로 급속히 전파되었다.

화약혁명은 공격과 방어의 전쟁기술을 모두 변화시켰다. 그뿐만 아니라 유럽의 국가들도 변화시켰다. 엄청난 군사비용을 쏟아붓는 전쟁터에서 새로운 군사기술을 갖추지 못한 국가들은 소멸할 수밖에 없었다. 이 치열한 각축전에서 살아남을 수 있는 국가는 주변의 정치

팔마노바 요새

이탈리아 팔마노바 요새의 17세기 모습으로 별 모양의 이탈리아 축성술로 지어졌다.

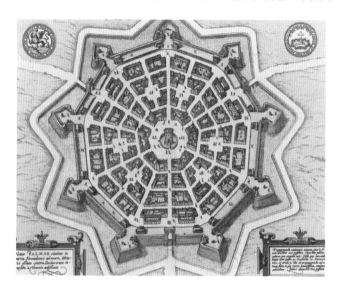

올로모우츠 요새

체코에 있는 올로모우츠 요새의 18세기 모습으로 해자를 비롯해 겹겹이 구축된 방어시설이 잘 드러나 있다.

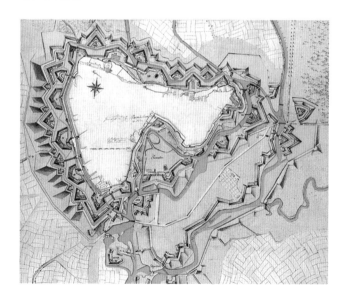

세력을 규합하고 세금과 정치자금을 조달할 수 있는 중앙집권적 민족국가들이었다. 화약혁명은 정치권력을 지역의 봉건영주에서 중앙집권적 민족국가로 이동시켰다.

유럽은 점점 근대적 국가체제로 탈바꿈했고, 국가 간의 경합과 전쟁은 더욱 격해졌다. 과도한 군비경쟁과 군사무기 개발은 유럽 전체를 화약제국으로 만들었다. 강대국인 에스파냐, 포르투갈, 프랑스, 영국 그리고 약소국인 프로이센, 스웨덴, 러시아 사이에서 전쟁이 끊이지 않았다. 그런데 이러한 전쟁은 유럽 대륙이 세계를 지배할 수 있는 군사적 우월성을 갖추게 했다. 어떤 새로운 기술이 등장하면 삽시간에 다른 나라로 퍼져나가는 식으로 유럽의 군사기술은 나날이 발전했다. 이러한 유럽 내부의 팽창은 다른 문명과 다른 지역을 크게 앞지르는 결과를 가져왔다. 이슬람 세계와 아시아의 여러 제국이 공성포를 막아낼 방어시설을 만들기도 전에 이미 유럽에서는 몇 단계 뛰어난 성능의 대포를 만들었다.

포르투갈의 범선인 캐러벨caravel은 화약혁명에서 대포 다음으로 유럽을 세계적 제국으로 키운 주역이었다. 캐러벨은 대서양의 세찬 바람과 해류를 견딜 수 있도록 만들어진 독창적인 모델이었다. 이 범선은 포르투갈이 지중해를 장악한 이탈리아로부터 동방무역의 독점권을 빼앗고 새로운 판로를 개척하는 과정에서 만들어졌다. 유럽인들이 말하는 '지리상의 발견'은 이슬람 세력 때문에 막혀 있는 동아시아와의 직접적인 교역이 목적이었던 것이다. 그만큼 동아시아는 유럽에 없었던 수공제품과 기술이 넘쳐나는 부유한 지역이었다.

유럽의 서쪽 대서양 연안에 위치한 포르투갈은 아프리카 대륙을

개리벨

돌아서 서아시아를 지나 인도로 가는 해상 항로를 개척했다. 이 과정에서 새로운 범선 캐러벨과 항해법을 개발하며 최적의 항로를 열었다. 1488년 바르톨로뮤 디아스가 아프리카 남단 희망봉에 다다랐고, 1498년 바스코 다 가마Vasco da Gama(1460~1524)는 희망봉을 돌아 인도양에 이르렀다. 또 1492년 에스파냐의 크리스토퍼 콜럼버스Christopher Columbus(1451~1506)는 대서양을 횡단하고 아메리카 대륙을 발견했다. 이들은 모두 캐러벨을 타고 그동안 터득한 항해기술로 식민지 정복의 새 장을 열었다.

이때 아프리카, 아시아, 아메리카로 떠나는 유럽의 범선에는 대포가 장착되어 있었다. 대포로 무장한 범선은 해상 활동에서 엄청난 위력을 발휘했다. 포르투갈은 자신의 무역을 방해하는 모든 외국 선박에 무조건적인 폭탄세례를 퍼부으며 아시아 교역의 패권을 잡았다. 15세기 포르투갈의 성공이 알려지자 다른 유럽 국가들은 너도나도 식민지 정복과 탐험에 뛰어들었다. 에스파냐는 카리브 해와 남아메리카를 공략했고 영국과 프랑스, 네덜란드는 북아메리카로 군대를 보냈다. 원주민들은 유럽인의 화기와 무장선박에 아무런 저항도 하지 못한 채 쓰러졌고 유럽의 각국은 식민지를 놓고 싸우는 식민지 쟁탈전에 돌입했다. 이제 유럽인들은 전 지구의 침략자가 되어, 가는 곳마다 폭력적으로 원주민의 부와 자원을 강탈했다.

한편 화약혁명으로 발전한 유럽은 과학과 기술에 눈을 뜨기 시작했다. 포르투갈의 성공 이면에는 항해왕자 엔히크Henrique O Navegador (1394~1460)와 같은 탐험 후원자가 있었다. 다양한 항해술을 발전시킨 그는 포르투갈이 해상제국이 되는 데 큰 역할을 했다. 그는 천문학자와 경험 많은 항해자를 불러 모아 '천문항법'을 개발하고 지도를 제작하는 관청을 따로 설립했다. 포르투갈의 과학 활동을 눈여겨보던 이웃나라 에스파냐는 1582년 마드리드에 수학아카데미를 세우고 포르투갈을 맹추격했다. 그 결과 16세기에는 에스파냐가 포르투갈을 제치고 과학적 항해술과 지도 제작의 선두주자가 되었다.

이렇듯 포르투갈과 에스파냐는 유럽에서 선구적으로 과학 전문가를 고용해 식민지 개척에 활용했다. 이후 네덜란드, 프랑스, 영국, 러시아도 뒤따르기 시작했다. 유럽 정부의 이러한 노력은 경제적 이득을 위해 과학을 지원하는 사례로 볼 수 있다. 실제 과학이 화약혁명에서 직접적인 역할을 한 것은 없지만 기술이 과학을 자극하는 분위기를 만든 것은 분명했다.

유럽의 화약혁명은 중세를 마감하고 근대의 막을 올렸다. 군사적 경쟁은 유럽이 근대적 국가체제를 갖추는 데 크게 기여했다. 과중한 군비부담에서 살아남은 조직화된 체제로서 유럽의 근대국가들은 각축전을 벌이며 세력균형의 상태를 이루었다. 어느 한 국가가 독주할 수 없는 가운데 서로 전쟁을 벌이며 비축되었던 힘은 유럽 밖의 세계로 뻗어나갔다. 대서양과 인도양, 태평양까지 선점한 유럽은 군사적 우월성을 바탕으로 전 세계에 폭력을 수출하기 시작했다. 작은 땅덩어리에 자원도 빈약한 유럽은 '발견의 시대', '탐구의 시대'라는 이름으로 호전적 기질을 미화하며 세계 곳곳에 식민지를 건설하는 '제국주의 시대'를 열었다.

과학혁명,
유럽의
지식과 야망

과학을 모르는 자는
왜 근대를 말할 수 없는가?

근대는 우리 시대와 가까운 시대, 현재 우리가 살고 있는 시대의 출발점이 된 시기를 말한다. 16세기에서 18세기에 이르는 동안 유럽에서는 근대과학이 출현했으며 차츰 근대사회로 변화해나갔다. 그렇기 때문에 우리가 살고 있는 시대를 이해하기 위해서는 근대를 이끈 유럽의 변화와 과학의 출현과정을 필수적으로 알아야 한다.

16세기 이전의 유럽은 광활한 유라시아 대륙의 서쪽 변방에 위치한 미미한 존재에 불과했다. 그러던 유럽이 18세기 후반에 이르자 중국 문명을 제치고 세계사의 패권을 잡았다. 근대를 거치며 전 세계를 지배하는 강대한 세력으로 떠올랐던 것이다. 세계사에서는 이 시기 근대 유럽의 등장이 매우 극적이어서 '유럽의 기적'이라고 말한다. 이러한 유럽의 성취는 과학과 기술의 발전이 있었기에 가능했다. 유럽이 아닌 다른 지역과 문명에서도 과학과 기술이 있었지만 유럽인들은 16세기 이후 나타난 유럽의 근대과학을 진정한 과학으로 여긴다. 오직 유럽에서만 근대과학이 출현했을 뿐 아니라 독자적으로 근대사회로 발전했다고 말이다.

서양의 과학사학계는 유럽에서 왜 근대과학이 출현했는지에 가장 주목했다. 다른 대륙과 다른 문명에 비해 뒤떨어져 있던 유럽 문명이 세계 최고로 성장한 배경에 대한 관심에서였다. 근대 이후 유럽의 문명은 세계사의 보편적 기준으로 군림했다. 유럽에서 나타난 근대적 특징만이 '문명'이었고 '역사적 발전'이었다. 이러한 유럽 중심주의 때문에 다른 문명의 과학기술은 유럽의 근대과학보다 야만적이고 후진적인 것으로 평가되었다.

우리는 아직까지 근대과학이 위력을 떨치고 있는 21세기를 살고 있다. 4,000년의 과학기술 역사에서 불과 300~400년 전에 나타난 근대과학이 세계사의 판도를 바꾼 것이다. 이것이 근대 유럽의 과학사를 공부하는 이유다. 어떻게 유럽에서 근대과학이 출현했는지, 근대과학의 개념과 성격은 무엇이며 어떻게 형성된 것인지, 어떻게 과학혁명과 산업혁명으로 불리는 역사적 사건들이 유럽의 거침없는 성장의 발판이 되었는지를 배우려는 것이다.

과학을 모르는 자는 왜 근대를 말할 수 없는가?

1

코페르니쿠스의
혁명

르네상스 시대란?

15세기 유럽은 대항해 시대, 르네상스, 종교개혁이라는 역사적 변화로 꿈틀거리고 있었다. 새로운 흐름은 기독교 교회의 중세적 지배에 대항하며 유럽의 이곳저곳에서 동시다발적으로 터져 나왔다. 특히 이탈리아에서 시작된 르네상스는 신의 세계를 둘러싸고 있던 중세의 성벽에 금을 냈다. 현세가 아닌 내세, 육체보다는 정신에 쏠려 있던 기독교적인 세계관을 흔들어놓기 시작했다.

유럽의 남부에 있는 이탈리아는 인간의 육체적 아름다움과 세속적인 즐거움을 느끼기에 적합한 곳이었다. 따뜻한 기후와 밝은 햇살, 열정적인 이탈리아인의 기질은 중세의 음습한 장막을 거두어냈다. 베네치아, 밀라노, 피렌체의 이탈리아 도시국가들은 부와 명성을 자랑하며 새로운 문화의 중심지로 떠올랐다. 13세기와 14세기, 지중해 상권을 장악하고 동양 세계와 자유로이 접촉하며 경제적으로 성장한 덕택이었다.

중세 유럽에서 잊혔던 그리스와 로마의 문화유산이 동방으로부터 이탈리아로 흘러들어왔다. 학자와 사상가, 예술가, 건축가, 기술자 등은 고대 그리스의 조각, 시, 희곡, 건축양식, 과학에 흠뻑 빠져들었다. 이들은 고대 그리스의 문화에서 중세시대에 억눌렸던 인간의 참된 모습을 발견했다. 인문주의자라고 불리는 이들은 학문과 예술의 재생, 부활을 의미하는 르네상스 시대를 열었다. 이들이 원했던 것은 고대 고전의 권위를 빌려서 인간 개인의 능력을 보여주는 일이었다. 드디어 종교에 갇혀 있었던 인간에 대한 각성과 자각이 싹트기 시작했다.

자신감에 차 있었던 예술가들은 이탈리아 도시를 활보하며 창조적 에너지를 마음껏 발산했다. 브루넬레스키Filippo Brunelleschi(1377~1466), 레오나르도 다 빈치, 미켈란젤로, 라파엘로Raffaello Sanzio(1483~1520) 등 수많은 르네상스인은 거대한 성당을 짓고, 조각을 하고, 그림을 그리고, 군사무기를 만들고, 운하와 요새를 건설하고, 원근법과 해부학을 연구하며 하늘을 나는 꿈을 꾸었다. 인간성 회복을 부르짖는 이탈리아인의 열정은 유럽인들을 서서히 물들였다.

르네상스의 인문주의는 유럽 세계로 넓게 퍼져나갔지만, 알프스 산맥을 넘어 북쪽으로 가면서 성격이 달라졌다. 독일, 네덜란드, 영국, 스웨덴 사람들은 이탈리아인처럼 태평하고 낙천적이지 못했다. 비가 자주 오는 춥고 우울한 날씨에 길들여진 이들에게 이탈리아의 기질과 문화가 맞을 리 없었다. 더구나 고대 그리스와 로마 문화를 이교도 문명으로 배척했던 북유럽인들은 교황이 예술과 건축에 막대

피렌체

한 돈을 쓰는 것이 못마땅했다.

결국 독일에서 성직자의 탐욕에 맞서 교회를 개혁하자는 요구가 촉발되었다. 매사에 진지하고 이성적인 독일인들은 교황의 설교와 성경의 내용이 다르다는 것을 간파했다. 구약과 신약 성경에 나온 이야기는 이탈리아 교황이나 주교의 말과는 상당한 차이가 있었다. 성경을 연구하던 독일 출신의 성직자 마르틴 루터Martin Luther(1483~1546)는 교황청의 부패를 더는 두고 볼 수 없었다. 1513년 교황청은 현금을 끌어모으기 위해 면벌부免罰符, indulgence를 팔기 시작했고, 이에 반기를 든 루터의 저항이 종교개혁의 도화선이 되었다. 루터 이후 유럽 세계는 가톨릭Catholic으로 불리는 구교와 프로테스탄트Protestant로 불리는 신교(개신교)의 양 진영으로 나뉘어 처절한 싸움에 돌입했다.

종교분쟁에서 신교도의 무기는 성경이었다. 루터는 교회를 통해서만 인간이 구원받을 수 있다는 가톨릭의 교리를 반대하고, 예수에 대한 개인적 믿음으로 얼마든지 구원받을 수 있다고 주장했다. 그는 독일인 모두가 신의 말씀을 스스로 읽고 깨달을 수 있도록 성경 전체를 독일어로 번역해 사람들에게 보급했다. 이처럼 독일이 종교개혁의 선봉에 설 수 있었던 배경에는 구텐베르크의 인쇄혁명을 빼놓을 수 없다. 독일은 인쇄와 출판의 본고장답게 책값이 싸서 많은 사람이 성경을 소유할 수 있었다. 그 덕에 각 가정에서 직접 성경을 읽게 되면서 교회법에 대한 반항이 싹트기 시작했다.

인쇄혁명은 책을 대량생산할 수 있는 기술적 방법을 찾은 것에서 비롯되었다. 금세공업자였던 요하네스 구텐베르크Johannes Gutenberg(1398~1468)는 책 한 권 만드는 데 필요한 여러 가지 기술적 요소를 차례로 개발해 조선과 중국의 인쇄술을 뛰어넘었다. 그는 먼저 금속활자를 손쉽게 복제할 수 있는 기술적 문제를 해결했다. 인쇄를 많이 하다 보면 활자가 닳아 없어지는데, 구텐베르크는 활자를 만드는 주형틀을 개발해 빠르게 활자를 주조할 수 있도록 했다. 도안을 주형 위에 놓고 두드린 다음 쇳물을 주형틀에 쏟아부어 활자를 복제하는 방식이었다. 또 대량으로 찍어내기 위해 프레스라는 압축기를 고안하고, 압축기의 압력을 잘 견디는 잉크와 종이도 개발했다. 구텐베르크는 이렇게 인쇄 시스템을 완성하고 1445년 처음으로 성경을 찍어냈다.

구텐베르크의 인쇄혁명으로 출판물이 쏟아져 나왔다. 인쇄술의 확산에는 유럽 도시들의 성장이 한몫했다. 도시에 사는 부유하고 글을 읽을 줄 아는 사람들은 르네상스의 지적 콘텐츠였던 책을 구입하는 데 돈을 아끼지 않았다. 책의 수요층이 불어나자 인문주의 학자들은 과학과 관련한 고대 문헌들을 다시 부활시켰다. 12세기 아랍어 번역본들을 폐기하고 다시 그리스 원전을 직접 번역해 새로운 판본을 내놓았다. 이때 아르키메데스를 비롯한 중요한 원전들이 추가로 번역되었다. 책의 대량생산을 가져온 인쇄혁명은 유럽의 문화적 지형을 극적으로 바꿔놓았다. 사회 전역에 급속히 확산된 책은 지식에 대한 대학의 독점권을 무너뜨리고 새로운 아마추어 지식인을 등장시켰다.

르네상스 시대에 사회적·경제적 지위가 상승한 기술자와 장인은 스스로 관련 서적을 찾아 읽으며 '학문적 기술자'로 거듭났다. 이들은 라틴어가 아닌 자국어로 과학책과 기술책을 써서 대중적으로 기여했다. 대중적 관심은 고대 문헌에 국한되지 않고 과거에 잘 알려지지 않은 책들을 발굴했다. 특히 마술적 비법에 관련된 책들이 큰 인기를 얻었다. 고대 이집트의 전설적 인물, 헤르메스 트리스메기스투스Hermes Trismegistus가 쓴 『헤르메스 전집』이 1460년경 번역되어 '헤르메스주의'를 유행시켰다. 헤르메스주의는 당시에 풍미한 '신플라톤주의Neo-Platonism'의 지류로 신비하고 마술적인 힘을 믿는 경향을 가리킨다. 헤르메스주의는 코페르니쿠스의 저작에서도 인용될 만큼 학자와 기술자 사이에서 폭넓은 지지를 받았다.

이탈리아에서 시작된 르네상스는 유럽 사회의 지적 호기심을 자극하고 인쇄혁명과 종교개혁을 이끌었다. 르네상스라는 문화운동으로 스스로를 새롭게 돌아보기 시작한 유럽인은 이제 세상을 다른 시각에서 보려 했다. 가톨릭교회에 대한 새로운 해석과 도전이라는 의미에서 종교개혁은 이러한 시대정신의 표출이었다. 그러나 범세계적으로 영향을 끼쳤던 교황의 권위가 실추되면서 유럽 사회 전체는 큰 혼란에 빠지고 말았다.

16세기와 17세기, 피의 보복이라고 할 만큼 극심한 종교분쟁이 유럽 세계를 휩쓸었다. 유럽인들은 자신들의 교리와 영광을 위해 서로 죽고 죽이는 일을 서슴지 않았다. 어느 나라 통치자가 어떤 종교적 신념을 지니느냐에 따라 무고한 백성이 희생되었다. 구교나 신교가 세운 근본 교리를 공개적으로 의심하는 이단행위는 가장 위험한 적으로 간주되었다. 자연세계의 진리를 탐구하는 일도 교리에 어긋나면 가차 없이 이단으로 몰렸다. 구교와 신교 모두 자연과학에 대해 결코 호의적이지 않았다. 이 시기 과학혁명의 주요 인물이었던 코페르니쿠스, 요하네스 케플러Johannes Kepler(1571~1630), 갈릴레오 갈릴레이

Galileo Galilei(1564~1642), 르네 데카르트René Descartes(1596~1650), 아이작 뉴턴Isaac Newton(1642~1727)에 이르기까지 그 어떤 누구도 종교 문제에서 자유로울 수 없었다.

코페르니쿠스는 왜
지동설을 채택했을까?

코페르니쿠스는 1473년 폴란드의 작은 도시에서 태어났다. 그가 태어나기 30년 전쯤 구텐베르크의 인쇄술이 나온 덕에 그는 어린 시절부터 인쇄된 책을 읽으며 자랐다. 1482년에 처음으로 유클리드의 『기하학 원론』과 아랍어 천문학 교재의 라틴어 번역본을 읽었다. 그리고 1496년에는 베네치아에서 막 인쇄된 프톨레마이오스의 『알마게스트의 발췌본』을 구해 보았다. 이 책은 독일의 수학자이자 천문학자인 레기오몬타누스Regiomontanus(1436~1476)가 1467년에 정리한 것으로 독일에서 1490년에 출판된 것을 코페르니쿠스는 6년이 지난 1496년에 베네치아 인쇄본으로 볼 수 있었다. 이 책에 실린 프톨레마이오스의 행성 운행표가 그의 마음에 영감을 불어넣었다. 당시 유럽 사회에 쏟아져 나왔던 그리스 과학책들은 코페르니쿠스를 지적으로 자극했다.

코페르니쿠스를 또 한 번 문화적 충격에 빠뜨린 것은 이탈리아 유학이었다. 폴란드에서 태어나 당시 폴란드의 수도 크라쿠프Kraków의 대학에 진학한 그는 1496년 이탈리아의 볼로냐로 유학길에 올랐다.

그해『알마게스트』의 베네치아 인쇄본을 구입할 수 있었던 것은 그가 이탈리아의 르네상스 물결에 합류하고 있었기 때문이다. 24세의 젊은 코페르니쿠스에게 르네상스의 거장들이 활약하던 이탈리아는 신천지였다. 1496년 그가 이탈리아에 도착할 당시에 46세의 레오나르도 다빈치는 〈최후의 만찬〉을 그리고 있었고, 23세의 미켈란젤로는 로마에서 자신의 첫 조각 작품인 〈잠자는 큐피드〉를 완성했다. 그해부터 6년 동안 코페르니쿠스는 볼로냐 대학, 파도바 대학, 페라라 대학에서 의학·교회법·철학·수학을 공부했다. 르네상스 문화의 한복판에서 조용한 과학혁명의 씨앗이 뿌려지고 있었던 것이다.

이탈리아 유학을 마치고 돌아온 코페르니쿠스는 폴란드의 가톨릭 교구에 봉직했다. 그는 대주교인 외삼촌의 후원을 받아 외삼촌의 비서와 주치의를 맡으며 교회 운영위원으로 평생을 살았다. 조용한 이곳은 이탈리아에서부터 가슴에 품었던 천문학의 꿈을 펼치기에 적당한 곳이었다. 천문학자로서 코페르니쿠스는 프톨레마이오스의『알마게스트』를 철저히 독해하기 시작했다. 읽고 또 읽고를 반복하면서 프톨레마이오스 우주의 문제를 파헤쳤다.

앞서 보았듯이 프톨레마이오스의 우주모형은 지구를 중심으로 행성들이 등속원운동으로 돌고 있는 모형이다. 아리스토텔레스의 원칙을 지키기 위해서는 지구 중심과 등속원운동을 고수해야 했기 때문에 프톨레마이오스는 주전원, 이심원, 등각속도점과 같은 수학적 기법을 활용해 복잡한 양파 모양의 우주구조를 만들었다. 왜 이렇게 복잡한 수학적 기법이 동원되었을까? 코페르니쿠스는 프톨레마이오스의 눈속임 장치가 가진 논리적 모순을 발견했다. 일례로 등속원운동을 위해 만들어진 등각속도점의 경우, 등각속도점을 제거하고 전체적으로 보면 행성들의 속도가 그때그때 달라지는 것을 목격할 수 있다. 이러한 가상점을 도입했다는 것 자체가 행성이 등속원운동을 하고 있지 않다는 사실을 인정하는 셈이었다.

프톨레마이오스의 우주구조는 명백히 등속원운동의 원칙을 위배하고 있었다. 이 점이 코페르니쿠스 천문학 연구의 출발점이었다. 코페르니쿠스는 아리스토텔레스의 원칙을 지키면서 프톨레마이오스의 모형보다 더 나은 대안을 만들고 싶었다. 어떻게 하면 등속원운동으로 관측 사실과 잘 들어맞는 우주모형을 그려낼 것인가! 플라톤 이래 모든 천문학자가 매달렸던 '현상을 구제하라'라는 지상과제를 코페르니쿠스도 받아들였다. 그래서 과학사학자들은 코페르니쿠스를 최초의 근대 천문학자인 동시에 최후의 고대 천문학자라고 평가한다. 당시 천문학자들 사이에서도 코페르니쿠스는 '제2의 프톨레마이오스'로 알려졌다.

그런데 '현상을 구제하라'는 지상과제 앞에서 코페르니쿠스는 최초의 근대 천문학자답게 행성의 궤도를 수정했다. 프톨레마이오스의 편법적인 수학 기법을 최소화하기 위해, 다시 말해 복잡한 우주구조를 좀더 단순화하기 위해 행성의 위치를 바꾸는 대담한 결단을 내렸다. 태양을 태양계의 중심에 놓고 지구를 행성으로 밀어냈던 것이다. 그렇다면 아리스토텔레스가 말한 우주 중심에 놓여 있는 지구와 달까지의 지상계 그리고 달에서부터 그 바깥세계의 천상계는 어찌 되는가? 아리스토텔레스의 등속원운동을 지키기 위해 아리스토텔레스의 천상계와 지상계의 구분을 없앤다는 것이 말이 되는가? 물론 코페르니쿠스도 자신의 생각이 여기에 이르기까지 수많은 나날을 고심에 고심을 거듭했다. 그런데 태양 중심의 우주모형이 코페르니쿠스의 마음을 움직이고 말았다.

코페르니쿠스는 태양 중심 체계가 단순하고 아름답고 조화롭다는 확신이 들었다. 지구가 움직이는 것 하나로 많은 문제가 해결되었다. 지구가 자전하고 공전하니 항성 천구의 수많은 별이 움직일 필요가 없어졌고 태양의 겉보기운동도 자연스럽게 그려졌다. 또 행성들이 멈추기도 하고 거꾸로 움직이는 것처럼 보였던 역행운동도 쉽게 설명할 수 있었다. 태양 중심의 우주모형에서는 이 모든 문제가 자동으로 해결되었다. 거기다 코페르니쿠스의 눈에는 복잡한 프톨레마이오스의 우주구조에 비해 단순한 태양 중심의 우주모형이 더 효율적이고 더 세련되고 더 지적으로 보였다. 단순한 아름다움이 이토록 강하게 코페르니쿠스의 마음을 사로잡은 이유는 무엇일까?

코페르니쿠스는 당시 유행하던 신플라톤주의에 빠져 있었다. 르네상스 시대에는 아리스토텔레스에 집중되어 있는 철학적 분위기에 반발해 플라톤의 사상이 다시 주목받기 시작했다. 플라톤은 기하학적인 단순미를 추구하며 조화와 질서를 중요하게 여겼다. 이를 본받은 신플라톤주의자들은 자연세계에 나타나는 단순한 수학적 규칙성에 공감했고 태양을 우주의 근원으로 숭배했다. 코페르니쿠스는 이러한 신플라톤주의의 영향을 받아 태양 중심의 우주구조를 채택하기에 이른다. 그리고 40세가 될 무렵 처음으로 태양중심설에 대한 구상을 시작했다. 그의 『천구의 회전에 관하여 *De revolutionibus orbium coelestium*』가 출판된 1543년에서 거의 30여 년을 거슬러 올라간 시점이었다.

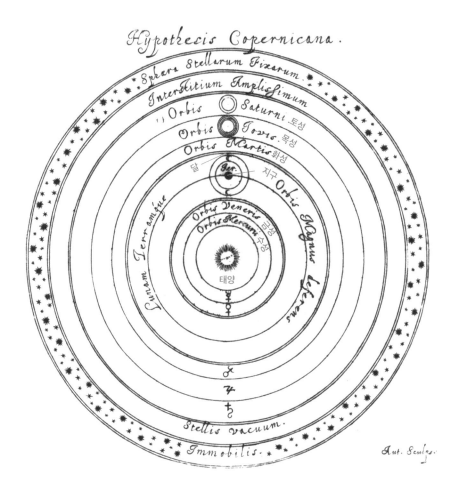

이때 코페르니쿠스는 「짧은 논평」이라는 글을 남겼는데 그 안에는 태양중심설의 핵심 주장이 담겨 있었다. 비록 여섯 장의 짧은 글이지만 이미 그때부터 태양중심설을 구상했던 것이 드러난다. 실제 관측 자료나 계산수치와는 무관하게 오래전부터 코페르니쿠스는 태양중심설을 확신하고 있었다. 코페르니쿠스는 「짧은 논평」의 서두에서 다음과 같이 말했다. "나는 프톨레마이오스의 이론에 결점이 있음을 알아차린 후, 원들을 좀더 합리적으로 배열할 수 없을까 하고 고민을 거듭했다. 내가 말하는 합리적인 배열이란 불규칙한 겉보기운동들을 모두 설명해줄 수 있는 것이다." 그러고 나서 우주에 대한 새로운 관점을 일곱 개의 기본 명제로 제시했다.

- 첫 번째 명제: 모든 천구에게 공통되는 하나의 중심은 존재하지 않는다.
- 두 번째 명제: 지구가 우주의 중심이 아니다. 지구는 무게가 향하는 중심, 달의 천구의 중심일 뿐이다.
- 세 번째 명제: 모든 천구들은 태양을 둘러싸고 있다. 그러므로 우주의 중심은 태양의 근처에 있다.
- 네 번째 명제: 태양에서 지구까지의 거리는 대천구(항성들의 천구)의 높이와 비교하면 매우 작아 감지할 수 없을 정도이다.
- 다섯 번째 명제: 대천구의 겉보기운동은 실제 운동이 아니라, 지구의 운동에 의해 생긴 결과이다. 지구는 고정된 극을 회전축으로 삼아 자전하며, 하늘 가장 높은 곳에 있는 항성들의 대천구는 움직이지 않고 가만히 있다.
- 여섯 번째 명제: 태양의 겉보기운동은 실제 태양의 운동이 아니다. 지

구와 지구의 궤도 껍질의 운동에서 나온 것이다. 즉 지구는 다른 행성들과 마찬가지로 태양을 중심으로 회전하고 있다. 그러므로 지구는 적어도 두 가지 운동을 하고 있다.

- 일곱 번째 명제: 행성의 역행운동은 실제 운동이 아니다. 그것은 지구의 운동 때문에 그렇게 보이는 것이다. 그러므로 지구의 운동만으로도 하늘에서 볼 수 있는 많은 불규칙한 현상들을 설명할 수 있다.[*]

위의 인용문은 두세 번 읽어볼 가치가 있다. 처음 읽으면 태양중심설이 이렇게 복잡했나 싶어 혼란스러울 것이다. 그런데 다시 한번 곱씹어 읽으면 태양중심설의 본질적 내용을 충분히 이해할 수 있다. 지구는 우주의 중심이 아니라 모든 천구는 태양을 둘러싸고 있으며, 항성 천구의 겉보기운동과 태양의 겉보기운동, 행성의 역행운동은 실제 운동이 아니고 지구의 운동에 따른 결과라는 내용이다. 그런데 코페르니쿠스의 한계도 몇 가지 찾을 수 있다. 여전히 천구를 활용하고 있다는 것과 등속원운동을 고집하고 있는 것이다. 등속원운동 때문에 태양 중심의 우주구조를 설명하는 데 코페르니쿠스도 어쩔 수 없이 프톨레마이오스의 주전원을 사용하고 있었다.

* 오언 깅그리치, 제임스 맥라클란 지음, 이무현 옮김, 『지동설과 코페르니쿠스』, 바다출판사, 2006, 118~119쪽.

『천구의 회전에 관하여』는
어떻게 세상에 나왔나?

코페르니쿠스는 처음 태양중심설을 구상한 후 20년 동안 오직 연구에만 전념했다. 1530년경 어느 정도 연구 자료가 축적되자 책으로 펴낼 결심을 했다. 프톨레마이오스의『알마게스트』를 능가하는 위대한 책을 쓰겠다는 생각이었다. 그런데 주변 사람들의 권유에도 불구하고 코페르니쿠스는 선뜻 책을 출판하지 못했다. 새로운 이론이 만족스럽게 다듬어지지 않은 데다 지구가 움직인다는 혁명적 이론에 세상이 어떻게 반응할지 걱정스러웠기 때문이다. 터무니없는 이론이라고 비난받을 일을 생각하니 잔뜩 겁이 났다. 차일피일 미루면서 또다시 10년을 훌쩍 보냈다.

소심한 스승에 대범한 제자라고 했던가. 이 시기 코페르니쿠스는 칠십 평생에 첫 번째이자 마지막 제자였던 레티쿠스Rheticus(1514~1576)를 만났다. 그는 아직도 망설이는 코페르니쿠스를 집요하게 설득했다. 1540년 레티쿠스는 스승의 새로운 이론을 정리해『첫 번째 논평』이라는 요약본을 세상에 덜컥 내놓았다. 요약본에는 코페르니쿠스가 새로운 책 출판을 대주교와 약속했다는 내용이 있었다. 코페르니쿠스도 더는 피할 길이 없었다. 그는 2년 동안 레티쿠스와 함께 원고 교정에 매달려 드디어 탈고를 했다.

그런데 얄궂은 일들이 벌어졌다. 원고를 인쇄하러 간 레티쿠스에게 사정이 생기는 바람에 다른 사람이 인쇄를 맡게 된 것이다. 루터교 성직자였던 안드레아스 오시안더Andreas Osiander(1498~1552)가 그 장본인이었다. 그 무렵 코페르니쿠스는 뇌출혈로 쓰러져 인쇄본을 검토할 여력이 없었다. 1543년 5월 24일 최종 인쇄본이 당도했을 때, 코페르니쿠스는 그토록 기다렸던 자신의 책 옆에서 눈을 감았다. 그 유명한 『천구의 회전에 관하여』가 이렇게 출판되었던 것이다. 얄궂은 일은 인쇄를 맡았던 오시안더가 코페르니쿠스가 쓰지도 않은 서문을 책 첫머리에 넣은 것이다. 주된 내용을 요약하면 다음과 같다.

> 독자들은 지구가 움직인다는 개념에 충격을 받지 말기 바란다. 그리고 이렇게 혁명적인 개념을 제기한 저자를 비난하지 말기 바란다. 저자는 이 개념이 반드시 참이라고 주장하는 것이 아니다. 독자들은 이것을 하나의 가설로서 받아들이기 바란다. 왜냐하면 신께서 답을 제시하지 않는 한, 천문학자이든 철학자이든 확실한 결론을 내릴 수 없기 때문이다. 사실 가설이란 참일 필요가 없으며, 그럴 법해야 할 필요도 없다. 가설이란 그저 그에 따라서 계산한 결과가 실제 관측과 일치하기만 하면 된다.*

이 말대로라면 코페르니쿠스의 태양중심설은 물리적 실재와는 전혀 상관없는 모형에 불과했다. 만약 그의 이론이 실재를 반영했다고 하면 즉각 엄청난 사회적 파장을 불러일으켰을 것이다. 오시안더는 그것을 예상하고 거부감을 줄이기 위해 가설이라는 제안을 했다. 그 덕분에 코페르니쿠스의 책은 교회 성직자들의 강력한 반발을 피해 교회 금서 목록에 포함되지 않았다. 코페르니쿠스가 의도하지 않

* 앞과 같은 책, 183쪽.

았던 잘못된 서문이었지만 오히려 태양중심설을 수용하는 데 도움을 주는 아이러니한 일이 벌어진 것이다.

『천구의 회전에 관하여』는 처음에 500부가 인쇄되었다. 이후 조금씩 알려지기 시작했지만 코페르니쿠스의 책에 대한 사회적 반응은 미미했다. 반대자들의 격렬한 공격도 없었고 그렇다고 열렬한 지지자들도 없었다. 이 책은 코페르니쿠스가 천문학자들을 겨냥해서 쓴 전문가용이어서 대중적 관심을 불러일으키기 어려웠다. 예를 들어 '지구가 움직인다면 물체가 왜 뒤로 떨어지지 않을까?'와 같은 천문학 외적인 문제들을 거의 다루지 않았기 때문이다. 어쨌든 1566년과 1617년에 재출간된 책은 소수의 천문학자들 사이에서 탐독되었을 뿐이다. 많은 역사가가 『천구의 회전에 관하여』가 출간된 1543년을 과학혁명이 시작된 해라고 말하지만 코페르니쿠스의 혁명은 16세기 내내 수면 아래서 실체를 드러내지 않고 있었다.

튀코 브라헤는 왜 코페르니쿠스의 지동설을 받아들일 수 없었나?

운이 좋은 사람은 하늘이 도와준다고 했던가! 몇백 년에 한 번 나타날까 말까 한, 아주 보기 드문 별인 초신성超新星, supernova이 튀코 브라헤Tycho Brahe(1546~1601)의 눈앞에 나타났다. 1572년 튀코가 26세가 되던 해, 11월 11일이었다. 전에 본 적 없었던 새로운 별이 나타나 낮에도 보일 정도로 밝게 빛났다. 사람들은 가끔 나타나는 혜성이 아니냐고 수군거렸지만 하늘에 대해 모르는 것이 없었던 튀코는 한눈에 새로운 별임을 알아보았다.

실제 별은 수명이 다해 죽어가면서 폭발을 한다. 오래전부터 그 자리에서 보이지 않다가 갑자기 폭발을 하면 새롭게 나타난 별처럼 보인다. 그래서 서양에서는 '새로운'이라는 뜻의 '노바nova'라 부르며 튀코가 처음 발견한 것처럼 기록했지만 우리나라와 중국, 일본에서는 오래전부터 천문현상의 하나로 알고 있었다.

유럽에서 새로운 별, 신성의 출현은 굉장히 충격적인 일이었다. 서양의 역사기록에서 그리스 천문학자 히파르코스를 제외하고는 새로운 별을 본 사람은 아무도 없다고 전해오기 때문이었다. 아리스토텔레스의 천상계는 영원불변한 곳이라서 새로운 별이 나타난다는 것은 있을 수 없는 일이었다. 사람들은 불길한 징조라 여기고 신성의 출현이 잘못된 것이기에 눈을 믿지 말라고 했다.

그런데 튀코는 이 별이 나타나서 사라질 때까지 485일 동안이나 관측을 계속해 이듬해인 1573년에 그 기록을 정리해서 『신성에 관하여』라는 책을 출판했다. 신성을 발견한 덕분에 무명이었던 튀코는 천문학자로 이름을 알리기 시작했다. 그 명성으로 덴마크 왕 프레데릭 2세에게 신임을 얻었고 왕족처럼 벤 섬이라는 영지를 하사받았다. 덴마크와 스웨덴 사이의 해협에 있는 벤 섬에서 튀코는 덴마크 궁정의 지원을 받아 거대한 성 두 채를 지었다. 그리고 이 성에 인쇄소, 도서관, 실험실, 제지공장 등을 갖추고 1570년대 중반부터 20년 동안 천문학 연구에 매진했다.

튀코는 젊은 날 결투에서 코를 잃었지만, 그 대신 시력은 누구보다 좋았다. 천문학자로서 훌륭한 신체적 조건을 갖춘 데다 천체관측에 대한 의지도 남달랐던 그는 정확한 천체관측 자료를 모으는 데 일생을 바쳤다. 튀코는 먼저 자신의 성에 거대하고 정교한 육안관측기구를 구비했다. 벽면사분의와 혼천의를 비롯한 20여 가지의 관측기구는 그가 직접 고안한 것이었다. 튀코는 민감한 장비가 영향을 받지 않도록 바람과 온도의 변화까지 고려해 관측기구를 설치했다. 그리고 튀코와 그의 조수들은 몇 년에 걸쳐 치밀하고 세심하게 별들을 관찰했다. 그 결과 어떤 경우에도 오차범위가 4분 각도를 넘지 않는 완벽한 자료를 얻었다. 이것은 망원경 관찰이 시작되기 전까지 역사상 가장 정확한 육안관측 자료였다.

그중에는 1577년 11월에 나타난 혜성을 관측한 자료도 있었다. 튀코는 두 달여 동안 자신의 측정도구를 이용해서 혜성을 관측했다. 혜성은 빠른 속도로 움직이는데, 튀코는 처음에 이것이 시차인지, 혜성의 고유 운동인지 혼란스러웠다. 시차는 관측하는 사람의 위치가 변하는 데 따라 물체의 위치가 변하는 것을 말한다. 물체는 움직이지 않지만 관측자의 위치에 따라 물체가 움직이는 것처럼 보이는 것이다. 다시 말해 물체를 볼 때 관측자가 움직이는 것인지, 물체가 움직이는 것인지 혼란스러운 현상이다. 서로 다른 위치에서 달을 관찰하면, 달은 움직이지 않는데도 달의 위치가 변한 것처럼 관측된다. 특히 물체가 관측자에게 가까울수록 시차는 크게 나타난다. 사람들은 달의 시차가 관측되는 것과 같이 별들의 시차도 관측될 거라고 생각했다.

그런데 이러한 예상을 뒤엎고 튀코는 초신성이나 혜성의 시차가 관측되지 않는다는 것을 발견했다. 두 별 모두 시차가 관측되는 달보다 멀리 있는 것이 분명했다. 그는 주도면밀한 관측을 통해 혜성의 거리가 달보다 세 배 이상 먼 곳에 있음을 확인했다. 초신성과 혜성은 달 바깥세계인 천상계에서 새롭게 나타나 천구를 관통하며 움직이고 있었던 것이다. 이제 아리스토텔레스의 완전하고 변하지 않는 천상계와 별들이 박혀 있는 천구가 설자리를 잃었다. 어떤 이론보다도 눈에 보이는 현실적 사건이 아리스토텔레스의 체계에 충격을 가했다.

혜성의 시차를 관측하는 과정에서 튀코는 혜성이 태양 주위를 돌고 있다는 것을 발견했다. 혜성과 마찬가지로 수성, 금성과 같은 행성들도 태양 주위를 돈다는 결론을 얻었다. 그렇다면 행성들과 지구가 태양을 도는 코페르니쿠스의 우주구조가 맞는 것일까? 튀코는 행성의 공전을 인정했지만 지구까지 태양을 중심으로 공전한다고 볼수는 없었다. 왜냐하면 혜성뿐만 아니라 항성들도 시차가 관측되지 않는다는 사실을 의심할 수 없었기 때문이다. 만약 코페르니쿠스가 말한 대로 지구가 공전한다면, 즉 태양 주위를 돌면서 가까워졌다가 멀어진다면 붙박이별인 항성을 볼 때 각도 차이가 나야 했다. 하지만 관측 결과는 그렇지 않았다. 실제 항성 시차는 별들이 너무 멀리 있어서 확인되지 않는다. 이 사실은 1838년에 가서야 입증되었는데, 그 사실을 몰랐던 튀코는 항성 시차가 보이지 않는 태양중심설을 인정할 수 없었다.

1588년 딜레마에 빠진 튀코가 선택한 것은 프톨레마이오스와 코페르니쿠스의 우주구조를 절충하는 것이었다. 먼저 우주의 중심에 프톨레마이오스의 천동설과 코페르니쿠스의 지동설을 절충한 우주구조로, 16세기 사람들에게 많은 지지를 받았다.

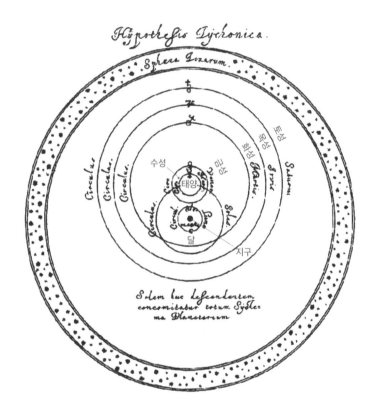

지구를 놓고, 지구를 중심으로 달과 태양이 도는 프톨레마이오스의 우주구조를 그려놓았다. 그다음에 태양을 중심으로 다른 행성들이 돌고 있는 코페르니쿠스의 우주구조를 결합시켰다. 지구와 태양이 둘 다 중심이다 보니 행성궤도가 겹쳐서 천구는 사라졌다.

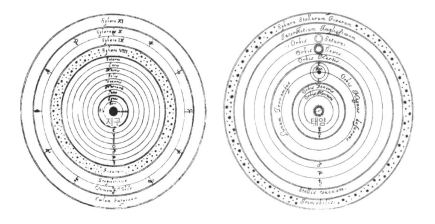

프톨레마이오스의 우주구조　　　　　코페르니쿠스의 우주구조

　　튀코의 우주구조는 태양 중심의 행성 운행을 선택해서 행성의 역
행운동을 설명할 수 있고, 다른 어떤 체계보다 정확한 자료에 맞췄다
는 장점을 가지고 있었다. 코페르니쿠스의 태양중심설을 이단이라고
여긴 종교계에서는 튀코의 절충안을 환영했다. 지구가 우주의 중심
이라는 이론을 고수한 덕에 이단설을 피할 수 있었기 때문이다. 튀코
의 모델은 프톨레마이오스 우주구조의 문제점을 알고 있으면서도 종
교적 이유로 코페르니쿠스의 우주구조를 받아들일 수 없는 사람들에
게 큰 호응을 얻었다. 16세기는 그야말로 프톨레마이오스, 코페르니
쿠스, 튀코의 세 가지 우주구조가 제각기 경쟁하는 천문학의 춘추전
국시대였다.

　　어느덧 튀코의 벤 섬 시절은 막을 내렸다. 덴마크의 왕이 바뀌면서
튀코의 운명에 그림자가 드리워졌다. 새로운 왕 크리스티안 4세는

튀코에게 주었던 벤 섬을 회수하고 재정지원마저 끊어버렸다. 튀코는 하는 수 없이 1597년 신성로마제국 황제인 오스트리아의 루돌프 2세 밑에서 둥지를 틀고 황실 수학자이며 천문학자, 점성술사로 일하기 시작했다. 프라하에서 근사한 천문대를 얻기는 했지만 그는 이미 늙어가고 있었다. 저물어가던 그의 천문학 연구에 빛을 비춘 것은 새로 들어온 조수, 케플러의 등장이었다. 1600년 55세의 튀코는 30세의 케플러를 만나 그의 뛰어난 관측 자료를 넘겨주고 이듬해 세상을 떠났다.

케플러가 발견한 행성의 운동은
어떤 의미를 가지는가?

튀코의 행운에 비해 요하네스 케플러는 지독히 불우한 인생을 살았다. 그가 살던 시대는 한마디로 최악이었다. 독일과 오스트리아에서는 신교와 구교 사이에 잔혹한 종교전쟁이 벌어지고 있었다. 독일에서 태어난 신앙심 깊은 신교도였던 케플러는 온몸으로 종교적 탄압을 겪었다. 개종을 거부한다는 이유로 추방당하고, 어머니마저 마녀재판에 회부되는 등 끔찍한 시련의 연속이었다. 더구나 심한 근시에 허약한 체질은 그의 삶을 더 깊은 고통의 수렁으로 밀어 넣었다.

케플러의 인생에 한 줄기 빛을 던져준 것은 천문학, 다시 말해 코페르니쿠스의 우주체계였다. 1589년 튀빙겐 대학 신학과에 진학한 케플러는 신학보다 수학과 천문학에 빠져들었다. 그는 26세가 되던 해에『우주의 신비Mysterium Cosmographicum』를 출간하고 젊은 나이에 천문학자로서 명성을 얻기 시작했다. 이 책은 코페르니쿠스가 죽은 후 반세기 만에 처음 나온 공개적인 지지서였다. 케플러는 당시 천문학자로서 가장 유명한 두 사람, 튀코 브라헤와 갈릴레오에게『우주의 신비』를 보냈다. 이 책을 본 튀코는 케플러를 새로운 조수로 채용하기로 결정하고 프라하의 천문대로 불렀다. 케플러 인생에서 최고의 행운이 찾아온 것이다.

케플러와 튀코의 인연은 케플러에게는 행운이었을지 모르지만, 튀코에게는 아니었다. 코페르니쿠스의 반대자였던 튀코가 케플러를 채용한 것은 호랑이 새끼를 끌어들인 격이었다. 처음부터 이 둘은 서로 성격이 안 맞아 삐걱거렸다. 하지만 그것도 얼마 가지 못했다. 만난 지 채 2년도 안 되어 병든 튀코는 모든 관측 자료를 케플러에게 넘겨주고 세상을 떠났다. 아마도 자신의 우주구조를 케플러가 증명해주리라 기대하면서 관측 자료를 넘겨주었을 것이다. 여기에 신성로마제국 황제 루돌프 2세의 황실 수학자 자리까지 물려주면서 말이다. 시력도 안 좋고 권력도 없었던 케플러는 절대로 도달할 수 없는 성취를 한꺼번에 얻은 셈이었다.

좋은 기회를 잡은 케플러는 즉각 연구에 몰입했다. 먼저 연구하려고 선택한 관측 자료는 화성의 궤도였다. 6년 동안 그는 어마어마한 양의 관측 자료에 파묻혀 밤낮없이 일했다. '화성과의 전투'라고 했던가! 계산에 계산을 반복한 끝에 계산 원고가 900쪽가량 쌓일 무렵, 마침내 화성의 궤도가 원 모양으로 그려졌다. 그런데 심각한 문제가 있었다. 원 모양의 궤도와 관측 자료에 8분의 오차가 생기는 것이었다. 뤼코의 자료는 오차범위를 4분까지밖에 허용하지 않는다는 사실을 잘 알고 있던 케플러는 난감했다. 고민에 빠진 그는 그때까지의 연구결과를 다 엎어버렸다. 그리고 계산 값과 관측 자료를 최적으로 일치시킨 모형을 다시 얻었다. 바로 타원궤도였다! 그가 처음 선택한 관측 자료가 가장 찌그러진 타원궤도를 도는 화성이었던 것은 기막힌 우연이었다.

케플러는 그 순간 마치 잠에서 깨어난 듯 새로운 빛이 자신을 비추는 것을 느꼈다. 그는 이미 타원궤도를 얻기 전에 화성의 공전 속도가 일정치 않다는 것을 직감적으로 알았다. 행성은 태양에 가까워질수록 빨라지고, 멀어질수록 느리게 움직이고 있었다. 모든 비밀이 한순간에 밝혀졌다. 행성은 등속원운동이 아니라 부등속 타원운동을 하고 있었다. 케플러는 이러한 자신의 연구를 『새로운 천문학 Astronomia nava』(1609)과 『우주의 조화 Harmonices Mundi』(1619)에 발표했다. 이로써 케플러는 코페르니쿠스를 뛰어넘는 '새로운 천문학'의 장을 열었다. 그는 행성의 운동을 부등속 타원운동으로 새롭게 기술하고, 태양을 당당히 태양계의 중심에 놓았다. 또한 코페르니쿠스가 등속원운동을 위해 태양계의 중심을 태양이 아닌 태양 가까이에 있는 점으로 봤던 것에서 한 단계 올라섰다. 등속원운동에서 벗어났다는 것은 플라톤 이래로 2,000년 동안 유지되었던 천체구조를 바꾼 획기적인 발견이었다.

케플러는 여기에서 멈추지 않았다. 그의 머릿속에는 타원궤도가 떠나질 않았다. 그는 왜 행성이 타원궤도를 선호하는지 그 이유를 계속 생각하고 조사하다가 거의 미치기 직전에 이르렀다. 타원궤도는 밝혔지만 여전히 힘과 운동의 문제가 남아 있었다. 등속원운동은 창조자의 완전성을 드러내는 종교적인 의미까지 함축한 운동이었다. 거기다 제5원소에 의한 자연스러운 운동이었기 때문에 운동하는 힘에 대한 설명이 필요치 않았다. 그런데 행성이 부등속 타원운동을 한다면 행성들을 움직이게 하는 힘이 무엇인지를 설명해야 했다.

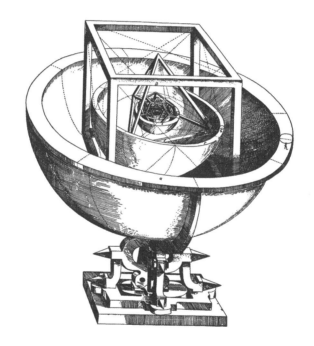

요하네스 케플러의 우주구조
요하네스 케플러의 『우주의 신비』는 코페르니쿠스를 옹호한 최초의 출판물이다. 케플러는 이 책에서 다섯 개의 플라톤 다면체가 겹겹이 포개진 모습으로 우주의 모습을 상상했다.

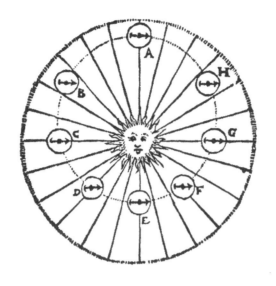

부등속 타원운동을 이끄는 힘은 어디서 나오는 것일까? 케플러는 태양에 주목했다. 태양은 우주의 만물에 생명력을 불어넣는 빛과 열을 가지고 있기 때문에 만물을 움직이는 힘을 내보낸다고 생각했다. 이러한 케플러의 통찰은 근대과학으로 가는 중간 단계를 훌륭히 대변했다. 질적인 세계에서 양적인 세계로 가는 단계에서 마술적이고 신비한 힘을 상상하고 끌어낸 것이다. 아리스토텔레스가 말하는 힘은 직접 접촉에 의해 작용하는 것으로, 그 당시 누구도 멀리 떨어져 있는 힘을 상상조차 할 수 없었다. 그런데 케플러는 천체끼리 서로 작용하는 신비한 힘이 있다고 생각했다.

케플러의 이와 같은 생각에 깊은 영감을 준 것은 자석과 자기력이었다. 1600년 윌리엄 길버트William Gilbert(1544~1603)는 『자석에 관하여 De Magnete』라는 책에서 지구가 거대한 자석이라는 주장을 펼쳤다. 케플러는 이 책을 보고 태양으로부터 뻗어 나오는 힘이 일종의 자기력과 같다고 생각했다. 태양이 회전하면서 자기력을 발휘해 행성을 당기기도 하고 밀쳐내기도 한다는 것이다. 케플러는 지구가 자석이라는 길버트의 주장을 태양계까지 넓혀서 태양과 행성들 사이의 힘을 상상했다. 그는 길버트의 자기력으로부터 행성운동의 물리학적 근거를 발견했던 것이다.

이렇듯 케플러는 천문학과 물리학이 하나가 되는 천체물리학의 새로운 길을 개척했다. 이전의 천문학자들이 우주구조를 탐구하는 데 그쳤다면, 그는 천체운동의 물리적 원인을 파헤치려고 노력했다. 그가 쓴 『새로운 천문학』의 부제는 '새로운 천문학 원인들에 기초하여, 혹은 천체의 물리학'이었다. 케플러 이후 천문학은 천체가 운동하도록 만드는 근본 원인에 대해 연구하기 시작했고, 그가 닦아놓은 길 위에서 뉴턴의 만유인력 법칙이 나올 수 있었다.

그러나 애석하게도 당대 천문학자들은 케플러의 연구에 관심을 보이지 않았다. 심지어 갈릴레오는 케플러가 헌정한 『새로운 천문학』을 읽어보지 않았다. 케플러의 독창적인 연구는 신비주의라는 편견에 가려졌다. 그의 책 속에 숨어 있는 물리적인 힘과 수학적 관계식은 점성술과 마술로 치부되고 말았던 것이다. 케플러는 실제적인 물리학을 추상적인 기하학으로 표현할 수 있다고 믿었는데, 이러한 피나는 노력과 의지는 안타깝게도 인정받지 못했다. 밀린 월급을 받기 위해 떠난 여행길에서 케플러는 불행한 최후를 맞이하고 숨을 거두었다.

2

갈릴레오의
죄와 벌

갈릴레오는 망원경으로 무엇을 했나?

우리는 갈릴레오를 과학혁명의 거장, 최초의 물리학자, 과학계의 미켈란젤로, 종교적 탄압에 맞선 과학의 순교자로 알고 있다. 그가 과학사에 남긴 업적은 천재의 면모를 유감없이 보여주었고 진리를 외친 용기와 투쟁심은 혁명가의 모습 그대로였다. 그래서 갈릴레오가 생계를 위해 돈벌이에 매달리고 메디치 가家의 권력자들에게 환심을 사려고 애썼던 모습은 상상하기 어렵다. 하지만 갈릴레오는 천재나 위인이기 이전에 르네상스 시대에 파란만장한 인생을 살다 간 한 인간이었다. 때로 사랑에 아프고 때로 출세에 목마른, 너무나 인간적인 과학자였기에 그는 더 위대할 수 있었다.

16세기경 이탈리아는 언어와 종교는 공통이었지만 각각 통치자와 법률이 다른 독립국가들로 분리되어 있었다. 갈릴레오는 1564년 토스카나 지방의 작은 도시 피사에서 몰락한 가문의 장남으로 태어났다. 그는 궁정 음악가 출신의 아버지로부터 가족의 생계를 책임져야 하는 의무와 붉은 머리카락, 다혈질적인 성격 그리고 문학·음악·그림에 대한 재능을 물려받았다.

갈릴레오가 의사가 되길 원했던 아버지는 의학 공부를 위해 아들을 피사 대학에 진학시켰다. 그런데 유클리드와 아르키메데스의 매력에 빠져들던 갈릴레오는 의학이 아닌 수학을 공부하기로 뜻을 세우고 아버지의 반대를 무릅쓴 채 학위도 없이 대학을 그만두었다. 다행히 당시에는 학위가 없어도 연구업적과 유명인사의 추천으로 대학에 일자리를 얻을 수 있는 시절이었다. 갈릴레오는 1588년 볼로냐 대학에 응모했다가 떨어지고 1589년 피사 대학의 수학교수 자리를 어렵게 얻었다. 그때 그의 나이 25세였다.

독학으로 젊은 나이에 대학교수가 되었다고 하지만 중세 대학에서 수학교수는 별 볼일 없는 자리였다. 중세 대학의 교양과목은 3학 4과로 구성되었는데 그중 핵심은 철학 과목인 3학이었다. 수사학·문법·변증법의 3학에 비해 수학·기하학·천문학·음악의 4과는 기예로 취급되었다. 3학과 4과는 엄격히 분리되었고 이것을 가르치는 교수들 사이에도 큰 격차가 있었다. 예컨대 천문학교수가 천체운행을 관측하는 일에 종사했다면, 실제적인 우주론을 규명하는 일은 철학교수에게 주어졌다. 오직 철학교수만이 사물의 현상이 아닌 사물의 궁극적인 본질과 원인을 탐구할 수 있었다. 수학교수였던 갈릴레오는 철학교수들이 받는 연봉의 10분의 1을 받으며, 대학교수 사회에서 자신의 낮은 지위를 실감해야 했다.

그나마 대학의 수학교수 자리도 불안정했다. 아리스토텔레스의 운동론을 반박했다는 이유로 갈릴레오는 3년 동안 재직하던 피사 대학에서 재계약에 실패했다. 그는 1592년 베네치아의 파도바 대학에서 어렵게 교수 자리를 구한 뒤, 그곳 출신의 여인 마리나 감바를 만나 1600년에 첫딸을 낳았다. 갈릴레오는 정식 결혼은 하지 않았지만 평생의 반려자였던 마리나 감바와 딸 둘에 아들 하나를 낳고 가장으로서 열심히 살아갔다. 이렇게 베네치아에서 18년의 세월을 보내며 겪은 일상생활의 경험은 그에게 많은 것을 가르쳐주었다. 아드리아 해에 접한 물의 도시 베네치아에서 갈릴레오는 밀물과 썰물이 지구의 움직임 때문에 일어나는 현상이라는 생각에 이르렀다. 바닷물이 쏠리고 밀려나는 현상을 보면서 지구의 자전과 공전을 떠올렸으며, 이로써 그는 코페르니쿠스의 우주체계에 한발 더 다가설 수 있었다.

한편 베네치아는 유럽에서 무기 제조업과 유리 세공업으로 유명한 곳이었다. 화약혁명 이후 화약과 총, 대포는 전쟁 양상을 변화시켰고 베네치아의 화승총은 유럽 전역으로 팔려나가고 있었다. 무기 공장과 창고에서 흥미로운 주제를 많이 발견한 갈릴레오는 선박과 병기, 도르래, 굴림대와 같은 기계적 장치를 연구했다. 당시는 아리스토텔레스의 영향으로 기술을 천시하는 분위기가 팽배했지만, 갈릴레오는 손과 기구를 쓰는 일에 몸을 사리지 않는 대학교수였다. 앞으로 그의 행보에서 나타나겠지만 직접적인 경험과 관찰은 그에게 고대 문헌에 쓰인 지식보다 중요했다. 그는 몸으로 터득한 경험과 이론이 무엇보다 옳다고 믿었다. 케플러가 코페르니쿠스의 우주구조를 종교적 영감으로 받아들였다면, 갈릴레오는 직접 경험하고 증거를 수집하며 차근차근 코페르니쿠스주의자가 되어갔다.

1609년 갈릴레오는 인생의 전환점을 맞이했다. 네덜란드에서 조악하게 만들어진 장난감 망원경이 수입되었고, 마침 베네치아의 관리에게서 군사용 망원경이 필요하다는 정보를 접했다. 갈릴레오는 베네치아의 유리를 갈아서 직접 렌즈를 제작해 훌륭한 망원경을 만들어냈다. 망원경의 원리를 이해하고 있었기에, 처음에 9배율이었던 것을 20배율에서 32배율까지 높은 망원경을 제작할 수 있었다. 망원경을 본 관리들은 크게 반겼고 갈릴레오는 일약 스타로 떠올랐다.

베네치아 정부는 망원경이 해상무역업에 기여한 공로를 인정해 갈릴레오에게 파도바 대학 종신교수직과 연봉인상을 제안했다. 대학의 재계약 문제로 늘 골머리를 앓던 그의 입장에서는 괜찮은 조건이었다. 그런데 때마침 피렌체의 메디치 궁정에서도 희소식이 날아왔다. 갈릴레오는 오래전부터 메디치 가문의 왕위 계승자인 코시모 2세에게 수학을 가르치며 궁정 과학자로 일할 수 있는 기회를 엿보고 있었다. 망원경을 제작한 그해에 페르디난트 1세가 죽고 갈릴레오의 제자 코시모 2세가 피렌체를 다스리는 대공이 되었다. 뜻하지 않은 기회가 두 번이나 찾아온 것이다. 갈릴레오는 이 기회를 놓칠 수 없었다.

갈릴레오는 바다 위 선박들이나 볼 줄 알았던 망원경으로 하늘을 관찰했다. 그리고 관측 결과를 『별들의 소식*Sidereus nuncius*』이라는 책으로 발표했다. 1610년 베네치아에서 초판 550권이 인쇄, 배포되자 유럽 전역이 발칵 뒤집어졌다. 갈릴레오가 쓴 책에는 지금까지 아무도 보지 못했던 하늘의 모습이 실려 있었다. 그의 이야기대로라면 아리스토텔레스의 영원불변한 천상계는 거짓인 것이 분명했다. 수정구슬처럼 매끄럽다던 달의 표면은 울퉁불퉁한 데다 지구처럼 산과 계곡,

둥그런 분화구로 가득 뒤덮여 있었다. 그뿐만이 아니었다. 하늘에는 헤아릴 수 없이 많은 별이 있었다. 갈릴레오는 망원경을 돌릴 때마다 수십 개의 새로운 별을 발견하고, 별들의 무리인 은하수도 관찰할 수 있었다.

가장 놀라운 것은 목성의 주위를 도는 네 개의 위성을 발견한 일이다. 그때까지 달과 같은 위성을 거느릴 수 있는 행성은 지구뿐이라고 믿어왔다. 그런데 행성인 목성이 위성을 가지고 있다면, 지구도 태양 주위를 도는 행성일 수 있었다. 갈릴레오는 지구가 돈다는 코페르니쿠스의 지동설을 점차 확신하게 되었다. 그런데 천문학자들은 망원경도, 코페르니쿠스 체계도 받아들이려 하지 않았다. 가장 큰 걸림돌은 망원경을 들여다보지도 않고 무턱대고 반대하는 무리들이었다. 이들은 망원경의 실체를 믿을 수 없다고 버티며 망원경을 관찰도구로 인정하려 들지 않았다. 눈이 아파서 볼 수 없다는 둥 갖은 핑계를 댔지만 이들의 통증은 눈이 아니라 철학적 아픔이었을 것이다.

어쨌든 갈릴레오는『별들의 소식』으로 유명인사가 되었다. 하늘에 모래알처럼 많은 별이 있다는 사실에 모두 어안이 벙벙해졌다. 이제껏 나왔던 천문학과 점성술을 무용지물로 만들었다고 혼란스러워하면서도 이 책의 인기는 식을 줄 몰랐다. 대중의 열광적인 반응을 어느 정도 짐작했던 갈릴레오는 이 책을 만들 때 메디치 가의 코시모 2세에게 헌정하는 모양새로 꾸몄다. 그리고 새로 발견한 목성의 위성 네 개에 '메디치 가문의 별들'이라는 이름을 붙였다. 코시모 2세와 그의 세 형제에게 경의를 표한다는 문구도 잊지 않았다. 갈릴레오는 『별들의 소식』한 권과 자신이 쓰던 망원경을 메디치 궁정에 직접 선물로 보냈다.

갈릴레오는 새롭게 얻은 명성을 이용해 메디치 가문과의 협상에 성공했다. 1610년 5월 영광스러운 '토스카나 대공의 수석 수학자이며 철학자'의 직위에 올랐다. 그는 코시모 대공에게 궁정 수학자이기보다 궁정 철학자로 일하게 해달라고 부탁했던 것이다. 갈릴레오는 이류 대학교수의 딱지를 떼어버리고 생활고에서 벗어나 자신의 연구에 마음껏 매진할 수 있기를 원했다. 베네치아에서 자신의 고향인 토스카나 땅 피렌체로 돌아가며 부인과 이별을 고하고 두 딸을 피렌체의 수녀원으로 보냈다. 코페르니쿠스주의자로 살아갈 험난한 길을 예감하고 사적인 속박을 잘라낸 것이다. 그의 나이 47세에 인생의 새로운 전환점을 맞이했다.

갈릴레오는 왜 궁정 과학자가 되길 원했을까? 피사 대학에서 3년, 파도바 대학에서 18년 동안 아리스토텔레스주의 학자들과 벌인 논쟁은 소모적이었다. 중세 대학은 갈릴레오가 원한 새로운 학문과 연구방식을 수용하지 못했다. 대학에서 인정받지 못한 그는 대중과 권력자들 사이에서 자신만의 수학적 자연철학, 즉 과학을 펼쳐 보이고 싶었다. 그가 메디치 궁정으로 오면서 얻은 철학자의 직위는 대학에서 대접받지 못한 자신의 과학 활동을 인정받는 의미가 컸다.

이러한 갈릴레오의 경력은 17세기 새로운 과학 활동을 보여주는 좋은 실례다. 중세 대학은 과학혁명기에 새로운 변화를 주도하지 못했다. 르네상스 궁정의 후원체계가 오히려 과학을 위한 훌륭한 무대를 제공했다. 궁정의 후원자들은 예술과 문화, 과학을 지원하는 군주로 알려지길 원했다. 그래서 그들은 궁정에 다양한 전문가들이 일할 수 있는 자리를 마련했다. 예술가, 건축가, 공학자, 의사, 연금술사, 천문학자, 수학자, 점성술사, 지도 제작 기술자 등은 후원자들에게서 경제적 도움을 받으며 르네상스의 꽃으로 활약했다. 튀코와 케플러도 신성로마제국의 황제 루돌프 2세의 후원 아래 궁정 수학자와 천문학자로 일했다. 갈릴레오 역시 메디치 궁정의 후원으로 경력을 쌓아 올릴 좋은 기회를 잡았던 것이다.

갈릴레오의 죄는 무엇인가?

메디치 궁정의 별이 된 갈릴레오는 코페르니쿠스 체계를 옹호하는 투사로 변신했다. 이미 『별들의 소식』을 내놓을 때, 지동설을 증명해 보이겠노라고 장담한 상태였다. 망원경 관찰은 코페르니쿠스의 우주구조가 옳다는 확실한 증거들을 보여주었다. 갈릴레오는 지동설의 결정적인 증거로 금성의 모양과 크기 변화를 제시했다. 만약 프톨레마이오스의 우주구조가 옳다면 지구 주위를 도는 금성은 일정한 거리를 유지하면서 초승달 모양 한 면만 보여야 한다. 그런데 갈릴레오의 망원경에서 보이는 금성은 가까울 때와 멀어질 때 크기가 40배가량 차이가 났다. 또 금성이 달처럼 차고 기울면서, 작은 보름달 모양에서 큰 초승달 모양으로 변하는 것을 확인할 수 있었다. 금성이 태양 주위를 돌면서 지구에서부터 멀어지고 가까워지는 모습이 망원경을 통해 드러났다. 코페르니쿠스의 우주체계에 대해 이보다 더 완벽한 증명은 있을 수 없었다.

코페르니쿠스가 주장한 금성의 공전 궤도

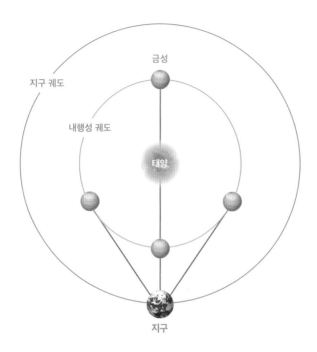

지구에서 관측한 금성의 모양 변화

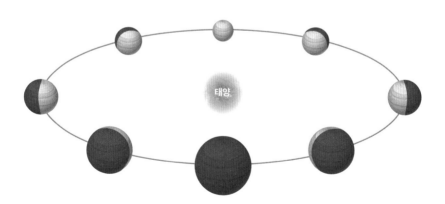

망원경은 코페르니쿠스의 지동설을 입증하는 데 효과적인 도구였다. 일반인들까지 쉽게 이해할 수 있는 강력한 증거를 보여주었다. 몇몇 증거는 아리스토텔레스와 프톨레마이오스의 우주구조에 큰 타격을 주었다. 망원경에 선명하게 나타난 태양의 흑점은 오랜 세월 동안 완벽하고 흠잡을 데 없다고 믿어온 태양의 품위를 한순간에 추락시켰다. 고귀한 태양이 달처럼 울퉁불퉁하고 움직인다는 사실이 포착된 것이다. 거기다 흑점의 위치 변화를 통해 태양이 자전한다는 사실이 드러나기도 했다. 갈릴레오는 이러한 관측 사실을 모아 1613년 『태양의 흑점에 관한 편지Letters on Sunspots』를 발간했다. 이 책에서 그는 자신의 관찰이 코페르니쿠스의 『천구의 회전에 관하여』를 입증했다고 선언했다.

피렌체는 갈릴레오와 망원경 그리고 코페르니쿠스의 지동설에 대한 이슈로 들끓었다. 갈릴레오가 가는 곳마다 질문이 쏟아졌고, 토론과 논쟁이 한바탕 휘몰아쳤다. 갈릴레오는 대학의 아리스토텔레스주의자들을 신랄하게 비판했다. 이때 갈릴레오에게 새로운 적수가 등장했다. 바로 교회의 신학자들이었다. 그들은 코페르니쿠스의 지동설이 기독교 신앙과 배치된다고 들고일어났으며, 성경 구절을 예로 들면서 하나님은 지구가 움직인다고 말씀하지 않았다는 식으로 반박했다. 논쟁을 즐기는 갈릴레오는 객관적인 논거와 수사학적 언변으로 한 치의 양보도 없이 대응했다.

결국 1613년 12월 메디치 궁정의 저녁만찬에서 종교적 논쟁이 벌어졌다. 코시모 2세의 어머니인 크리스티나 대공비는 갈릴레오에게 지구가 움직인다는 생각이 성경의 가르침에 어긋나지 않는지를 물었다. 코페르니쿠스의 우주체계와 성경의 대립이 주제로 떠올랐고, 이 논쟁을 계기로 갈릴레오는 「대공비 크리스티나에게 보내는 편지: 과학의 사안과 관련하여 성경을 인용하는 것에 대하여」(1615)를 썼다. 그는 성경과 자연이라는 위대한 책은 모두 신이 쓴 것이기에 둘 다 옳다고 정중하게 시작했다. 하지만 나중에는 과학과 신학은 별개이며 과학과 신학이 대립하는 것처럼 보일 때 신학을 조정해야지 과학을 신학에 맞춰서는 안 된다고 주장했다. 자연은 변경할 수 없는 실재성을 가지고 있기 때문에 자연을 탐구하는 과학이 신학보다 우월하다는 혁명적인 생각을 드러낸 것이다.

갈릴레오는 최근 가톨릭교회의 입장인 이러한 언급을 17세기에 이미 말했던 것이다. 이는 과학이 신학의 시녀였던 중세적 세계관 아래서는 결코 용납될 수 없는 주장이었다. 갈릴레오는 아리스토텔레스 철학을 버리고 코페르니쿠스 체계를 받아들이라고 열정적으로 사람들을 설득했다. 그러나 아리스토텔레스 철학은 수백 년 동안 기독교의 본질적 내용을 채워온 이념이었기에 하루아침에 버려질 수 있는 것이 아니었다. 오히려 갈릴레오의 도발적인 태도는 교회 권력자들의 심기를 긁어놓았다.

1616년 종교재판소는 공식적으로 코페르니쿠스의 우주체계를 이단이라고 선포했다. 코페르니쿠스의 『천구의 회전에 관하여』는 금서목록에 올랐다. 갈릴레오의 패배였다. 추기경 벨라르미누스Bellarminus(1542~1621)가 직접 갈릴레오를 찾아와 개인 금지 명령서를 전달하고 갔다. 코페르니쿠스주의를 어떤 식으로든 주장하거나 가르치거나 변호하지 말라는 내용이었다. 코페르니쿠스의 지동설을 가설로는 다룰 수 있지만 객관적인 사실이라는 주장을 절대 해서는 안 된다는 것이었다. 종교재판소에는 이미 1611년부터 갈릴레오에 대한 고발장이 제출되어 있었다. 교회의 끔찍한 간섭이 갈릴레오의 목을 점점 옥죄여왔다.

그렇다고 게으른 타협으로 세월을 허비할 수는 없었다. 1623년 갈릴레오는 오랜 친구였던 우르바누스 8세Urbanus VIII(1568~1644)가 교황으로 선출되자 다시 코페르니쿠스주의를 다룰 수 있도록 간곡히 부탁했다. 우르바누스 8세는 코페르니쿠스 체계에 대한 금지를 해제시켜줄 수는 없지만 프톨레마이오스 체계와 코페르니쿠스 체계를 공평하게 다룬다면 책으로 써도 괜찮다고 허락했다. 이때 갈릴레오는 베네치아의 밀물과 썰물을 보면서 구상한 지구의 운동에 관한 이론을 쓰려던 참이었다. 그는 책 제목을 '조수에 관하여'라고 하려던 것을 우르바누스 8세의 권고로 바꿀 수밖에 없었다. 그래서 그 유명한『두 개의 주요 우주체계에 관한 대화Dialogue on the Two Chief World Systems』(이하『대화』)라는 이름의 책이 탄생했다.

『대화』겉표지 하단에는 '당국 검열 필'이라는 살벌한 문구가 적혀 있다. 1630년에 완성된 원고는 로마와 피렌체의 검열관을 거치느라 2년의 시간을 소비했다. 그리고 "이 책은 나흘 동안 두 가지 세계관, 프톨레마이오스와 코페르니쿠스의 체계에 관하여 철학적 및 자연적 원인을 어느 한쪽에 치우치지 않고 공정하게 논하다"라는 판정을 받고 1632년 출판되었다. 갈릴레오의 책은 나오자마자 엄청난 사회적 반향을 불러일으켰다. 공평성을 표방했지만 교묘하게 빚어낸 갈릴레오의 말솜씨는 철옹성 같았던 아리스토텔레스의 세계관을 무너뜨리기에 충분했다.

갈릴레오는 완벽한 논리로 코페르니쿠스 체계를 입증한 것은 물론 흥미진진한 구성과 쉬운 말로 대중을 사로잡았다. 그는 속표지에 나와 있는 것처럼 책 속에 세 명의 인물을 등장시켰다. 자신의 절친한 친구였던 살비아티가 나와서 코페르니쿠스 체계를 지지하고, 베네치아의 친구였던 세그레도의 입으로 중간적 입장의 지식인을 대변했다. 마지막으로 고대 학자 심플리치오를 앞세워 아리스토텔레스의 입장을 옹호하도록 했다. 나흘 동안 묻고 대답하며 벌어진 이들의 대화는 이해하기 쉽고 논리정연한 데다가 이탈리아 말로 쓰여 누구나 읽을 수 있었다. 이 책을 읽은 사람은 교황 우르바누스 8세가 요구했던 공평성은 허울뿐이라는 것을 알아차렸다. 겉보기에는 아리스토텔레스와 코페르니쿠스의 우주체계를 하나씩 거론하며 공평하게 다룬 것 같지만, 열정적인 갈릴레오는 코페르니쿠스의 우월성을 입증하는 데 여념이 없었다.

갈릴레오의 감정은 심플리치오에 대한 인물 묘사에서 숨김없이 드러났다. 심플리치오는 누가 봐도 한심하고 무식한 멍청이로 보였고, 심플리치오가 두둔하는 아리스토텔레스마저 형편없게 묘사되었다. 더구나 갈릴레오는 교황이 지시한 신의 전능함과 인간 이성의 한계를 언급하면서 심플리치오의 대사를 통해 교황을 조롱했다. 심플리치오의 실제 모델이 교황이라는 수군거림 속에서 교황의 지적 허영심은 산산조각 났다. 어떤 추기경보다 지적으로 우월하다고 자부하던 교황은 수치심에 치를 떨었다. 그리고 갈릴레오의 행위를 교회의 권력에 대한 정면도전으로 간주했다. 이렇듯 『대화』는 어제의 친구인 교황을 갈릴레오의 적으로 완전히 돌아서게 만들고 말았다.

책이 나온 1632년 여름, 교황의 명령에 따라 판매는 중지되었고 유포된 책은 회수되었으며 인쇄 조판은 몰수되었다. 우르바누스 8세는 특별위원회를 소집해 갈릴레오의 사안을 종교재판소로 넘겼다. 가을 무렵 69세의 갈릴레오는 로마로부터 소환장을 받았다. 건강상의 이유를 들어 소환에 불응했으나 종교재판소는 묶어서라도 끌고 가겠다는 통지를 보내왔다. 결국 갈릴레오는 들것에 실려 로마로 가는 죄인 신세가 되었다. 종교재판소 감옥에 갇힌 갈릴레오는 1600년에 화형을 당한 브루노를 떠올리며 두려움에 떨 수밖에 없었다. 한때 메디치 궁정의 최고 과학자였던 그는 심문관 앞에서 "제 실수는 헛된 야망과 순전히 무지 그리고 부주의 때문"이라고 잘못을 인정하고 선처를 부탁했다. 그러나 교황 우르바누스 8세는 종교재판소의 타협책을 거부하고 갈릴레오에게 공식적인 이단의 죄를 씌울 것을 명령했다. 고문의 위협 속에서 갈릴레오는 1616년에 이미 코페르니쿠스주의를 버렸다고 자백하고 말았다.

종교재판소는 갈릴레오에게 강한 이단 혐의가 있다는 판결을 내렸다. 1633년 6월 22일 갈릴레오는 목숨을 부지하기 위해 자신이 유죄임을 인정해야 했다. 흰옷을 입고 촛불을 든 늙은 갈릴레오는 공개 석상에 나와 참회의 고백을 했다. "진심으로 말하건대, 제가 가지고 있는 잘못된 개념과 이단 사상 그리고 교회의 가르침과 어긋나는 다른 어떠한 실수도 저주하고 혐오할 것입니다. 그리고 앞으로 다시는 입을 통해서든 글을 통해서든 이와 비슷한 오해를 일으킬 수 있는 말은 하지 않을 것을 맹세합니다. 다른 사람들이 이단 행위를 하면 저

〈재판을 받는 갈릴레오〉, 조제프 니콜라 로베르 플뢰리, 1847년

는 그를 이 종교재판소에 고발할 것이며, 지금 제가 있는 이 자리에 무릎을 꿇도록 만들 것입니다."* 갈릴레오는 죽을 때까지 죄인으로서 가택에 연금된 채 살아야 했다.

가톨릭교회의 입장은 아주 서서히 변했다. 1822년에 이르러 지구가 움직인다는 사실을 말해도 처벌받지 않게 되었고, 1835년에 처음으로 금서 목록에서 코페르니쿠스, 케플러, 갈릴레오의 책들이 빠졌다. 1893년 교황 레오 13세는 과학과 종교와의 관계를 다시 정립하며 1615년 갈릴레오가 크리스티나 대공비에게 쓴 편지의 내용을 인정했다. 1992년 10월 31일 갈릴레오가 죽은 지 350년이 지난 뒤, 교황 바오로 2세는 갈릴레오의 재판에 대해 가톨릭교회가 범한 잘못을 공식적으로 시인했다.

역학의 혁명은 어떻게 시작되었나?

종교재판 이후 갈릴레오의 삶은 절망적이었다. 수녀가 되어 갈릴레오를 돌봐주던 큰딸이 이듬해인 1634년에 그의 곁을 떠났다. 당시 갈릴레오는 한쪽 눈의 시력을 완전히 잃고 반쯤 실명한 상태였다. "아주 깊은 우울증에 사로잡혀 있네. 밥도 먹기 싫고, 나 자신이 미워 죽겠네. 내 사랑하는 딸이 나를 계속 부르는 듯한 느낌이야."

* 제임스 맥라클란 지음, 이무현 옮김, 『물리학의 탄생과 갈릴레오』, 바다출판사, 2002, 128~129쪽.

하지만 포기할 수 없는 삶의 의지가 그를 놔주지 않았다. 진리와 신념을 부인하면서 살아남은 치욕을 단 하루도 잊을 수 없었다. 갈릴레오는 꺼져가는 마음의 불씨를 붙잡고, 그의 인생에 또 하나의 역작『두 개의 새로운 과학에 관한 논의Discourses and Methmetical Demonstrations Relating to Two New Science』(이하『두 과학』)를 완성했다. '역학의 혁명'을 탄생시킨『두 과학』은 갈릴레오가 말년에 초인적인 힘으로 도달한 놀라운 성취였다.

갈릴레오는『두 과학』을 쓰기 위해 초심으로 돌아갔다. 1610년 망원경을 만들기 전이며 메디치의 궁정 과학자로서 명성을 얻기 전, 수학자이자 실험가였던 자신의 모습을 떠올렸다. 그는 피사 대학과 파도바 대학에서 써두었던『운동에 대하여』와 같은 논문을 다시 검토한 후『두 과학』을 쓰기 시작했다. 이 책은『대화』와 마찬가지로 세 명의 등장인물이 나흘 동안 토론을 하는 것처럼 구성되었다. 도입부는 살비아티, 세그레도, 심플리치오가 베네치아의 무기공장에 모여 대화를 나누는 것으로 시작된다. 그리고 첫 번째와 두 번째 날에는 물질의 강도에 대한 주제를 다루고, 세 번째와 네 번째 날에는 그 유명한 자유낙하운동과 포물선운동에 대해 토론하는 내용을 담고 있다.

『두 과학』은『대화』에 비해 신학적으로 논란의 여지가 없는 책이다. 그럼에도 갈릴레오는 종교재판소의 금지령 때문에 이탈리아에서 이 책을 인쇄할 수 없었다. 겨우 네덜란드에서 출판해줄 사람을 찾았고, 책은 1638년에야 세상에 나올 수 있었다. 이 책이 그의 집에 도착했을 때 갈릴레오는 이미 장님이 되어 있었다.『실낙원』을 쓴 영국의 젊은 시인 존 밀턴John Milton(1608~1674)이 그의 집에 찾아와서 "그 유명한 갈릴레오를 방문하여 내가 발견한 것은 프란시스코와 도미니크 추종자의 견해에 반대되는 우주관을 생각했다는 이유만으로 죄수가 된 늙은이였다"라고 탄식하기도 했다.

이렇게 극한 상황에서 완성된 갈릴레오의 역학혁명은 천문학혁명보다 더 근본적이고 심오한 문제를 해결했다. 실제 천문학은 역학의 문제를 포함하고 있어서 역학이 해결되어야 천문학혁명도 완성되었다고 할 수 있다. 역학, 즉 힘과 운동에 관한 문제는 직관적으로 이해하기 어려운 부분이 많다. 그럼에도 갈릴레오는 상식을 뛰어넘어 근대적 사고에 도달했다. 그가 세상과 맞서 싸웠던 세 가지를 꼽는다면 아리스토텔레스와 교회 그리고 상식이었다. 갈릴레오는 사람들이 머릿속의 고정관념과 상식 때문에 눈이 있으되 진리를 보지 못한다고 한탄했다. 근대과학은 갈릴레오의 천재성과 피나는 노력으로 맺어진 결실이라고 할 수 있다.

운동이 무엇인지 이해한다는 것은 결코 쉬운 일이 아니다. 지구가 하루에 한 번씩 엄청난 속도로 돌고 있는데 왜 우리는 전혀 느끼지 못하는 것일까? 지구의 자전은 코페르니쿠스의 지동설에 대한 반론으로 수없이 제기된 문제다. 심지어 튀코 브라헤도 지구의 자전운동을 인정할 수 없어서 코페르니쿠스 체계를 받아들이지 않았다. 갈릴레오는 이것에 대해 『대화』에서 생생한 표현으로 다음과 같이 설명했다.

배를 타고 가능한 한 큼지막한 선실에 친구들과 함께 들어가보십시오. 모기, 나비 그리고 비슷한 종류의 동물들을 준비해놓고, 어항 하나를 가져와 그 안에 작은 물고기를 몇 마리 넣습니다. 그런 다음 위쪽 멀찌감치 작은 양동이를 걸어놓고 거기서 물을 한 방울씩 아래 어항으로 떨어뜨립니다. 배가 가만히 멈춰 있을 때, 신중하게 관찰해보십시오. 곤충들은 사방으로 날아다니고 물고기도 어항 속에서 자유롭게 헤엄칠 것입니다. 양동이에서 떨어지는 물방울은 수직으로 어항 안에 들어갈 것입니다. 그런 다음 배를 임의의 속도로 움직이게 합니다. 여러분은—배가 이리저리 흔들리지 않고 단조롭게 움직이는 한—모든 현상에 전혀 변화가 없음을 알게 될 것입니다. 배가 지금 운행하는지 정지해 있는지도 모를 것입니다. 만약 선실 바닥에서 멀리뛰기를 한다면, 배가 정지해 있을 때나 움직일 때나 똑같은 거리를 뛸 것입니다.[*]

여기에서 말하는 것과 같이 배를 타고 배 안에 있으면 배가 움직이는 것을 느낄 수 없다. 그런데 배를 타고 가다 강가를 바라보면 배가 움직이는 것을 느낄 수 있다. 배가 강가에 정박하는 순간, 배가 닿은 것인지 아니면 강가가 뒤로 물러서는 것인지 착각이 일어나기도 한다. 이것은 무엇을 말하는가? 운동이란 상대적이어서 외부에 어떤 것과 비교되지 않는 한 운동을 느끼지 못한다는 것이다. 감각으로 느끼는 운동은 때때로 내가 움직이는 것인지, 상대가 움직이는 것인지 착각할 수 있다. 갈릴레오는 배의 운동을 지구의 운동으로 비교해서 설명했다. '운동의 상대성 원리' 때문에 우리는 지구의 자전운동을

---

[*] 갈릴레오 갈릴레이, 『프톨레마이오스-코페르니쿠스 두 개의 우주체계에 대한 대화Dialogo sopra I due massimi sistemi del mondo, tolemaico e copernicaon 』, 1632.

느끼지 못하며, 우리의 감각은 지구가 운동을 하는지, 다른 천체들이 운동을 하는지 착각을 한다는 것이다. 갈릴레오는 "지구를 고정된 것으로 보기 위해 우주 전체가 움직여야 한다고 생각하는 사람은 도시 경관을 보기 위해 교회의 종탑 위에 올라가 자기 머리를 돌리기가 귀찮아서 도시 전체가 자기 주위를 돌아야 한다고 요구하는 사람과 같다"라고 말했다.

갈릴레오의 운동은 운동을 하지 않는 물체에 대해 상대적으로 나타날 뿐이다. 운동하는 물체와 함께 운동하면 그 운동을 느끼지 못한다. 이렇게 운동을 상대적으로 이해하면, 운동을 하는지 안 하는지는 절대적인 것이 아니라는 결론에 이른다. 물체가 운동하느냐 정지해 있느냐 하는 것은 어떤 관측자를 기준으로 삼느냐에 따라 달라지기 때문이다. 결국 물체의 운동과 정지는 본질적으로 구별할 수 없는 것이며, 운동은 물체의 본질적 성질과는 무관한 것이 된다. 이러한 갈릴레오의 운동론은 물체의 본성에 운동의 원인이 있다는 아리스토텔레스의 물질론과 운동론을 깰 수 있었다.

다음에 갈릴레오는 관성의 개념을 생각해냈다. 운동하는 물체는 계속 운동하고, 정지해 있는 물체는 계속 정지해 있다는 것이 관성이다. 외부에서 힘을 가하지 않는 한, 모든 물체는 현재 상태를 유지하려고 한다는 것이다. 공전과 자전을 하는 지구와 달, 모든 천체는 이러한 관성의 법칙에 따라 운동을 계속하고 있다. 그래서 종탑에서 떨어뜨린 공은 지구 자전운동을 관성적으로 공유해 뒤로 처지지 않고 똑바로 떨어진다. 공의 수직낙하운동만 있다면 공이 뒤로 처지겠지만 지구의 관성운동이 합해져 똑바로 떨어진다는 것이다. 이로써 그동안 집요하게 물고 늘어졌던 질문들, 왜 자전하는 지구에서 물체가 날아가버리지 않는지, 왜 지구의 회전 때문에 어지럼증이나 원심력을 느끼지 못하는지 등을 이해할 수 있게 되었다. 갈릴레오는 지구의 운동을 설명하기 위해 운동의 상대성과 관성 개념이 동시에 필요하다는 것을 알았다. 우리가 우주로 나가보면 지구가 운동한다는 것을 알 수 있겠지만, 지구 안에 있는 우리는 '운동의 상대성' 때문에 지금 지구가 관성운동을 한다는 사실을 느끼지 못한다는 것이다.

갈릴레오는 운동의 상대성과 관성 개념으로 코페르니쿠스 체계와 관련된 역학의 문제를 해결했다. 『두 과학』에서 이러한 운동론을 발전시켜 자유낙하운동에 대한 탁월한 해석을 했다. 높은 곳에서 무거운 대포알과 가벼운 총알, 두 물체를 떨어뜨리면 어떻게 될까? 아리스토텔레스는 무거운 대포알이 빨리 떨어질 것이라고 말했는데, 이것은 실험을 해보지 않고 머릿속에서 짐작한 생각이었다. 아리스토텔레스의 말대로라면 대포알과 총알이 땅에 떨어질 때 두 물체의 질량 차이가 크기 때문에 대포알이 몇 배 더 빠른 속도로 떨어져야 한다. 그런데 실험을 해보면 거의 비슷하게 떨어진다는 것을 알 수 있다. 약간의 차이는 공기저항으로 생기는 것일 뿐이다.

그렇다면 떨어지는 물체의 낙하속도는 어떻게 될까? 아리스토텔레스는 낙하속도가 변하지 않고 일정하다고 했지만, 갈릴레오는 이에 대해서도 실험을 해보았다. 경사면에 홈을 파서 공이 굴러간 시간과 거리를 측정해보니 공은 아래로 내려올수록, 즉 시간이 지날수록 속도가 빨라졌다. 처음 1초 동안 1구간을 통과했다면, 그다음 1초 동안에는 3구간을 통과하고, 그다음 1초 동안에는 5구간을 통과하는 식으로 점점 속도가 빨라지는 것을 확인할 수 있었다. 갈릴레오는 이 실험을 통해 자유낙하운동에서 변수는 질량이 아니라 가속도라는 것을 알아냈다.

갈릴레오는 자신의 운동법칙에서 역학의 핵심을 파악했다. 힘이 무엇인가? 아리스토텔레스는 물체에 힘을 가하면 움직이므로 힘이 운동을 일으킨다고 말했다. 이에 대해 갈릴레오는 힘이 운동을 일으키는 것이 아니라 '운동상태의 변화'를 일으키는 것이라고 파악했다. 운동상태의 변화란 정지해 있는 물체가 움직이고, 운동하는 물체의 속도가 빨라지거나 방향을 바꾸는 것을 말한다. 정지해 있거나 등속운동을 하는 물체에 힘이 주어져 물체의 속도가 변화하면 운동상태가 변화하는 것이다. 이렇게 운동상태를 변화시키는 힘은 속도의 변화, 즉 가속도를 만든다는 결론에 이른다. 뉴턴의 제2법칙인 F=ma(F: 힘, m: 질량, a: 가속도)에서 a=F/m이고 가속도 a는 힘 F를 뜻하는데, 뉴턴은 갈릴레오가 이해한 운동 개념을 체계화한 것이라고 할 수 있다. 힘과 운동을 다루는 역학에서는 가속도가 매우 중요한 요소였다! 갈릴레오가 자유낙하운동을 등가속도운동이라고 밝힌 것은 중력이라는 힘이 가속도라는 놀라운 발견을 한 것이다.

이와 같은 갈릴레오의 역학은 운동이라는 개념을 보여주는 데 커다란 전환점이 되었다. 그동안 아리스토텔레스가 운동의 원인과 목적에 집착했다면, 갈릴레오는 운동 자체를 기술하는 데 역점을 두었다. 왜 물체가 낙하하는지를 설명하기보다 어떻게 물체가 낙하하는지를 간단명료하게 보여주려고 애를 썼다. 그렇다면 운동을 어떻게 보여줄 것인가? 갈릴레오는 자연세계의 모든 현상을 수학이라는 언어로 표현할 수 있다고 확신했다. 눈에 보이지 않는 물리적 현실을 묘사하는 데 가장 효과적인 방법이 수학적 법칙으로 표현하는 것이라고 생각했던 것이다. 예를 들어 물체의 운동을 시간에 대한 공간의 이동이라고 보고, 물체의 빠르기인 속도를 시간과 거리의 수학 방정식으로 나타냈다. 이렇듯 갈릴레오의 위대함은 물리적 현실을 수학적으로 상상했다는 점이다.

또한 갈릴레오는 실험이라는 새로운 방법을 동원했다. 그는 운동법칙을 밝히기 위해 수많은 실험을 했다고 알려졌는데, 그중에서 피사의 사탑 실험이 유명하다. 피사 대학의 교수로 있던 시절, 학생과 교수들 앞에서 물체의 낙하운동을 보여주려고 무거운 공과 가벼운 공을 떨어뜨리는 실험을 했다는 것이다. 이 실험은 무거운 공이 가벼운 공보다 빨리 떨어진다는 아리스토텔레스의 이론이 잘못되었음을 증명했는데, 실제 이 실험이 행해졌는지는 정확히 알 수가 없다. 피사의 사탑에 대한 최초의 기록은 갈릴레오가 사망한 지 15년이 지난 1657년에 쓰인 것으로 확인되었기 때문이다.

오히려 갈릴레오는 '사고실험'을 통해 낙하법칙을 얻었다는 자료가 남아 있다. 아르키메데스의 원리를 통해 공기저항이 없는 진공에서는 무거운 물체나 가벼운 물체가 질량에 관계없이 동시에 떨어질 것이라고 추론했다. 그리고 이를 검증하고 싶었으나 진공상태에서 실험을 할 수 있는 방법을 찾지 못했다. 그는 아쉬운 대로 공기 중에서 실험을 하고, 이것을 진공상태로 생각하고 확대 해석했다. 이와 같이 머릿속에서 하는 실험을 사고실험이라고 한다. 당시에는 실험장치를 제대로 갖출 수 없는 형편이라서 갈릴레오는 사고실험을 통해 이상화된 조건을 상상하고 자신이 얻고 싶었던 법칙을 이끌어냈다.

수학과 실험! 갈릴레오는 아리스토텔레스의 이론을 깨기 위해 새로운 역학 개념을 붙잡고 치열한 사투를 벌였다. 그가 물리적 실체로 고려한 요소들은 물체의 질량, 밀도, 이동거리, 시간, 속도, 가속도, 매질의 저항과 부력 등 수많은 것이었다. 이것들의 관계를 가지고 힘과 운동을 설명하기 위해 관찰하고 실험했으며, 또한 수학이라는 언어를 창조해 표현했다. 갈릴레오는 자연세계를 수량화하고 그 수량화한 개념을 가지고 다시 실험을 했다. 이렇게 자연세계를 수학적으로 해석한 것이 바로 물리학이라는 근대과학이 되었다.

『두 과학』을 출판하고 난 뒤 갈릴레오는 진자시계를 구상하고 새로운 책을 계획했다. 하지만 시력을 완전히 잃어버린 상태였기에 더는 연구를 계속할 수 없었다. 평생을 따라다닌 통풍이 그를 못 견디게 괴롭혔고 심장발작과 고열도 더욱 심해졌다. 1642년 1월 8일, 갈릴레오는 피렌체의 변두리에서 쓸쓸히 생을 마감했다. 메디치 궁정의 대공 페르디난트 2세는 교황에게 장례식 조사와 대리석 비석을 허락해달라고 청했으나 우르바누스 8세는 모든 것을 거절했다. 제대로 된 장례식도 치르지 못한 채 갈릴레오의 시신은 피렌체의 산타크로체 교회 뒤 납골당에 안치되었다. 중세의 낡은 사고방식에 도전했을 뿐 아니라 교회의 권력과 맞서 싸운 대가로 위대한 과학자는 자신의 이름이 새겨진 묘비조차 갖지 못했다.

3

뉴턴 과학의
완성

뉴턴이 프리즘 실험에서 밝힌 것은 무엇인가?

　　과학계의 또 다른 별인 아이작 뉴턴은 갈릴레오가 사망한 1642년에 태어났다. 탄생과 죽음이 엇갈린 두 거장은 너무나 다른 인생을 살았다. 변변한 장례식도 치르지 못한 갈릴레오에 비해 뉴턴은 영국의 국민영웅 대접을 받으며 웨스트민스터 사원에 잠들었다. 이때 시인 알렉산더 포프Alexander Pope(1688~1744)는 "자연과 자연법칙들은 어둠 속에 있었네. 그때에 신께서 말씀하시길, 뉴턴이 있으라, 하시니 모든 것이 밝아졌네"라고 노래했다. 드디어 과학자가 칭송받는 시대가 온 것이다.

　뉴턴은 어린 시절에 불행했다. 그는 영국 링컨셔의 작은 마을에서 유복자로 태어났다. 어머니는 재혼을 했다가 뉴턴이 10세가 되던 해 다시 과부가 되어 돌아왔지만, 세 명의 이복형제들 속에서 뉴턴은 늘 외로웠다. 부모의 사랑을 받지 못한 뉴턴은 정서적으로 불안했고 죽는 날까지 신경장애에 시달렸다. 상처 입은 영혼은 세상과 벽을 쌓고 자기만의 세계에 빠져 살았다. 그의 마음에 구원의 빛을 던져준 것은 공부였다.

1661년 케임브리지 대학에 들어간 뉴턴은 1669년 27세의 나이로 모교에 교수 자리를 얻었다. 대학에 들어간 지 불과 8년 만에 수학에 중요한 공헌을 한 교수에게 주어지는 일종의 명예직인 루카스 석좌 교수에 임명된 것이다. 뉴턴은 학창 시절부터 아이디어가 넘쳐났다. 1665년 케임브리지에 페스트가 퍼져 거의 2년 동안 휴교상태였을 때, 뉴턴은 고향 마을 울즈소프로 내려갔다. 이 시절에 뉴턴은 사과나무 아래서 떨어지는 사과를 보고 왜 사과가 항상 수직으로 떨어질까를 생각했다고 한다. 그리고 사과와 달을 비교하면서 왜 달은 사과처럼 떨어지지 않을까를 고민했다고 하니 참으로 범상치 않은 사색이었다.

사과와 달 그리고 지구에 서로 작용하는 힘이 있다고 누가 상상이나 할 수 있었겠는가! 아리스토텔레스는 그 어떤 작용도 거리를 뛰어넘을 수는 없다고 말했다. 당시 먼 거리에서 서로 작용하는 힘은 마술 아니면 점성술에나 나오는 이야기였다. 그런데 뉴턴은 모든 물체에 서로 끌어당기는 힘이 있다는 놀라운 생각을 했다. 서로 끌어당긴다면 지구가 사과를 끌어당기는 만큼 사과도 지구를 끌어당겨야 한다. 지구가 워낙 커서 사과가 지구를 끌어당긴다는 생각이 좀 의아할 수도 있겠지만, 그래야 사과와 지구가 작용하는 것처럼 달과 지구도 서로 끌어당기는 것이 성립된다.

달은 어떻게 지구 주위를 도는 것일까? 행성들은 어떻게 태양 주위를 도는 것일까? 행성의 운동이 일어나는 물리적 원인을 밝히는 일은 17세기 과학자들에게 중요한 과제였다. 1666년 뉴턴은 이 문제를 생각하며 달에 미치는 중력의 효과를 대략적으로 계산했다. 그리고 그해에 프리즘을 써서 빛과 색을 연구했고 미적분학에 대한 기본적인 개념도 세웠다. 24세의 뉴턴은 과학계에 혁명을 몰고 올 연구주제에 빠져서 기적과 같은 한 해를 보내고 케임브리지로 돌아왔다.

뉴턴이 처음 발표한 논문은 광학에 관한 연구였다. 망원경과 현미경이 발명된 17세기에 광학은 과학자들의 호기심을 자극하는 분야였다. 각종 렌즈와 광학기구는 그때까지 볼 수 없었던 새로운 것들을 관찰할 수 있게 해주었다. 무엇을 보기 위해서는 빛과 눈이 상호작용하는데, 이 과정에 매개체인 기구를 어떻게 활용할 것인지가 광학연구의 주제였다. 그러기 위해서 첫 번째로 밝혀야 할 것이 빛의 성질이었다.

빛은 곧바로 나아가는 직진성을 가지고 있다. 벽에 그림자가 생기는 것을 보면, 태양에서 나온 빛이 물체에 부딪쳐서 그림자를 만든다는 것을 알 수 있다. 그래서 뉴턴은 빛을 빠른 속도로 직선운동을 하는 작은 입자라고 생각했다. 이러한 빛은 거울에 반사해 우리 얼굴을 비추고 렌즈의 경계면에서 꺾이는 굴절현상을 일으킨다. 망원경과 같은 광학기구는 렌즈의 깎은 정도에 따라 빛이 꺾이는 굴절률을 이용해 만든 것이다.

그런데 빛이 렌즈를 통과하면서 무지개색으로 번지는 색수차 현상이 발생했다. 렌즈에 빛이 닿으면 색이 생겨나 물체의 상을 흐릿하게 만드는 것이었다. 갈릴레오의 망원경보다 더 잘 보이는 망원경을 제작하고 싶었던 뉴턴은 이러한 색수차 현상에 주목했다. 빛의 어떤 성질이 유리에 부딪치면서 색을 만드는 것일까? 뉴턴은 유리로 된 삼각기둥인 프리즘을 이용해 다양한 빛 실험을 해보았다. 먼저 어두운 방의 창문에 막을 치고 작은 구멍을 뚫은 다음, 그 앞에 유리 프리즘을 설치했다. 그 구멍을 통해 들어오는 햇빛은 프리즘을 통과하면서 굴절되어 반대쪽 벽에 비쳤다.

과연 프리즘을 통과한 빛은 어떤 모양으로 나타날까? 뉴턴은 빛이 둥그렇게 번져서 나올 것이라고 예상했는데 그 예상은 완전히 빗나갔다. 놀랍게도 빛은 길쭉한 띠 모양의 색 스펙트럼으로 나타났다. 그것도 붉은색에서 주황, 노랑, 초록, 파랑, 남색, 보라의 순서로 색상이 펼쳐졌다. 또한 각각의 색은 서로 섞이지 않은 채 고유한 굴절률과 일정한 순서까지 가지고 있었다. 이렇게 빛이 고유한 색의 스펙트럼을 나타내는 실험결과는 기존의 이론을 정면으로 반박하는 것이었다. 아리스토텔레스와 데카르트는 빛이 순수한 무색광이라고 주장했다. 색이 없는 빛이 색을 띠는 것은 프리즘과 같은 중간매체가 빛을 변형시킨 결과라고 본 것이다.

기존의 이론을 의심한 뉴턴은 프리즘을 다른 물체로 바꿔서 다양한 실험을 했다. 압축유리 두 장을 겹쳐보기도 하고, 공기 중에 색이 있는 막을 설치해보기도 하고, 색을 가진 매질 속에 통과시켜보기도 했지만 빛은 조금 진하거나 흐리게 나타날 뿐, 일곱 가지 색 스펙트럼을 그대로 보여주었다. 결국 뉴턴은 빛이 무색광이라는 아리스토텔레스와 데카르트의 주장이 잘못되었다는 것을 알았다. 다시 말해 빛은 색이 없는 하나의 광선이 아니라 여러 가지 색이 혼합된 광선이라는 것, 또한 프리즘이 어떤 작용을 해서 색을 창조하는 것이 아니라 서로 다른 굴절률에 따라 색을 분류할 뿐이라는 것, 결국 색은 빛 자체가 가진 고유한 속성이라는 사실을 깨달은 것이다.

빛과 색에 대해 이 정도만으로도 충분한 실험이었는데 뉴턴은 한 발자국 더 나아갔다. 그는 자신의 실험결과를 받아들이지 않을 사람들을 떠올렸다. 이들을 완벽히 설득할 수 있는 결정적 한 방이 필요했다. 뉴턴은 프리즘 하나를 더 설치해 첫 번째 프리즘을 통과한 빛들이 두 번째 프리즘을 지나도록 연출했다. 빛은 두 개의 프리즘을 지나면서 색상에 따른 굴절률을 그대로 유지했다. 프리즘은 빛을 변형시키지 않았고 각각의 굴절률에 따라 색을 펼쳐 보이며 다시 빛으로 돌아갔다.

뉴턴의 프리즘 실험은 빛에서 색이 분리되었다가 다시 혼합되는 과정을 완벽하게 보여주었다. 물리학에서 가장 아름다운 실험 중 하나로 손꼽힐 만큼 탁월한 실험이었다. 뉴턴 자신도 이 실험을 '결정적 실험'이라고 언급했다. 그는 비슷한 효과를 내는 수백 가지 실험을 해보았을 텐데 그중에서 가장 보여주기 좋은 실험을 골랐다. 단순하고 손쉽게 구할 수 있는 도구를 이용하면서 확실한 증거를 얻어낼 만큼 효과 만점의 실험 말이다. 뉴턴은 실험 때문에 고민하는 동료에게 이런 말을 했다. "이것저것 시도하는 대신 결정적인 실험 하나만 해보십시오. 실험의 가짓수가 중요한 게 아니라 얼마나 무게 있느냐가 중요한 것이기 때문입니다. 그리고 한 가지로 충분하다면 구태여 여러 가지를 할 필요가 어디 있겠습니까?"

뉴턴은 왜 결정적 실험이 필요하다고 생각했을까? 17세기 과학은

뉴턴은 프리즘 두 개를 이용해 빛 속에 색이 있다는 것을 증명했다. 빛은 첫 번째 프리즘을 통과
하면서 무지개색으로 분리되었다가 두 번째 프리즘을 통과하면서 다시 빛으로 합성되었다.

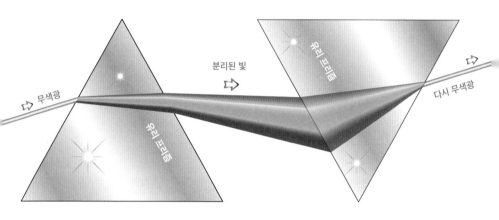

아리스토텔레스의 철학을 대체하고 새로운 지식으로 등장했다. 과
학이 진정 믿을 만한 지식인가, 과학이 진리라는 것을 입증할 방법은
무엇인가, 과학을 탐구하는 일은 어떤 효용성이 있는가 등등의 의심
과 반론이 분분했다. 앞서 갈릴레오에서 보았듯이, 과학자들은 고대
문헌이나 성경이 아니라 자연세계에 진리가 있다고 강조했다. 그리
고 자연세계를 간단명료하게 표현하는 수학적 설명과 직접 관찰하고
경험한 지식이 바로 진리라고 주장했다. 과학이 믿을 만한 지식이라
는 것을 인정받기 위해 과학자들이 추구한 방법은 수학과 실험이다.
　수학적 법칙과 실험적 방법으로 무장한 과학은 결코 상식적이고

직관적인 지식이 아니다. 물리학을 비롯한 근대과학을 이해하기 위해서는 특별한 훈련이 필요하다. 하물며 오늘날 우리도 과학을 이해하기가 어려운데 당시 사람들의 인정을 받기란 쉽지 않았을 것이다. 그래서 과학자들은 전문가 모임을 만들어 서로 검증하는 시스템을 갖추고 사회적으로 알리기 시작했다. 특히 실험을 함께 해보고 연구 결과를 공유한 다음 논문으로 발표해서 새로운 과학적 발견을 공론화했다.

뉴턴의 프리즘 실험은 1672년 왕립학회Royal Society 회원들이 보는 앞에서 처음 시연되었다. 당시는 왕립학회의 회원들에게 검증을 받아야 과학자로서 명성을 얻을 수 있었다. 뉴턴의 실험은 연극적이라고 할 만큼 의도적으로 고안된 것이었다. 자연스러운 상태에서는 결코 감지할 수 없는 색의 분리현상을 인위적으로 조작된 장치로 보여주었다. 뉴턴은 이 실험을 자신의 이론이 옳다고 설득하기 위해 반드시 필요한 과정이라고 인식했고, 그래서 결정적 실험이라고 불렀다.

왕립학회는 1660년에 설립되어 2년 후 찰스 2세의 헌장Charter을 받은 명실상부한 영국의 국립과학학회다. '자연 지식의 발전을 위한 런던 왕립학회'라는 긴 이름으로 출범한 왕립학회는 새로운 과학을 위해 과학자들이 자발적으로 결성한 단체다. 당시 학회장이었던 헨리 올덴버그Henry Oldenburg(1618~1677)는 회원들의 연구를 수집하고 발표의 장을 만들어 과학을 공론화하는 데 기여했다. 회원들은 정기적으로 모여 제출한 논문들을 가지고 토론했고 이에 대한 의견을 편지로 주고받았다. 이 편지들을 모아 출간한 것이 나중에 학회의 공식 학회지 『철학회보』가 되었다. 뉴턴의 논문 「빛과 색에 관한 새로운 이론」도이 학회지에 실리면서 전 유럽에 전해졌다.

이름이 거의 알려지지 않았던 무명의 과학자 뉴턴이 과학계의 기린아로 등장한 것은 왕립학회의 회원으로 활동하면서부터였다. 갈릴레오가 메디치 궁정 과학자로 활약한 것과는 다른 형태의 후원처가 17세기에 나타났다고 할 수 있다. 과학자들의 자발적 모임으로 시작한 과학단체는 국가로부터 승인을 얻고 과학적 발견을 공식적으로 인정하는 권위를 갖게 되었다. 새로운 과학은 점점 수학적이고 전문화된 지식으로 발전했고 왕립학회의 소수 과학자만 알아볼 수 있을 만큼 어려워졌다. 그 때문에 이곳에 속한 몇몇 과학자의 반응은 전 유럽의 지식인들을 쥐락펴락할 만큼 중요한 것이 되었다.

수학 공식은 어떻게 진리가 되는가?

뉴턴은 프리즘 실험과 연구논문을 발표하기에 앞서 왕립학회에 자신이 직접 제작한 반사망원경을 기증했다. 이 반사망원경은 렌즈에 색이 번져 상이 흐릿해지는 문제점을 개선하기 위해 렌즈를 거울로 바꾼 것이었다. 길이가 15센티미터밖에 되지 않았지만 갈릴레오가 만든 굴절망원경보다 10~20배 정도 해상도가 뛰어났다. 왕립학회 회원들은 반사망원경을 보고 감탄을 했고, 그 이후에 발표한 프리즘 실험과 연구논문에 큰 관심을 보였다.

뉴턴이 빛과 색 이론을 발표하자 많은 찬사가 쏟아졌다. 하지만 반론도 만만치 않았다. 당시 왕립학회의 선배 과학자였던 로버트 훅

Robert Hooke(1635~1703)은 뉴턴의 반대입장에 서서 비판을 서슴지 않았다. 빛을 입자로 본 뉴턴에 반대해 빛을 파동으로 생각한 그는 뉴턴의 실험을 인정하지 않았다. 뉴턴은 훅의 태도에 자존심이 몹시 상했다. 격분한 그는 훅과 몇 차례의 서신을 주고받으며 논쟁을 벌였다. 둘은 논쟁의 막바지에 빛이 입자든 파동이든 색의 원리는 변치 않는다는 결론에 이르렀고, 갈등은 조금 진정되었다.

그러나 이 논쟁은 시간이 흐르며 프랑스까지 번져갔고 세부적인 실험과정과 결과를 둘러싼 논란이 오랜 기간 지속되었다. 얼마나 논란이 있었는지, 처음 실험을 하고 4년이 지난 1676년에 왕립학회에서 실험이 재현되기도 했다. 빛은 입자일까, 파동일까? 17세기에 벌어진 입자설과 파동설의 대립은 20세기 초까지 계속되다가 알베르트 아인슈타인Albert Einstein(1879~1955)이 '빛은 에너지를 가진 입자의 파동적 흐름'이라고 밝히면서 일단락되었다. 빛은 입자인 동시에 파동이기 때문에 뉴턴도 훅도 서로 틀린 것은 아니었는데 논쟁 이후 두 과학자는 평생 앙숙으로 지냈다.

뉴턴의 심적 상태는 심각했다. 훅과의 논쟁에서 뉴턴은 겉으로는 신사적인 예의를 지키는 것 같았지만 속으로는 독설로 가득 찼다. 뉴턴이 이때 편지글에서 "내가 더 멀리 보았다면 그것은 거인의 어깨 위에 올라설 수 있었던 덕분이다"라고 언급한 것은 자신을 낮추는 겸양이 아니었다. 키가 작았던 훅을 거인으로 비꼬는 그 당시 특유의 수사였다. 왕립학회에서 공개적으로 부딪친 논쟁 이후 뉴턴은 2년 동안 어떤 논문도 발표하지 않았다. 1677년 훅이 왕립학회 간사를 맡으면서 뉴턴은 거의 10년 동안 단 한 차례의 회합에도 참석하지 않았다.

우리는 뉴턴을 이상적인 과학자의 모범으로 알고 있다. 실제로 뉴턴만큼 대중적인 인기를 누리고 있는 과학자도 별로 없을 것이다. 그러나 그동안 우리가 알고 있었던 뉴턴의 이미지는 사실이 아니다. 단적으로 말해 뉴턴은 과학자로서는 훌륭했지만 인간으로서는 결함이 많았다. 그의 과학적 업적은 노벨상을 몇 개 받을 수 있을 정도로 탁월했지만, 그가 인간적으로 보여준 모습은 과민하고 편집증적인 데다가 정서적으로도 뒤틀려 있었다. 한 인간의 내면에 천재성과 광기가 동시에 공존하고 있었다. 그의 정신세계를 지배한 것은 놀랍게도 과학적 이성만은 아니었다.

뉴턴의 반사망원경

뉴턴은 기독교 정통 교리를 거부하고 아리우스주의Arianism라는 이단적 견해에 빠져 있었다. 고대의 성경과 예언 속에는 감춰진 비밀이 있는데 그 암호를 읽을 수 있는 선택받은 예언자 중 하나가 바로 자신이라고 생각했다. 그는 고대 성경 문헌을 집요하게 파고들면서 불가사의하고 비밀스러운 지식을 찾는 데 몰두했다. 같은 맥락에서 뉴턴은 연금술을 진지하게 연구했다. 대학의 개인 실험실에서 연금술을 위한 용광로에 불을 지피고 난해한 문헌들을 탐독했다. 그에게 역학·광학·수학 등의 자연과학과 비술적인 연금술은 동일한 가치를 지닌 연구였다. 뉴턴은 연금술사들의 지하조직과 교류했으며 연금술에 많은 관심과 시간을 투자했다. 실제로 뉴턴이 남긴 원고의 가장 많은 부분은 연금술에 관한 것들이다.

광학연구에 대한 논쟁 이후에 뉴턴은 케임브리지로 돌아와 은둔한 연금술사처럼 살았다. 세상과 등진 채 살아가는 뉴턴을 구출한 사람은 에드먼드 핼리Edmond Halley(1656~1742)였다. 우리에게 핼리 혜성으로 잘 알려진 핼리는 1684년 케임브리지로 뉴턴을 찾아왔다. 그는 뉴턴과 좋은 관계를 유지한 몇 안 되는 사람들 중 하나였다.

당시에 과학자들은 케플러의 법칙과 인력에 관해 어느 정도 알고 있었다. 케플러가 말한 것처럼 행성은 타원궤도를 돌고 있으며 행성 사이에 서로 끌어당기는 힘이 작용한다는 것을 말이다. 그리고 태양과 행성 사이에 작용하는 인력은 거리의 제곱에 반비례한다는 일명 역제곱 법칙($1/r^2$)이 성립할 것이라고 추측했다. 만약에 빛을 뿜는 물체가 있다고 가정하면, 그 빛은 거리가 멀어질수록 희미해질 것이다. 빛의 세기는 단위면적으로 계산해서 거리 1미터가 멀어지면 1^2m^2, 2미

221
뉴턴 과학의 완성

터가 멀어지면 2^2m²만큼 약해질 것이다. 과학자들은 이렇게 중력도 일정 거리(r)만큼 멀어지면 r²만큼 약해질 것이라고 생각했고, 중력이 거리의 제곱에 반비례한다는 역제곱 법칙을 유추했다. 그러나 누구도 이것을 증명하지 못하고 있었다. 핼리가 뉴턴을 방문한 것도 그 때문이었다.

핼리를 만난 뉴턴은 자신이 중력의 작용을 증명했다고 말했다. 역제곱의 법칙을 적용해서 관측결과와 딱 들어맞는 행성의 타원궤도를 얻었다는 것이다. 몹시 흥분한 핼리는 그것을 당장 보여달라고 재촉했다. 이리저리 노트를 뒤지던 뉴턴은 원고를 찾지 못하고 다음에 작성해서 보내주겠다고 약속했다. 그리고 3개월 후에 뉴턴은 핼리에게 9쪽 분량의 간략한 원고를 보냈다. 뉴턴의 위대한 작품 『자연철학의 수학적 원리』(이하 『원리』)가 이렇게 탄생했다. 핼리에게 보낸 원고가 뉴턴에게 책을 낼 동기를 부여했고, 뉴턴은 치밀한 수학적 논증을 위해 2년 동안 매달려 이 책을 완성했다. 총 세 권으로 된 『원리』는 1687년 왕립학회의 공식 후원을 받고 출간되었다. 핼리가 이곳저곳 뛰어다니며 출간을 도운 결과였다.

『원리』가 세상에 나오자 45세의 뉴턴은 하룻밤 사이에 유명인사가 되었다. 이 책은 금세 입소문을 타고 유럽 전역으로 퍼져나갔다. 그러나 정작 이 책을 이해할 수 있는 사람은 거의 없었다. 유클리드의 기하학처럼 공리와 정리를 제시하고 논증하는 형태는 고도의 수학적 능력이 있는 사람들만 이해할 수 있었다. 또한 뉴턴의 만유인력, 즉 원격 작용하는 힘에 대해 엄청난 비난이 쏟아졌다. 눈에 보이지 않는 신비한 힘이 온 세상을 지배하는 것은 당시 사람들의 상식으로는 받아들일 수 없는 일이었다. 특히 프랑스 과학자들이 거세게 반발했고 오랫동안 만유인력을 외면했다. 하지만 『원리』가 준 충격으로 유럽의 지식인들은 술렁거리기 시작했다.

　수학 공식은 어떻게 진리가 되는가? 뉴턴은 24세 때 사과나무 아래에서 행성들이 왜 태양 주위를 돌고 있는지를 생각했다. 만유인력이라는 힘이 행성의 궤도를 통제한다는 것을 간파하고 그 힘의 정체를 20년간 탐구했던 것이다. 그리고 그가 얻은 결론은 놀랍게도 만유인력이 왜 일어나는지 그 힘의 원인과 정체는 모른다는 사실이었다. 그는 만유인력에 대해 다음과 같이 솔직하게 실토했다. "어떤 방도로 이 힘이 전달되는지 아무것도 설명할 수 없는데도 불구하고 진공상태에서 한 물체가 먼 거리에서 다른 힘을 미친다는 것, 나는 이것이 매우 불합리하다고 생각한다. 또한 내 생각엔 철학적 소양을 갖춘 이는 아무도 이런 사실에 동의할 수 없을 것이다." 이러한 뉴턴의 궁금증은 아직까지 풀리지 않았다. 지금까지도 우리는 중력의 원거리 작용이 어떻게 일어나는지 그 구조를 정확히 규명하지 못하고 있다.

　그렇다면 뉴턴이 발견한 만유인력의 법칙은 무엇인가? 뉴턴이 탐구한 것은 만유인력의 원인이 아니라 만유인력의 크기였다. 만유인력의 원인을 도저히 알 수 없었던 뉴턴은 원인에 대해 탐구하는 것을 포기하고 만유인력의 크기를 계산하는 과감한 선택을 했다. 뉴턴이 말하는 만유인력은 물리적 힘이 아니라 수학적 힘이었다. 뉴턴은 힘의 물리적 원인을 다루지 않고, 힘이 작용해 물체가 어떻게 운동하는지를 수학적으로 증명함으로써 만유인력의 존재를 드러냈다. 뉴턴의 연구방법은 케플러의 관측결과에 자신의 운동법칙과 수학적 계산을 적용해 행성의 타원궤도를 재발견한 것이다. 이를 통해 뉴턴은 만유인력이 행성에 작용한다면 그 행성의 운동경로는 타원궤도라는 사실을 입증했다. 나아가 우주에는 눈에 보이지 않는 힘인 만유인력이 모든 물체 사이에 작용하고 그 크기는 거리의 제곱에 반비례한다는 것을 보여주었다. 이것이 뉴턴의 만유인력 법칙이다.

이때 뉴턴은 몇 개의 법칙으로 우주의 모든 운동을 설명했다. 제1법칙은 관성의 법칙으로 정지해 있거나 일정한 속도로 직선운동을 하는 모든 물체는 외부에서 힘이 가해지지 않는 한 계속 정지해 있거나 등속직선운동을 한다는 것이다. 질량을 가진 모든 물체는 현재 상태를 계속 유지하려는 성향을 관성력을 가진다는 뜻으로 쉽게 이해할 수 있다. 제2법칙은 힘을 질량과 가속도의 곱(F=ma)으로 나타내고, 물체의 운동상태를 바꾸는 힘이 가속도라는 것을 알려주었다. 우리가 흔히 작용과 반작용의 법칙으로 알고 있는 제3법칙은 모든 작용에 대해 크기가 같고 방향이 반대인 반작용이 있다는 것이다. 다시 말해 힘에는 크기가 같고 방향이 반대인 두 요소가 항상 존재한다는 것이다.

그런데 이러한 세 개의 운동법칙은 힘이 무엇인지, 힘에는 어떤 종류가 있는지는 알려주지 않는다. 힘에는 다양한 종류가 있지만 그중에서 가속도로 힘을 나타내는 간단한 법칙(a=F/m)만을 도출했을 뿐이다. 즉 물체에 힘이 가해지면 속도가 변한다는 식으로 어떤 일이 일어나는지를 설명했다. 그러고 나서 뉴턴은 중력이라는 힘을 계산하기 위해 가속도를 수학적으로 표현하는 법을 찾았다. 『원리』의 1권 앞에 나오는 미적분학은 뉴턴이 자신의 연구를 위해 개발한 수학적

Top spread — left page

358   PHILOSOPHIÆ NATURALIS

De Motu Corporum

fluam primum *d e f g*, reactione frusti secundi *f g h i*, tantum urgebitur & premetur in superficie *f g*, quonam urget & premit frustum illud secundum. Frustum igitur *a e g f* inter cœvum *A d e* & frustum *f h i g* comprimitur utrinque, & propterea (per corol. vi. prop xix.) figuram suam servare nequit, nisi vi eadem comprimatur undique. Eadem igitur impetu quo premitur in superficie *d e*, *f g*, cona-

bitur cedere ad latera *d f*, *e g*; ibique (cum rigidum non sit, sed omnimodo fluidum) excurret ac dilatabitur, nisi fluidum ambiens adsit, quo conatus ille cohibeatur. Proinde conatu excurrendi, premet tam fluidum ambiens ad latera *d f*, *e g* quam frustum *f g h i* eodem impetu; & propterea pressio eum impetu propagabitur a lateribus *d f*, *e g* in spatia *N O*, *K L* hinc inde, quam propagatur a superficie *f g* versus *P Q*. Q. E. D.

PROPO.

Top spread — right page

PRINCIPIA MATHEMATICA.   359

Liber Secundus

PROPOSITIO XLII. THEOREMA XXXIII.

Motus omnis per fluidum propagatus divergit a recto tramite in spatia immota.

Cas. 1. Propagetur motus a puncto *A* per foramen *BC*, pergatque, si fieri potest, in spatio conico *BCQP*, secundum lineas rectas divergentes a puncto *A*. Et ponamus primo quod motus iste sit undarum in superficie stagnantis aquæ. Sintque *de*, *fg*, *hi*, *kl*, &c. undarum singularum partes altissimæ, vallibus totidem inter-

mediis ab invicem distinctæ. Igitur quoniam aqua in undarum jugis altior est quam in fluidi partibus immotis *LK*, *NO*, defluet ex jugorum terminis *e*, *g*, *i*, *l*, &c. *k*, *i*, *h*, *g*, &c. hinc inde versus *KL* & *NO*: & quoniam in undarum vallibus depressior est quam in fluidi partibus immotis *KL*, *NO*; defluet eodem de partibus illis immotis in undarum valles. Defluxu priore undarum juga, posteriore valles hinc inde dilatantur & propagantur versus *KL* & *NO*.

Bottom spread — left page

280   PHILOSOPHIÆ NATURALIS

De Motu Corporum

PROPOSITIO XVI. THEOREMA XIII.

Si medii densitas in locis singulis sit reciproce ut distantia locorum a centro immobili, sitque vis centripeta reciproce ut dignitas quælibet ejusdem distantiæ: dico quod corpus gyrari potest in spirali quæ radios omnes a centro illo ductos intersecat in angulis datis.

Demonstratur eadem methodo cum propositione superiore. Nam si vis centripeta in *P* sit reciproce ut distantia *SP*, dignitas quælibet *SP*$^{n+1}$ cujus index est *n+1*: colligetur ut supra, quod tempus, quo corpus describit arcum quemvis *PQ*, erit ut *PQ* × *PS* ; & resistentia in *P* ut $\frac{R}{PS}$,

sive ut $\frac{1-\frac{1}{2}n \times VQ}{PQ \times SP \times SQ}$, ideoque ut $\frac{1-\frac{1}{2}n \times OS}{OP \times SP^{n+1}}$, hoc est, ob datum

$\frac{1-\frac{1}{2}n \times OS}{}$, reciproce ut *SP*$^{n+1}$. Et propterea, cum velocitas sit

reciproce ut *SP*$^{\frac{1}{2}n}$, densitas in *P* erit reciproce ut *SP*.

Corol. 1. Resistentia est ad vim centripetam ut *SP* cub. erit *1—n*: ad *OP*.

Corol. 2. Si vis centripeta sit reciproce ut *SP* cub. erit *1—n*: *1—n*: ideoque resistentia & densitas medii nulla erit, ut in propositione nona libri primi.

Corol. 3. Si vis centripeta sit reciproce ut dignitas aliqua radii *SP* cujus index est major numero 3, resistentia affirmativa in negativam mutabitur.

Scholium.

Cæterum hæc propositio & superiores, quæ ad media inæqualiter densa spectant, intelligendæ sunt de motu corporum adeo parvorum, ut

ut

Bottom spread — right page

PRINCIPIA MATHEMATICA.   281

Liber Secundus

ut media ex uno corporis latere major densitas quam ex altero non consideranda veniat. Resistentiam quoque cæteris paribus densitati proportionalem esse suppono. Unde in mediis, quorum vis resistendi non est ut densitas, debet densitas eo usque augeri vel diminui, ut resistentia vel toltura excessus vel defectus suppleatur.

PROPOSITIO XVII. PROBLEMA IV.

Invenire & vim centripetam & medii resistentiam, qua corpus in data spirali, data velocitatis lege, revolvi possit.

Sit spiralis illa *PQR*. Ex velocitate, qua corpus percurrit arcum quam minimum *PQ*, dabitur tempus, & ex altitudine *TQ*, quæ est ut vis centripeta & quadratum temporis, dabitur vis. Deinde ex

arearum, æqualibus temporum particulis confectarum *PSQ* & *QSR*, differentia *RSr*, dabitur corporis retardatio, & ex retardatione invenietur resistentia ac densitas medii.

PROPOSITIO XVIII. PROBLEMA V.

Data lege vis centripeta, invenire medii densitatem in locis singulis, qua corpus datam spiralem describat.

Ex vi centripeta invenienda est resistentia in locis singulis, deinde

O o   ex

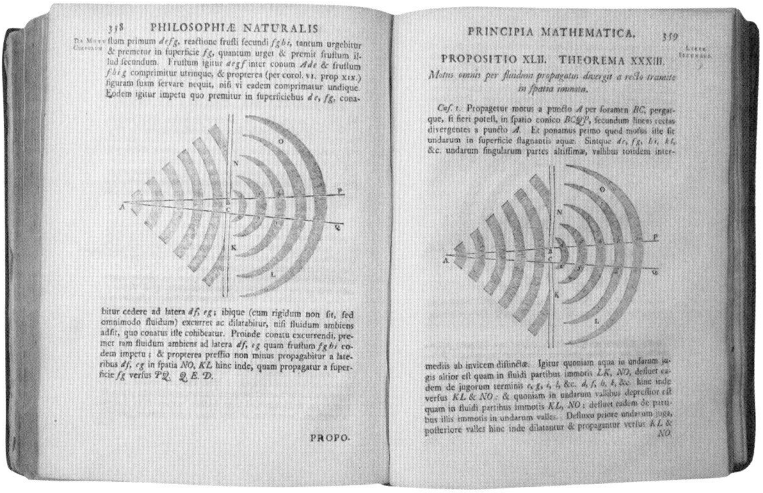

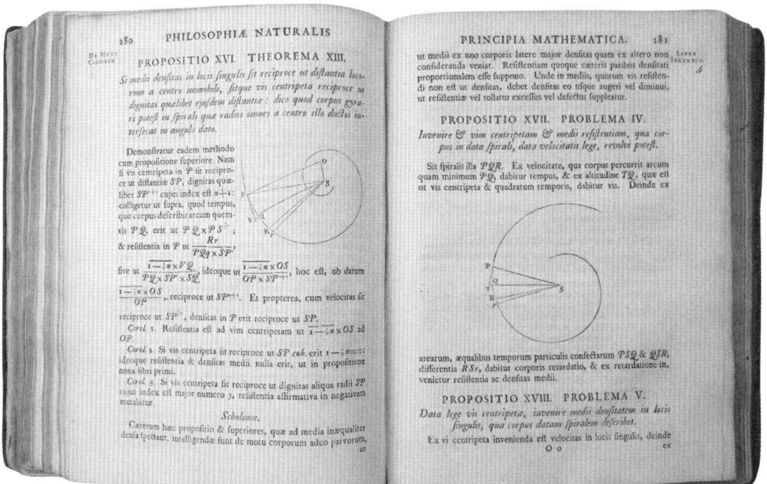

기법이었다.

미적분학은 행성의 궤도와 같이 물체의 운동을 계산하기 위한 방법이다. 운동을 어떤 물체가 움직이는 이동으로 본다면, 운동을 계산한다는 것은 시간에 따라 움직이는 물체의 위치를 정확히 알아내는 것이다. 예를 들어 어떤 물체가 처음에는 빠르게 움직였다가 다시 천천히 움직인다면 시간에 따른 위치의 변화, 즉 속도가 다르게 나타날 것이다. 이럴 때 시간을 잘게 쪼개서 매 순간 달라지는 위치 변화를 계산하면 일정한 위치 변화의 비율을 구할 수 있다. 이렇게 시간에 따른 위치 변화율이 곧 속도이고, 속도가 변하는 운동에서 속도의 변화율이 곧 가속도다. 따라서 궤도를 돌고 있는 행성의 위치처럼 초기조건이 주어지면 위치 변화율을 계산해 속도와 가속도로 운동을 예측할 수 있다.

이렇게 태양계에서 행성들의 운동은 뉴턴의 미적분학으로 계산이 가능해졌다. 거리, 시간, 속도, 가속도는 행성의 공전주기와 그에 따른 위치 변화로 측정하고 계산할 수 있다. 그리고 행성들을 궤도에 묶어놓는 힘, 만유인력을 태양과 행성들 사이의 거리로 나타냈다. 이렇게 뉴턴은 운동법칙과 미적분학으로 만유인력의 법칙을 유도했다. 만유인력은 갈릴레오의 자유낙하운동에서 나온 중력가속도와 같은 것이며, 케플러의 타원궤도를 돌게 하는 힘이라는 사실이 밝혀졌다. 두 물체 사이에 만유인력은 물체의 낙하와 행성운동에 똑같이 작용했다. 뉴턴은 미적분학을 이용해 갈릴레오가 발견한 지상의 운동법칙과 케플러가 발견한 천상의 운동법칙을 하나로 통합했다.

뉴턴은 갈릴레오와 케플러가 수행한 연구의 연장선에서 새로운 지식으로서의 과학이 무엇인지를 확실히 보여주었다. 앞서 보았듯이 갈릴레오는 운동의 원인을 묻지 않고 운동을 수학적으로 설명했다. 왜 물체가 떨어지는지를 말하지 않고, 어떻게 물체가 떨어지는지를 속도, 거리, 시간의 수학 공식으로 나타냈다. 자연세계를 목적론적으로 설명하는 아리스토텔레스의 철학에서 벗어나 새로운 방법으로 진리를 찾았던 것이다. 뉴턴은 수학적으로 증명하고 실험적으로 검증하는 연구방법으로 만유인력의 법칙을 탄생시켰다.

이에 대해 뉴턴은 유명한 말을 남겼다. 『원리』의 2판에서 "나는 이러한 중력의 성질이 나타나는 원인을 알 수 없었고……, 그러나 나는 가설을 만들지 않는다(Hypotheses non fingo)"라고 말했다. 세상에 빛, 열, 전기, 물질, 감각 등 알 수 없는 수많은 현상이 있지만 실험이나 관찰로 검증되지 않고 수학적으로 증명되지 않는 사실을 추측하거나 짐작하지 않겠다는 뜻이다. 뉴턴의 이런 태도는 과학에 결정적인 영향을 미쳤다. 이제 과학은 확실하게 측정할 수 있는 몇 가지를 분석하고 그다음 문제는 연구과제로 남겨두었다.

뉴턴 과학은 계몽주의에
어떤 영향을 미쳤나?

『원리』의 출간 이후 뉴턴은 우주의 질서를 찾았을지 모르지만 마음의 질서를 찾지는 못했다. 1693년 심각한 신경쇠약과 병적 우울증이 그의 삶을 짓눌렀다. 몇 개월씩 의사소통이 불가능했고 인간관계는 엉망이 되었다. 뉴턴은 왜 이런 병적 이상증세에 시달렸을까? 역사가들은 연금술에 너무 몰입한 나머지 수은에 중독되었거나 젊은 스위스 수학자와의 사적인 관계가 깨져서일지도 모른다고 추측한다. 어쨌든 흡사 미친 것 같은 모습은 18개월 이상이나 지속되었다.

황폐해진 뉴턴에게 활력을 불어넣은 것은 런던의 정치적 공간이었다. 1696년 뉴턴은 영국 조폐국의 감독으로 임명되었다. 조폐국과 천재 과학자가 어울릴 것 같지 않지만 뉴턴은 당시 위조화폐로 골머리를 앓고 있는 영국 정부의 문제를 해결했다. 위조할 수 없는 새 화폐를 찍어내고 위폐범들을 교수대에 세웠다. 뉴턴이 대학교수에서 정부 관료로 성공적으로 변신한 것은 17세기 과학의 사회적 변화를 보여주는 일이다. 과학자로서의 성공과 새로운 경력을 대학이 아닌 정치적인 공간에서도 얼마든지 쌓을 수 있었다. 1699년 뉴턴은 조폐국장으로 승진했고 대학에서 누릴 수 없었던 경제적 보상과 사회적 특권을 맛보았다.

1703년 오랜 앙숙이었던 훅이 죽자 뉴턴은 발길을 끊었던 왕립학회에 다시 나가기 시작했다. 그리고 유럽과 영국에서 이미 하늘을 찌르는 듯한 명성을 자랑하던 뉴턴이 왕립학회장으로 선출된 것은 당연한 일이었다. 매년 재선출되는 형식이었지만 왕립학회장 자리는 세상을 뜰 때까지 뉴턴의 것이었다. 조폐국장까지 겸임한 뉴턴은 영국의 과학계에서 독재적 권력을 휘둘렀다. 그는 자기 사람을 왕립학회 회원으로 뽑고 위원회를 마음대로 구성했다. 제도적으로 연결되어 있었던 그리니치 천문대를 통제했으며 영국의 과학 관료를 임명하는 데 입김을 불어넣었다.

이 시기 뉴턴은 화가를 불러 자신의 초상화를 그리도록 지시했다. 정치적 권력을 누리던 뉴턴의 위엄은 초상화에 광채를 더했다. 뉴턴은 이 초상화가 맘에 들었는지 왕립학회에 걸어놓았고 혹의 초상화는 떼어버리도록 했다. 우리가 어떤 과학자들보다 뉴턴을 친숙하게 느끼는 것은 자주 볼 수 있는 그의 초상화 때문일 것이다. 1704년 뉴턴은 앤 여왕Queen Anne(1665~1714)이 하사한 작위를 받고 아이작 뉴턴 경으로 다시 태어났다. 이렇게 빛나는 모습 뒷면에서는 오랫동안 비난받을 만한 나쁜 일이 벌어졌다. 바로 독일의 수학자 라이프니츠 Gottfried Wilhelm Leibniz(1646~1716)와 벌인 논쟁이었다. 미적분학의 발견을 놓고 라이프니츠와 벌인 우선권 논쟁에서 뉴턴은 상식 이하의 행동을 보였다.

역사가들은 뉴턴이나 라이프니츠가 단독으로 미적분학을 발견했다고 본다. 그만큼 뉴턴이 좀더 아량이 있었다면 서로 이해하고 넘어갈 수 있는 정황이었다는 것이다. 하지만 뉴턴은 그러지 않았다. 그는 라이프니츠에게 자신의 업적을 의도적으로 표절했다는 혐의를 뒤집어씌웠다. 공개적으로 망신을 당한 라이프니츠는 1711년 뉴턴이 학회장으로 있는 왕립학회에 진상을 밝혀달라는 순진하고 어처구니없는 실수를 하고 말았다. 호랑이굴에 제 발로 걸어 들어간 격이었다. 뉴턴은 왕립학회의 권위를 남용해 공식 위원회를 발족하고 만천하에 라이프니츠가 재기할 수 없도록 쐐기를 박았다. 1716년 라이프니츠가 사망한 후에도 미적분학에 대한 그의 공로를 흔적도 없이 지워버렸다.

〈아이작 뉴턴 경〉, 고드프레이 넬러, 1704년

한편 훅과 논쟁을 벌인 광학연구는 다시 살아났다. 30년이나 묵혀
놓았던 『광학*Opticks*』은 훅이 죽고 난 후 1704년에 세상 빛을 보았다.
『광학』은 『원리』와 쌍벽을 이루는 뉴턴의 대표작이다. 수학적인 『원
리』와는 대조적으로 이 책의 주제는 실험이다. 뉴턴은 『광학』이 끝나
는 부분에 '질문들*Queries*'을 제시했다. 그동안 연구를 하면서 관심 가
졌던 주제들을 선별해 『광학』의 세 판본에 모두 31개의 질문을 실었
다. 주로 빛, 열, 소리, 시각 등 밝혀지지 않은 자연세계의 현상에 대
한 뉴턴의 생각을 모아놓은 것이다. 이 질문들은 권위 있는 뉴턴이
한 말이었기에 추종자들에게 큰 영향력을 발휘했다. 『원리』보다 쉽
게 쓰인 『광학』은 당시 많은 과학자에게 널리 읽히며 깊은 영감을 주
었다.

『광학』 초판이 나온 후 1717년과 1721년에 재판이 나왔고 1713년
과 1726년에 『원리』의 재판이 나왔다. 뉴턴의 명성에 걸맞게 그의 저
작들은 제자들의 도움을 받고 재출간되었다. 그동안 뉴턴은 조폐국
장과 왕립학회장으로 공명심을 채우며 늙어갔다. 말년에는 다시 신
학과 성경의 예언에 몰두했다. 이단적 견해를 버리지 않았던 그는
1727년 3월 20일 85세의 나이로 숨을 거두면서 영국 국교의 예식을
거부했다. 하지만 영국 국민의 자랑이었던 뉴턴은 영국 국교회의 심
장 웨스트민스터 사원에 묻혔다. 은밀한 아리우스주의자였으며 최후
의 연금술사였고 평생을 불안한 내면세계와 싸웠던 뉴턴이 잠들었을
때, 그는 근대과학의 상징으로 다시 부활했다. 수많은 귀족과 조문객
들의 애도의 물결 속에 성대한 장례식이 치러졌다. 과학자들 중에서
뉴턴만큼 영광을 누린 자는 없을 것이다. 뉴턴은 살아서는 숭배의 대

상이었고 죽어서는 불멸의 지위를 얻었다.

16세기 코페르니쿠스의 지동설에서 시작된 과학혁명은 '뉴턴 과학Newtonian Science'으로 완성되었다. 그의 과학적 업적은 지난 세기의 과학을 한순간에 지우고 뉴턴 과학으로 바꾸어놓았다. 만유인력 법칙은 아리스토텔레스의 천상계와 지상계를 하나로 통일하고 새로운 우주를 재탄생시켰다. 뉴턴은 수학과 실험이라는 과학적 방법론을 확립시켰으며 천문학·역학·광학 등의 과학 분야에 지대한 영향을 미쳤다. 그의 사후 200년 동안 뉴턴의 고전역학이 모든 과학을 지배했다고 해도 과언이 아닐 정도다.

18세기는 '뉴턴 과학'의 성취가 맹위를 떨쳤다. 뉴턴 과학에 영향을 받은 것은 과학자들만이 아니었다. 『원리』의 초판에 핼리가 쓴 서문의 한 구절 "이성의 빛 속에서 무지의 구름, 마침내 과학으로 걷혔다"는 계몽사상가들을 고무시켰다. 그들에게 뉴턴 과학은 미신과 무지, 독단의 구름을 걷어내고 세상을 환하게 밝히는 빛이었다. 새로운 과학은 세상을 바꾸고 사람들을 깨어나게 할 수 있는 희망의 메시지를 전해주었다. 뉴턴 과학은 가설이나 독단을 배제하고 수학적·합리적·실험적·경험적 방법으로 우주의 질서를 찾을 수 있다는 성공적인 모델을 제시했다.

1688년 영국의 명예혁명을 주도한 존 로크John Locke(1632~1704)는 뉴턴 과학의 방법론으로 사회변혁의 이상을 품었다. 로크 덕분에 영국의 자유주의 정치사상은 입헌군주제라는 정치개혁을 이루고 근대사회로 한 걸음 다가갔다. 이러한 영국의 사회적 분위기는 프랑스의 대표적인 계몽사상가 볼테르Voltaire(1694~1778)에게 큰 충격을 주었다. 당시 정치적 이유로 영국에 망명 중이던 볼테르는 뉴턴의 장례식을 보고 프랑스 사회의 문제를 극명하게 깨달았다. 그의 눈에 비친 영국은 종교적 박해가 없고 사상적 자유가 있으며 뉴턴과 같은 과학자가 사회적으로 존경받는 곳이었다. 종교의 자유, 입헌정치, 과학적 사고방식이 공존하는 모습에 감명받은 볼테르는 프랑스로 돌아와 뉴턴 과학을 소개하는 데 전력을 다했다. 뉴턴 과학이 프랑스의 절대왕정과 교회 권력을 비판하는 데 기여할 것이라는 믿음에서였다.

볼테르의 연인 샤틀레 부인Marquise Chatelet(1706~1749)은 어려운 뉴턴의 『원리』를 프랑스어로 번역한 재능 있는 과학자였다. 볼테르는 그녀가 번역한 책을 보고 『뉴턴 철학의 요소』를 써서 뉴턴 과학을 널리 알렸다. 과학이 우주의 질서를 알아낸 것처럼 인간의 이성과 능력으로 더 나은 사회를 만들 수 있다는 뜻을 담았다. 이 시기에 『백과전서』의 출판 사업은 새로운 과학적 지식을 모으며 사회운동으로 확산되었다. 백과전서파로 알려진 지식인들과 계몽사상가들은 교육과 계몽을 바탕으로 인간의 사고를 바꾸고 세상을 바꾸려 했다. 결과적으로 뉴턴 과학과 계몽운동은 1776년 미국혁명과 1789년 프랑스대혁명에 역사적 밑거름이 되었던 것이다.

4

유럽이
아닌 곳에서
바라보는
과학혁명

유럽인들은 왜 과학이라는 지식을
생산했을까?

과학혁명은 세계관의 변화로부터 시작해 사회적 변혁으로 이어졌다. 인간 이성을 믿는 계몽주의는 유럽 사회가 근대사회로 발전하는 데 철학적 이념을 제공했다. 서유럽은 정치적으로는 프랑스혁명, 경제적으로는 산업혁명을 통과하며 민주주의를 바탕으로 한 국민국가와 산업자본주의를 실현했다. 그래서 역사학자 허버트 버터필드Herbert Butterfield(1900~1979)는 이렇게 말했다. "과학혁명은 유럽의 역사상 기독교의 출현 이래의 어떠한 사건보다도 훨씬 더 중대한 일이었으며, 과학혁명에 비하면 종교개혁이나 르네상스는 중세 기독교 사회 내의 단순한 에피소드에 지나지 않는 작은 변화였다."

이렇게 종교개혁과 르네상스를 단순한 에피소드로 만들어버린 과학혁명은 코페르니쿠스로부터 뉴턴이 살았던 시대, 즉 16세기 중반부터 18세기 초반 유럽에서 일어난 일이다. 유럽인들은 근대과학의 출현에 스스로 도취되었다. 18세기 이래로 유럽인들은 자신들이 깨어 있는, 즉 '계몽'된 자들이며 유럽은 과학혁명이 일어난 특별한 장소임을 강조했다. 계몽주의 사상가들은 과학이 사회를 진보시켜줄 것이라고 굳게 믿었고 역사는 자신들의 손에 의해 발전할 수 있다고 생각했다.

과학혁명 이후 근대과학은 유럽의 전통을 계승하며 전 세계로 퍼졌다. 유럽은 과학교육과 연구의 중심지가 되었고 미국은 유럽식 훈련과정을 채택했다. 20세기 과학의 조직화는 세계적으로 보편적인 현상이 되었지만 과학 분야의 노벨상은 유럽과 북미의 과학자들이 거의 독점하고 있다. 만약 다른 지역 출신자들이 노벨상을 받는다면 그들은 유럽이나 북미에서 훈련받고 연구를 수행한 과학자들이거나 아니면 자국에서 이러한 프로그램으로 훈련된 과학자들이다. 결국 서양의 근대과학은 각 문명권의 전통과학을 대체하고 학문 분야의 지배적 위치를 차지했다.

과학혁명은 유럽인들에게 자랑스러운 역사다. 과학혁명의 역사는 서양의 교양 교과과정에 확고부동한 자리를 차지하고 있다. 과학혁명의 용어에는 과학에 있어서 '혁명적'인 일이 일어났다는 뜻이 강조되는데, 이러한 '과학혁명'이라는 표현이 쓰이기 시작한 것은 그리 오래된 일이 아니다. 1939년에 프랑스의 과학사학자 알렉상드르 코이레Alexandre Koyre(1892~1964)가 처음 언급한 이후 20세기 중반부터 과학혁명은 과학사에서 가장 가치 있는 연구로 부각되었고 지금까지 많은 연구업적이 나왔다.

이러한 서양 과학사학자들의 연구를 통해 과학혁명은 대체로 다음과 같이 알려졌다. 과학혁명으로 아리스토텔레스의 전통이 깨지고 천문학과 역학에 새로운 이론이 등장했다. 실험은 과학의 새로운 방법으로 자리 잡았고 기술자의 사회적 지위가 향상되었다. 이 세상의 모든 것은 물질과 운동으로 이루어지고 기계적으로 움직이고 있다는 기계적 세계관이 널리 받아들여졌다. 이성적이고 기계적이고 합리적인 사고가 과학적 태도로 인정되었다. 이러한 근대과학의 합리성이 유럽 사회에 뿌리를 내리면서 근대사회로 발전하는 데 크게 기여했다는 것이다.

그렇다면 유럽이 아닌 곳에서 과학혁명은 무엇이었나? 과연 근대 과학의 출현이 세계를 한순간에 근대사회로 바꾼 것일까? 미국의 과학사회학자 스티븐 샤핀Steven Shapin(1943~)은 『과학혁명』이라는 책에서 기존의 과학혁명으로 설명되지 않는 역사적 사실이 많다는 것을 다음과 같이 지적했다.

사실상 17세기에 많은 사람들은 유럽에 살고 있지 않았고, 자신들이 '17세기'에 산다는 것도 알지 못했으며, 과학혁명이 일어나고 있다는 것조차 깨닫지 못했다. 유럽 인구의 절반을 차지하는 여성들은 전혀 과학을 접할 수 없는 위치에 있었고, 남녀를 불문하고 대부분의 사람들은 문맹이었거나 정식 교육을 받을 기회조차 없었다.[*]

* 스티븐 샤핀 지음, 한영덕 옮김, 『과학혁명』, 영림카디널, 2002, 17쪽.

이와 같은 사실은 과학혁명이라는 사건이 당시 세계에 '혁명적 변화'를 이끌어냈는지에 대해 의문을 품게 한다. 17세기 유럽에서 이루어진 눈부신 과학 발전에 이의를 제기하기는 힘들지만 과학혁명의 영향력을 강조하는 것은 유럽인의 시각에서 바라본 유럽 중심주의의 소산이라고 할 수 있다. 그렇기 때문에 유럽에 살고 있지 않은 우리는 유럽인과 다른 시각에서 과학혁명을 볼 필요가 있다.

16세기와 17세기 유럽의 국가들은 역사상 유례가 없을 정도로 자신의 힘을 세계의 다른 지역에 급속도로 퍼뜨려나가기 시작했다. 이 시기에 일어난 과학혁명은 화약혁명 이후 지속적으로 팽창해가는 유럽 사회의 변화와 맞닿아 있다. 이때 유럽인들은 왜 과학이라는 지식을 생산했을까? 유럽에서 일어난 과학혁명은 동아시아의 변방에 위치한 우리에게 어떤 영향을 미쳤는가? 이러한 맥락에서 과학혁명을 살펴보도록 하자.

15세기 이후 유럽의 지리학적 발견은 기존 학문의 권위를 위협했다. 프톨레마이오스의 『지리학』과 『알마게스트』를 참고한 콜럼버스는 잘못된 정보 때문에 아메리카를 인도로 착각했다. 쓸모없는 지식으로 가득한 고대 문헌은 개인적 경험보다도 못한 것이었다. 유럽의 팽창은 자연과 그 안에 사는 사람들에 대한 더 많은 사실을 알려주었고, 폭넓어진 경험을 바탕으로 자연사와 박물학에 관한 지식을 쌓아갔다. 이제 발견은 새로운 땅을 찾아 나서는 일만이 아니었다. 지식의 파편을 모아서 새로운 체계를 만들고, 새로운 연구방법을 구축하는 일 모두가 새로운 발견이었다.

갈릴레오가 망원경으로 태양의 흑점을 발견했듯이, 자연세계에는 무궁무진한 새로운 지식이 있었다. 망원경과 현미경을 이용했던 과학자들은 관측기구와 실험장치를 통해 세밀하고 경이로운 세계를 볼 수 있다고 주장했다. 아직 접하지 못한 자연세계, 예컨대 아주 작은 세계나 아주 먼 곳에 새로운 지식들이 얼마든지 있었다. 영국의 철학자 프랜시스 베이컨Francis Bacon(1561~1626)은 자신의 책 표지에 "많은 사람이 빨리 왕래하여 지식이 더하리라"라는 성경 구절을 써놓았다. 항해와 상업으로 더 많은 지식을 얻을 수 있다고 강조했던 것이다.

그렇다면 유럽인들에게 새로운 과학은 무엇을 가져다줄 것인가? 베이컨이 말하기를 "사물들은 그 자체로서 진리truth이고 효용Utility"이라고 했다. 자연의 실재인 사물을 탐구하면, 진리와 효용을 동시에 얻을 수 있다는 뜻이다. 그에게 가장 참되고 올바른 지식은 실재적이고 가장 유용한 지식이었다. 새로운 과학적 탐구는 자연을 명상하고 이해하는 것이 아니라 자연에 적극적으로 개입해 유용한 지식을 얻어내는 것이었다. 베이컨의 유명한 경구 "자연의 법칙을 알면 나는 자연을 이용할 수 있다. 아는 것은 나에게 힘을 준다. 아는 것은 힘이다"에서 아는 것은 과학을, 과학은 자연을 지배하는 힘을 뜻한다.

새로운 과학의 등장으로 유럽인들이 자연을 보는 관점에 변화가 일어났다. 과학을 발견한 인간은 자연을 이용하고 조작하고 변형할 수 있는 존재가 되었다. 자연은 인간과 분리된 객체이고, 인간은 자연을 지배할 수 있는 주체이며, 그 사이를 매개하는 지식이 과학이었다. 인간은 자연에 대해 우월한 능력과 권한을 가지고 있으며, 인간이 만들어낸 과학은 자연을 통제할 수 있다고 생각했다. 유럽인들은 과감하게 자신들이 자연에 대한 주인이자 소유자라고 말했다. 동양에서는 결코 생각할 수도 없는 자연관이었다. 자연을 지배한다거나 자연을 인간과 분리된 대상으로 생각하는 것은 동양 사람들에게 낯선 것이었다.

베이컨이나 데카르트와 같은 17세기 사상가들은 자연에 대한 착취를 당연하게 받아들였다. "자연이 빠져나가지 못하게 단단히 틀어쥐어야 한다"고 말하며 자연을 강제적으로 약탈하는 것도 과학 활동의 한 측면이라고 여겼다. 나아가 자연세계의 천연자원은 인류의 이익을 위해 착취해야 한다고 주장했다. 여기에서 표방하는 인류의 이익이란 과연 지구상의 모든 사람을 위한 것일까? 유럽인들은 식민지 원주민을 인류의 범주에 넣지 않았다. 식민지인은 자연의 일부로 물화된 착취의 대상이었다. 유럽인의 이익을 위해서라면 언제든지 착취할 수 있는 천연자원일 뿐이었다. 다시 말해 유럽인들에게 식민지인은 인간이 아니라 자원이었다.

17세기 이후 유럽에서는 어느 곳에서나 과학의 유용성을 주장하는 이데올로기를 만날 수 있었다. 특히 유럽 국가들은 과학을 제도화하고 조직화하면서 과학의 유용성과 베이컨주의를 강조했다. 1666년 프랑스의 왕립 과학아카데미가 창립되었을 때 내세웠던 것은 과학 연구가 유용한 지식을 생산하고 국가에 경제적 이익을 줄 것이라는 명분이었다. 프랑스의 과학아카데미는 영국의 왕립학회와 더불어 유럽의 과학 제도화를 선도했다. 그에 따라 프로이센, 러시아, 스웨덴에 왕립 과학아카데미가 차례로 설립되었으며, 이를 본뜬 아카데미들이 유럽 전역과 유럽의 식민지로 퍼져나갔다.

베이컨주의의 학문적 프로그램은 새로운 과학단체와 연구기관에 잘 어울렸다. 베이컨주의는 개인적이고 비밀스러운 연구에서 벗어나 협동적이고 공개적인 연구를 추구했으며, 새로운 과학의 방법으로 실험적이고 귀납적인 연구를 제시했다. 귀납적 방법은 많은 경험적 자료를 분류하고 정리해 실제적이고 유용한 지식을 얻는 방법이었다. 자연의 역사를 연구하는 자연사自然史는 귀납적 연구의 좋은 사례로 꼽힌다. 유럽인들은 오늘날의 자연사박물관과 같이 자연에서 발견되는 동식물들을 수집해 정리하고 분류했다. 유럽의 팽창으로 얻어진 지식과 경험은 자연사로 축적되어 하나의 지식체계로 완성될 수 있었다.

새로운 지식에 대한 유럽의 야망은 식민지 확장으로 더욱 부추겨졌다. 유럽인들은 일찍이 정복과 탐험을 위한 자연적·역사적·지리적 지식들이 식민지의 획득과 경제적 부를 가져다준다는 것을 알고 있었다. 이에 따라 신세계의 자연사와 자원에 대한 연구를 위해 식물원이 유럽 곳곳에 생겨났다. 1635년에는 프랑스 파리에 왕립식물원 Jardin du Roi이, 1753년에는 영국 런던에 큐 왕립식물원Royal Gardens at Kew이 탄생했다. 유럽의 국립식물원은 과학 연구의 중심이 되었으며 중상주의 정책 속에서 네덜란드, 영국, 프랑스에 의해 전 세계로 퍼져나갔다. 또한 유럽의 국가들은 천문대를 설립해—프랑스(1667), 영국(1675), 프로이센(1700), 러시아(1724), 스웨덴(1747)—국내외 상업과 무역 활동을 효율적으로 관리했다.

유럽의 과학자들은 과학아카데미와 식물원, 천문대 등에서 연구원이나 정부 관료로 일했다. 뉴턴이 말년에 조폐국에서 영국 왕실을 위해 일한 것처럼 프랑스 과학아카데미의 과학자들은 정부의 특허업

무를 담당했다. 갈릴레오처럼 궁정 과학자로 일하는 시절은 아득히 먼 옛날이 되었다. 유럽의 새로운 중앙집권적 국가들은 산업자본주의의 발전을 위해 과학자들의 능력을 이용했다. 과학자들은 국가에 헌신하며 사회적 지위와 보상을 제공받았다. 이들은 처음에는 절대 왕정의 군주들을 위해, 나중에는 민족국가의 관료체제로 변모한 유럽의 정부를 위해 일하는 전문 인력이 되어갔다.

18세기에 유럽인들은 세계에 대해 아는 것이 많아질수록 세계를 점점 더 많이 지배하게 되었다. 유럽의 과학과 기술은 공격적으로 자연을 파괴하며 지구 전체를 수탈하기 시작했다. 유럽인들은 근대과학이 이성적이고 객관적이라고 자부했지만 그 안에 도사리고 있는 함정은 알아채지 못했다. 가치중립적인 과학이 정치적으로 이용될 소지가 더 많다는 것을 말이다. 나중에 뉴턴 과학과 계몽사상은 유럽인들이 문명이라는 이름으로 식민지 정복을 정당화한 이데올로기의 핵심이 되었다. 백인들이 원주민들을 지배하며 내세운 '문명화의 사명'에서, 그 문명의 개념은 유럽이 역사적으로 발전했다고 착각하게 만든 과학과 기술에서 나왔다. 과학사학자 니덤은 도덕이 배제된 자연철학이 동양에서는 나올 수 없다는 것을 일깨웠다. 그리고 인간 도덕의 문제로부터 객관적인 태도를 취하는 서양의 근대과학이 인류를 파멸로 이끌 수 있다고 경고했다.

과학혁명은 동아시아 세계에
어떻게 전해졌나?

16~17세기 유럽은 '과학혁명의 시기'이기도 했지만 '종교전쟁의 시기'이기도 했다. 조선과 중국, 일본의 동아시아 세계에 먼저 닿은 것은 과학이 아닌 종교였다. 유럽을 휩쓸던 가톨릭(구교)과 프로테스탄트(신교)의 대립은 멀리 동아시아까지 영향을 미쳤다. 가톨릭 국가들(에스파냐, 포르투갈 등)과 프로테스탄트 국가들(영국, 네덜란드 등) 사이에서 일어난 종교전쟁은 세계 곳곳을 벌집 쑤시듯이 건드렸다. 중국이나 일본에 일찍이 도착한 종교 교단은 가톨릭의 예수회였다. 예수회는 1540년 이그나티우스 로욜라Ignatius de Loyola(1491~1556)가 신교의 확산을 막기 위해 교황에게 승인을 받고 로마에 창설한 가톨릭 결사단체로서 군대조직과 같은 엄격한 종교훈련을 받고 교황에 충성을 맹세한 십자군의 전사들로 구성되었다.

이들 예수회가 가장 주력한 사업은 엘리트 교육이었다. 지적으로 우수한 사제를 키워 신교도와 맞서기 위한 정책이었다. 예수회는 귀족과 부르주아 자제를 교육하는 콜레주collège를 유럽 곳곳에 설립했다. 그리고 최고의 인문교육과 과학교육으로 무장한 사제들을 왕의 궁정 자문관이나 귀족의 개인교사로 침투시켰다. 이러한 예수회의 탁월한 조직력은 유럽 각국에서 막강한 정치력을 행사했다. 오스트리아와 바이에른에서 교회개혁을 주도했으며 폴란드를 가톨릭 국가로 개종시키는 데 기여했다.

예수회는 교황을 정점으로 하는 국제적 조직망을 구축하고 전 세계로 뻗어나갔다. 특히 유럽에서 약화된 가톨릭의 교세를 만회하기 위해 해외 선교 활동에 눈길을 돌렸다. 여러 나라에 파견된 예수회 선교사들은 복종을 원칙으로 하는 교단의 규율에 충실했고 유럽에 있는 자신의 스승에게 정기적으로 각종 자료를 보고했다. 16~17세기 예수회는 세계의 지식을 모으는 데 최대의 네트워크를 동원할 수 있는 조직이었다.

1601년 자명종을 들고 명나라 황제를 알현한 마테오 리치Matteo Ricci, 利瑪竇(1452~1610)는 이러한 예수회의 일원이었다. 그가 1552년 마카오에 도착해 황제가 있는 북경에 입성하기까지 19년의 시간이 걸렸다. 동아시아 세계를 포교하려는 야심을 품고 머나먼 길을 돌아 드디어 최초의 서양 선교사로서 중국 황제를 만난 것이다. 당시 세계 최강국이었던 중국은 유교 문화만이 오직 '문명'이요, 천주교의 서양 문화는 '야만'으로 여기고 있었다. 이러한 중국의 환심을 사기 위해 리치는 중국어를 열심히 배우고 유교 경전을 읽으며 중국 문화를 철저히 연구했다. 먼저 리치는 중국의 사대부들에게 접근했다. 지배층인 사대부들이 천주교를 믿으면 일반 대중도 쉽게 따라올 것이라고 판단했던 것이다. 그는 유학자의 옷을 입고 유교와 천주교의 윤리가 서로 비슷하다고 강조했다. 또한 천주교에서 우상 숭배로 배척하던 조상에 대한 제사까지 허용하면서 최대한 거부감을 줄이려고 애썼다. 그리고 지적인 사대부들의 마음을 사로잡을 수 있는 서양의 과학 기술을 선교의 수단으로 이용했다.

유럽에서 가져온 자명종, 망원경, 프리즘 등은 황제와 사대부들의 이목을 끌기에 충분했다. 이렇게 자신의 입지를 다진 리치는 중국인들의 전통적 세계관을 깨기 위해 서양식 세계지도를 활용했다. 중국이 세상의 중심이라는 중화사상을 흔들어놓기에 이보다 더 효과적인 수단은 없는 듯했다. 그는 예수회 본부에 "세계지도는 중국이 우리의 신성한 믿음에 신뢰를 갖게 할 수 있는 가장 훌륭하고 유용한 작품이다"라고 써 보냈다. 그리고 중국인들이 세계는 넓고 자신들의 나라는 그 가운데 작은 부분에 불과하다는 사실을 알게 될 것이라고 덧붙였다.

1602년 리치가 제작한 〈곤여만국전도坤與萬國全圖〉는 중국 사대부들 사이에서 일대 파란을 일으켰다. 땅은 네모지고 중국이 세상에서 가장 큰 나라라고 알고 있었던 중국 지식인들은 이 지도를 보고 큰 충격을 받았다. 리치가 만든 세계지도에는 둥근 땅에 중국보다 더 넓은

마테오 리치

유럽이 아닌 곳에서 바라보는 과학혁명

세계가 그려져 있었다. 리치는 서양의 세계지도 동쪽 끄트머리에 있는 중국을 정중앙에 배치했지만 중국인들이 받은 충격이 완화된 것은 아니었다. 어쨌든 〈곤여만국전도〉는 중국에서 폭발적인 반응을 얻었을 뿐 아니라 조선과 일본에도 전해졌다.

리치의 세계지도는 그 이전의 동아시아 세계에서 볼 수 없었던 16세기 말 유럽의 최신 지도였다. 그런데 어떻게 일개 선교사가 서양 지리학이 총망라된 지도를 제작할 수 있었을까? 리치는 예수회의 본산 로마 대학Roman college에서 엘리트 교육을 받은 사제였다. 갈릴레오와

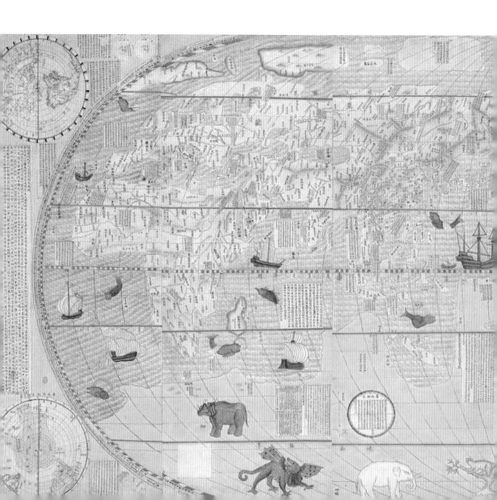

교류하고 그레고리오력의 편찬자로도 유명한 당대 최고의 과학자 클라비우스Christopher Clavius(1537~1612)에게 천문학·지리학·수학을 배웠다. 동아시아 선교를 위해 떠난 이후인 1584년에 〈산해여지도山海輿地圖〉를 만들었고, 그 이후에도 10여 종이나 되는 세계지도를 직접 제작한 경험을 가지고 있었다.

〈회입곤여만국전도〉
〈곤여만국전도〉는 1602년에 마테오 리치가 처음 만들었는데 그 이후에 여러 차례에 걸쳐 제작되었다. 1608년에 제작된 이 지도는 가로 346센티미터, 세로 192센티미터의 여섯 폭짜리 병풍으로 되어 있고, 중국의 난징박물관에서 소장하고 있다. 원래 〈곤여만국전도〉에는 없는 동물과 선박들이 그려져 있어서 '회입繪入'이라는 말을 붙여서 부른다.

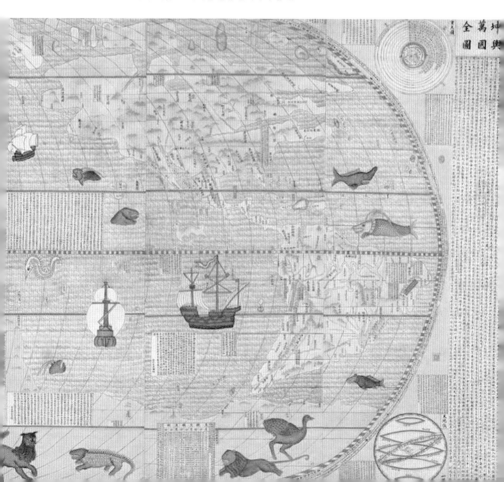

신학·어학·철학·과학 등 모든 방면에 뛰어난 재능을 가졌던 리치는 중국인들의 정신세계를 파고들었다. 중국어와 한문을 익혀 중국의 지식인들이 쉽게 읽을 수 있도록 한문 번역서를 편찬한 것이다. 한역서학서漢譯西學書라고 불리는 이 책들은 가톨릭을 소개하는 『천주실의天主實義』를 비롯해 기하학·지리학·천문학에 관련된 서양 과학책들이었다. 리치는 서광계徐光啓(1562~1633), 이지조李之藻(1571~1630)와 함께 유클리드의 『기하원본幾何原本』과 『동문산지同文算指』를 번역했다. 그리고 『측량법의測量法義』, 『구고의句股義』, 『환용교의圜容較義』, 『혼개통헌도설渾蓋通憲圖說』, 『경천설經天說』, 『만국여도萬國輿圖』, 『건곤체의乾坤體義』, 『측량이동測量異同』 등을 출간했다.

동아시아 세계에 서양 과학이 전파되는 데 있어 한역서학서는 세계지도만큼 파급력이 있었다. 한자를 쓰는 유교 문화권에서는 어디든지 내용이 전달될 수 있었기 때문이다. 특히 예수회 선교사들을 만날 수 없었던 조선의 지식인들에게는 서양의 과학을 접할 수 있는 좋은 자료였다. 세계지도를 제작하고 한역서학서를 출간하는 활약으로 마테오 리치는 동아시아에서 유명인사가 되었다. 또한 '세계 최고의 수학자이자 자연철학자'로 대접받으며 중국의 주류 정치계에 성공적으로 정착했다. 유럽에서 했던 것과 마찬가지로 동아시아에서도 예수회는 정치권력을 이용해 천주교의 교세를 넓혀나갔다. 리치는 중국에서 어렵게 다져놓은 황제와의 친분이 지속되기를 원했다. 그래서 그는 예수회 본부에 중국으로 일류 천문학자를 보내달라고 요청했다. 그 후 유럽의 예수회는 전문 과학자 출신의 우수한 선교사들을 선발해 중국 황실에 파견했다.

요하네스 테렌츠Joannes Terrenz(1576~1630), 아담 샬Adam Schall(1591~1666), 자코모 로Giacomo Rho(1592~1638) 등은 마테오 리치의 자리를 훌륭히 메운 예수회 선교사들이다. 이들은 명나라가 멸망하고 청나라가 들어서는 혼란기에 정치력을 발휘해 가톨릭의 교세를 확장했다. 1645년 왕조 교체 직후 새로운 역법 개정에 앞장선 아담 샬은 국립천문대인 흠천감欽天監의 실권을 장악했다. 그의 활약으로 중국 역법 사상 최초로 서양 천문학을 적용한 '시헌력時憲曆'이 채택되었다. 아담 샬은 시헌력의 해설서로 서양 천문학 지식을 모두 모아 『서양신법역서西洋新法曆書』를 편찬했다. 그는 청나라 황제 순치제順治帝(1638~1661)의 총애를 받아 높은 벼슬과 권력까지 얻었다. 예수회의 선교 활동은 더욱 활발해졌고 중국인 가톨릭 신자도 크게 증가했다.

　중국인들이 보았을 때 예수회 선교사는 서양 오랑캐였다. 그런 서양 오랑캐가 자신들보다 정확하게 일식을 예측하고 우주론을 상세히 알고 있다는 사실만으로도 중국인들의 자존심은 큰 상처를 입었다. 더구나 서양 선교사가 만든 시헌력을 중국의 역법으로 채택한다는 것은 서양 천문학의 우수성을 인정하는 셈이었다. 이러한 서양 천문학의 도전에 중국의 지식인들은 매우 당혹스러울 수밖에 없었다. 그뿐만 아니라 우주구조에 관심을 두지 않았던 중국의 전통 천문학자들은 서양 천문학에서 소개된 프톨레마이오스나 코페르니쿠스의 우주론을 이해하고 받아들이는 데도 큰 어려움을 겪었다.

　당시 유럽에서는 우주론을 둘러싸고 종교적 갈등이 벌어졌는데, 이러한 상황은 중국에까지 전해졌다. 코페르니쿠스의 우주론을 이단으로 취급한 예수회 선교사들은 중국에 우주론을 소개하면서 갈팡질

팡하는 모습을 보였다. 1600년대 마테오 리치는 프톨레마이오스의 천동설과 아리스토텔레스의 4원소설을 소개했다. 30년 후 아담 샬은 튀코 브라헤의 우주론을 지지했고, 자코모 로는 코페르니쿠스의 지동설을 소개했다. 이처럼 논리적 일관성이 결여된 서양 천문학은 중국인들에게 난해하고 혼란스럽다는 인상을 줄 수밖에 없었다.

중국인들은 유럽 대륙에서 일어난 과학혁명의 급박한 상황을 전혀 모르고 있었다. 1616년 로마 교황청은 코페르니쿠스의 지동설을 공식적으로 이단이라고 선포했다. 가르치고 배우는 어떤 행위도 금지시켰지만 1650년대가 지나면서 유럽에서는 코페르니쿠스의 우주론이 다시 고개를 들기 시작했다. 1687년에는 뉴턴의 만유인력 법칙이 발견되고 코페르니쿠스의 천문학혁명을 완성하기에 이른다. 태양 중심의 우주구조를 증명하고, 그러한 태양계가 작동하는 원리까지 발견한 것이다. 그런데 예수회 세상이었던 중국에서는 새로운 과학혁명의 결과물을 전혀 접할 수 없었다. 지구가 우주의 중심이라는 확고부동한 예수회의 입장은 중국에 새로운 근대과학의 유입을 차단하고 구태의연한 중세의 우주론을 전파했다.

아담 샬을 비롯한 예수회 선교사들이 선호한 우주론은 튀코 브라헤의 절충안이었다. 지구를 중심으로 태양과 달이 돌고, 태양을 중심으로 다섯 행성이 도는 우주구조는 여러모로 장점이 있었다. 지구 중심을 그대로 유지하면서 관측 자료와도 잘 맞아떨어졌던 것이다. 따라서 튀코의 우주론은 중국에서 천문학의 교과서였던 『서양신법역서』에 채택되었고, 이렇게 한번 쓰인 이상 중국인들은 누구도 의심하지 않았다.

1723년이 되면 중국 천문학자들은 예수회 선교사의 손을 빌리지 않고 자신들이 직접 연구한 역법서『역상고성曆象考成』을 발간했다. 튀코의 우주론이 유럽에서 이미 한물갔다는 사실을 까맣게 모르는 이들은 여전히『서양신법역서』를 참고했다. 1742년에는 예수회 선교사 쾨글러Ignatius Kögler(1680~1746)가 참여해『역상고성후편曆象考成後篇』을 내놓았다. 쾨글러는 이 책에서 케플러의 타원궤도를 적용해 태양과 달의 움직임을 계산했다. 그런데 지구 중심의 모델을 버리지 않았기 때문에 지구를 중심으로 태양과 달이 타원궤도를 도는 이상한 우주구조가 만들어졌다. 코페르니쿠스의 지동설을 가르칠 수 없었던 예수회 선교사들은 왜곡된 형태의 우주론을 중국에 전했던 것이다.

18세기 중국 천문학자들은 이러한 서양 천문학을 받아들여 전통적인 역법의 틀 안에서 정리했다. 이 과정에서 이들은 예수회 선교사들의 책에 나오는 일관성 없는 우주론을 비웃고 무시했다. 중국 문화가 세계 최고라는 오만함은 서양 천문학을 낮게 평가했고 공들여 배울 가치가 없다고 생각하게 만들었다. 이러한 분위기에서 서양 언어를 배워 직접 서양 과학책들을 읽으려는 중국인은 아무도 없었다. 그저 예수회 선교사들이 한문으로 써준 책들을 읽으며 세상 돌아가는 것을 모르는 채 자신들의 제국이 영원하리라 믿고 있었다.

동아시아에서는 왜 지동설이
과학혁명을 일으키지 않았나?

세계의 동쪽 끝, 조그만 반도의 나라 조선은 서양의 시선을 받기에 지리적으로 후미진 곳에 있었다. 그 까닭에 예수회 선교사의 종교적 야심이나 서양 무역선의 탐욕스러운 눈길에서 벗어나 있었다. 그래서 조선에 서양 과학이 전래된 경로는 가까운 중국이나 일본과 상당히 달랐다. 중국은 예수회 선교사들이 갖은 애를 쓰며 서양 문화와 과학을 전해주려 했지만, 조선은 중국으로 찾아가지 않으면 예수회 선교사를 만나볼 수도 없었다.

조선에는 서양 사람보다 서양 책이 먼저 도착했다. 마테오 리치의 세계지도 〈곤여만국전도〉는 제작된 이듬해인 1603년에 조선에 들어왔다. 북경에 사신으로 갔던 이광정李光庭과 권희權憘가 가져온 것이었다. 그리고 30년 후인 1631년에 정두원鄭斗源이 중국 등주登州에서 선교사 로드리게스를 만나는 기회를 얻었다. 예수회 선교사들은 조선에서의 포교를 기대하며 중국에 온 조선 사신들에게 호의를 베풀었다. 망원경, 자명종, 서양식 소총인 홍이포紅夷砲 등과 천문·역산·지리에 관한 한역서학서를 주었다. 이러한 책을 읽은 조선인들은 서양 과학의 학문적 수준에 놀랐다. 중국 밖에도 뛰어난 인물과 문화가 있다는 것이 조선 사대부들의 호기심을 자극했다. 하지만 안타깝게도 서양 문물을 더 살펴볼 겨를도 없이 병자호란丙子胡亂(1636~1637)의 소용돌이에 휘말리고 말았다.

조선은 청나라와 군신관계를 체결한 후 청의 역법인 시헌력을 반포했다. 서양 천문학이 반영된 중국의 역법이 조선에 전해진 것이다. 1640년대부터 아담 샬의 『서양신법역서』에서 1740년대 『역상고성후편』에 이르기까지 1세기 동안 조선의 천문학자들은 중국의 서양식 역법을 소화하기 위해 매달렸다. 그들은 서양 선교사들의 도움을 받지 못했지만 마침내 서양식 역법을 이해하는 데 성공했다. 그 결과 1790년대 정조 대에 들어서면 세종 대의 『칠정산』과 같은 조선의 독자적 역법이 시행되었다. 그런데 문제는 중국 천문학의 영향 아래서 서양의 최신 천문학을 제대로 수입할 수 없었다는 점이다.

18세기 말까지 지구가 태양 주위를 공전한다는 사실은 동아시아 세계에 전혀 알려지지 않았다. 거기다 조선은 중국보다 서양 과학을 배우기에 훨씬 열악한 환경이었다. 그럼에도 조선의 유학자들 중에서는 중국에서도 찾아볼 수 없는 독창적인 우주론을 주장한 이들이 있었다. 김석문, 홍대용과 같은 조선의 실학자들이었다.

김석문金錫文(1658~1735)은 동아시아에서 처음으로 지전설地轉說을 주장했다. 중국의 전통 천문학에서 12세기 주희는 기의 회전으로 하늘이 움직인다는 우주론을 제시한 바 있었다. 그런데 김석문은 땅이 움직이지 않고 하늘이 움직인다는 기존의 우주론을 뒤집었다. 지구가 둥글다는 서양 천문학을 받아들이고 주희가 말한 기의 회전을 지구에 적용해 지구가 하루에 한 번씩 회전한다는 지전설을 내놓았다. 하늘이 움직이는 것이 아니라 땅이 움직이고 있음을 지적한 것이다.

김석문은 동아시아에서 친숙한 기의 개념 덕에 지구가 둥글고 움직인다는 사실을 이해했다. 지구의 자전에 대해 예수회 선교사들은 잘못된 학설로 잠깐 소개했을 뿐인데, 이 부분을 읽고 자기 나름대로 논리를 가지고 해석했다. 그 결과 1697년에 쓴 『역학도해易學圖解』에서 "천체가 지구의 둘레를 도는 것이 아니라 지구가 회전함으로써 낮과 밤의 하루가 이루어진다. 그것은 마치 배를 타고 산과 언덕을 바라보되 산과 언덕이 움직이는 것이 아니라 배가 움직이고 있음을 깨닫지 못하는 것과 같다"라고 밝혔다. 이렇게 김석문은 하늘이 도는 것보다 지구가 도는 것이 합리적이라고 생각했다.

동양의 코페르니쿠스라고 불리는 홍대용은 지전설을 더 확장했다. 그는 『의산문답醫山問答』에서 지전설을 이렇게 설명했다. "무릇 땅덩어리는 하루에 한 바퀴씩 돈다. 지구의 둘레는 9만 리이고 하루는 열두 시간이다. 9만 리나 되는 큰 땅덩어리가 열두 시간에 맞추어 움직이다 보면 그 빠르기가 포탄보다 더하다." 홍대용은 지구가 둥근데 그 표면 위에서 사람들이 떨어지지 않으려면 기의 회전에 따른 힘이 있어야 한다고 생각했다. 그래서 지구의 자전이 중력과 같은 힘을 만든다고 추측하기도 했다.

지구는 둥글다는 지구설과 자전한다는 지전설에 이어서 홍대용은 무한우주론을 주장했다. "하늘은 끝이 없고 별 또한 끝없이 많다." 광활한 우주에서 지구는 한낱 작은 별에 지나지 않는다는 것이다. "끝없이 넓은 이 엄청나게 큰 우주에 동서남북, 아래위와 같은 구분이 있을 리 없다." 그렇다면 우주의 중심도 따로 있을 리 없는 것이다. 홍대용은 지구가 우주의 중심이라는 생각을 버렸다. 무한한 우주에서 지구를 포함한 수많은 별은 제각기 자기 세계의 중심일 수 있다고 생각했다. 예수회 선교사들이 들으면 즉각 이단의 혐의를 씌울 법한 이야기였다.

홍대용이 만든 혼천의

홍대용은 서양 천문학을 공부한 뒤, 새로운 형태의 혼천의를 만들었다. 이것은 그 일부만 남은 것으로 원래는 톱니바퀴를 이용해 기계식으로 운행했던 것으로 보인다.

홍대용의 초상

홍대용이 청나라를 방문했을 때 사귄 학자 엄성의 작품

홍대용이 이런 파격적인 주장을 한 데는 그럴 만한 배경이 있었다. 그가 살던 18세기 조선 사회는 지난 세기 병자호란을 겪고 청나라에 대한 반감이 팽배했다. 그런데 1765년 청나라를 방문한 홍대용은 큰 충격에 빠졌다. 청나라가 건국된 지 150여 년이 지난 시점에 북경은 명실공히 세계적 도시로 발전해 있었다. 조선의 사대부들이 청나라를 쳐서 명나라의 원수를 갚자는 허무맹랑한 명분론을 내세울 때, 청나라는 이미 중원을 차지하고 세계의 '중심'으로 발돋움한 것이다. 홍대용은 아직도 만주족인 청나라를 오랑캐로 여기고 멸망한 명나라의 한족 문화를 진정한 중화 문명이라고 받드는 조선인들이 얼마나 우물 안 개구리인지를 절감했다. 그는 북경에서 중화와 오랑캐의 경계에 대해, 더 나아가 우주에 대해 깊은 성찰을 하고 조선으로 돌아왔다.

그리고 당시 아무도 생각지 못한 『의산문답』이라는 책을 썼다. 그 내용을 보면, 사람과 천지만물은 모두 귀한 존재라는 인물균人物均 사상이 나온다. 사람이 귀하다는 것은 사람 중심으로 사고한 결과에 불과하며, 하늘의 입장에서 보면 사람과 동식물이 다 귀한 것처럼 무한한 우주의 입장에서 보면 지구가 결코 중심일 수 없다는 사상이다. 같은 맥락에서 중국을 지리적으로나 문화적으로나 세계의 중심으로 보는 중화사상도 잘못된 것이었다. 홍대용은 세상에 중심이 정해져 있는 것이 아니라 상대적인 것이며, 어디든 중심이 될 수 있다고 지적했다. 그는 지구 중심주의를 버리듯, 인간 중심주의와 중화 중심주의에서 벗어날 것을 촉구했다.

지전설과 무한우주론을 주장하고 지구 중심주의를 버리다! 홍대용은 근대과학의 관점에서 자연세계를 바라보는 엄청난 주장을 했지만 사회적 반향은 미미했다. 서양 중세 사회에서 지구 중심의 우주론이 가지는 사회적 파장은 동양 사회에서 논의되는 것과 차원이 달랐기 때문이다. 중세의 종교적 가치관과 사회적 질서를 떠받들던 지구 중심설이 깨지면 그것을 지탱하던 서양 사회의 모든 영역이 흔들리지만, 동양 사회의 유교사상에서 우주론과 자연에 대한 인식체계는 그다지 중요한 부분이 아니었다.

조선 사회의 지적 토양에서 지전설과 무한우주론은 서양과는 다른 역할을 했다. 홍대용의 『의산문답』은 청나라를 오랑캐로 여기고 조선의 현실을 외면하는 명분론자들을 겨냥한 것이다. 중화사상에서 깨어나 현실개혁 정치에 동참하라! 넓은 우주에서 지구가 중심이 아닌 것처럼 세계의 중심은 중국이 아니며 얼마든지 조선도 중심이 될 수 있다. 우리가 사는 곳이 세상의 중심이다! 이러한 그의 외침은 조선 후기 실학사상에서 하나의 줄기가 되었지만, 그의 우주론은 기이한 학설이나 철학적 사색으로 치부되고 말았다.

지적 풍토가 다르면 같은 씨앗이라도 다른 열매를 맺는 법이다. 조선 사회에서 김석문과 홍대용의 지전설이 서양처럼 과학혁명의 씨앗으로 작용하지 않은 것은 당연한 일이다. 세계의 모든 전통과학이 서양의 근대과학과 같은 방식으로 발전한다고 보는 것은 유럽 중심주의적 사고방식이다. 지구상의 어떤 문명에서도 유럽과 같은 일은 벌어지지 않았다. 조선 사회로 흘러들어온 서양 과학은 유교 문화의 성리학적 세계관과 융합하면서 조선이 처한 현실에 맞게 변형되었다. 아쉬운 것은 서양 과학을 적극적으로 받아들일 수 있는 토양이 마련되지 못했던 점이다. 이웃나라 일본의 경우와 비교해보면 서양 과학을 수용하는 과정에서 지리적 위치의 중요성을 새삼 확인할 수 있다.

조선과 중국, 일본의 동아시아 삼국 중에 예수회 선교사가 가장 먼저 도착한 곳은 일본이었다. 마테오 리치가 중국에 들어간 1583년보다 34년이나 앞선 1549년에 프란시스코 사비에르Francisco Xavier(1506~1552)가 일본에서 포교 활동을 시작했다. 1605년이 되자 일본의 천주교 신자는 약 75만 명에 달했다. 이 시기 유럽의 종교전쟁과 식민지 쟁탈전은 일본에까지 영향을 미쳤다. 1639년 신교를 믿던 네덜란드는 포르투갈을 물리치고 일본에서 유럽과 아시아의 무역독점권을 따냈다. 그 후 봉건영주 막부를 부추겨 구교도인 예수회 선교사와 천주교 신자들을 탄압했다. 당시 수십만의 천주교 신자들이 처형당하는 참혹한 박해가 일어났으며, 에스파냐와 포르투갈의 상인들은 모두 추방당했다.

유럽 세력에 위협을 느낀 일본 막부는 네덜란드와의 무역 활동을 엄격히 통제했다. 1641년 네덜란드인들을 나가사키長崎 항의 인공 섬인 데지마出島로 쫓아내고, 그곳에서만 무역을 허락했다. 그리고 나가사키에 도착한 네덜란드 배의 선장들에게 유럽 정세에 대한 보고서를 제출하도록 요구했다. 유럽의 정치적 동향을 파악하기 위해서였다. 네덜란드의 동인도회사는 아시아의 중개무역으로 얻는 이익이 컸기 때문에 일본의 무리한 요구에 응할 수밖에 없었다. 이러한 관계는 200년 동안이나 유지되었다.

어쨌든 유럽을 깔보던 중국과는 대조적으로 일본은 유럽의 침략을 겁내고 있었다. 일본 사정이 알려지는 것을 막으려고 네덜란드인들이 일본어를 배우는 것조차 금지시켰다. 대신에 네덜란드인들과의 의사소통을 위해 '네덜란드어 통역사'라는 번역 전문가 집단을 키웠다. 약 20여 개의 가문이 대대로 통역업무에 종사하며 유럽통으로 활약했다. 이들은 네덜란드어로 쓰인 서양 과학기술에 관한 책들을 일본에 소개하기도 했다.

무역항 데지마
1867년 프랑스 잡지 『르투르 뒤 몽드』에 수록된 라핀Rapine의 작품

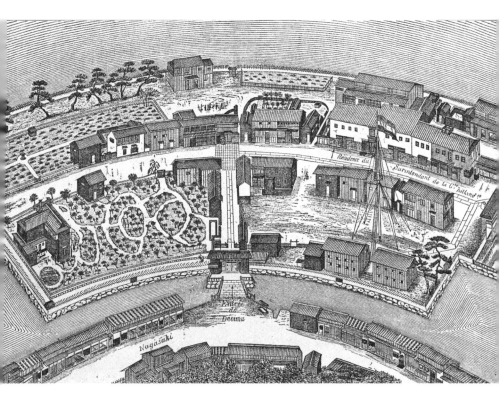

나가사키에서 태어난 모토키 료에이本木良永(1735~1794)는 가업을 계승한 네덜란드어 통역관이었다. 그는 서양의 지리서와 천문학 책을 번역했는데, 그중에는 『네덜란드 지구설阿蘭陀地球說』(1771)과 이것의 증보판인 『네덜란드 지구도설和蘭地球圖』(1772), 『천지이구용법天地二球用法』(1774) 등과 같이 코페르니쿠스의 지동설을 소개하는 책들도 있었다.

서양의 과학책을 접한 일본인들은 의학과 천문학 등의 실용적인 분야에 관심을 보이기 시작했다. 1774년 일본인 의사 스키타 겐파쿠杉田玄白(1733~1817)는 네덜란드어 연구 그룹을 조직하고 서양 해부학서 『해체신서解體新書』를 일본어로 번역했다. 통역관이 아닌 의사나 천문학자가 직접 나서서 서양 과학책을 공부하기 시작한 것이다. 네덜란드어 책으로 서양 과학을 배우는 난학蘭學 혹은 양학洋學이 지식인들 사이에서 유행처럼 퍼져나갔다.

그렇다면 코페르니쿠스의 지동설이 일본에서 중세 봉건적 사상을 무너뜨렸을까? 18세기 일본에서는 지동설을 불온한 사상이라고 보는 사람이 거의 없었다. 일본의 막부는 지동설을 천주교보다도 위협적인 것으로 여기지 않았다. 코페르니쿠스의 우주론은 문화적 갈등 없이 온건하게 수용되는 분위기였다. 천문학을 비롯한 의학·생물학·박물학 등은 네덜란드어 번역본으로 널리 알려졌고, 이러한 난학의 학풍은 서양 과학기술을 일본의 것으로 소화하는 데 좋은 토양을 마련했다.

중국, 조선, 일본에서 보았듯이 아시아에서 과학혁명은 일어나지 않았다. 서양에서 근대과학은 종교와 전통의 권위에 도전하는 새로운 지식이었다. 자연세계에 대한 진리가 무엇인지를 확실하게 보여주고 수학적·경험적·실험적 방법이 새로운 과학적 방법론으로 부상했다. 그 과정에서 중세 봉건적 사고방식과 위계질서는 해체되었으며 근대과학은 새로운 지식과 방법론으로 인정받았다. 하지만 이러한 변화가 동양 사회에서는 없었다.

서양 과학이 동아시아 삼국에 전해졌을 때, 각국마다 받아들이는 양상은 달랐다. 특히 지리적 위치는 서양 과학기술이 전래되는 데 주요 변수였다. 유럽 세력에 쉽게 노출되는 위치에 있는 일본은 서양 선교사와 상인들이 접근하기에 용이했다. 하지만 중국의 그늘에 가려져 있던 조선은 서양 선교사와의 만남조차 19세기에 가서야 이루어졌다. 중국과 일본에 비하면 300년이나 늦었던 셈이다.

인간을 닮은
현대
과학기술

역사적으로 과학과 기술의 관계는
어떻게 변화했나?

1760년에서 1830년 사이에 영국에서 일어난 산업혁명은 인간의 생활양식을 완전히 바꾸어놓았다. 1700년대 초 인구의 90퍼센트 이상을 차지했던 농부들은 도시의 공장 노동자로 내몰렸다. 농업에서 공장제 기계공업으로 변화하는 과정에서 영국의 노동자들은 기계보다 못한 취급을 받았다. 위험한 작업을 하다가 다치는 일이 다반사로 일어났는데도 값비싼 기계를 놀릴 수 없다는 이유로 밤낮없이 일해야 했다. 그러다 더 좋은 기계가 들어오면 하루아침에 일자리를 잃고 내쫓기는 신세가 되었다.

기계가 세상을 변화시켰다. 1만 년 전 신석기혁명으로 농사짓는 법을 터득한 인류는 기계를 동력으로 하는 산업을 일으켰다. 철이라는 금속으로 만들어진 기계가 200년밖에 안 되는 짧은 기간에 인류 역사를 바꾸었다. 영국에서 일어난 산업혁명은 유럽 대륙을 휩쓸었고, 지구 전역에 근대화의 기폭제가 되었다. 엄청난 사회적·경제적·정치적 변화를 수반했으며 1600년에 5,000만이던 세계 인구를 오늘날 77억 명으로 증가시켰다. 이러한 산업혁명의 중심에 기술의 변화가 있었다.

산업혁명기에 기술은 어떻게 발전한 것일까? 혹시 17세기에 출현한 근대과학이 산업혁명에 영향을 미친 것은 아닐까? 우리는 과학혁명과 산업혁명이 연결점을 가질지도 모른다는 추측을 할 수 있다. 과연 역사적으로 과학과 기술은 어떤 영향을 주고받으며 발전했나? 현대 과학기술을 떠올리면 과학과 기술이 밀접하게 연결된 것처럼 생각되지만 예상과는 달리 과학과 기술은 서로 분리된 채 사회적으로 다른 영역에 속해 있었다.

흔히 과학은 자연에 대한 추상적이고 체계적인 지식으로, 기술은 실용적인 물건을 만드는 육체적 노동으로 보는데 서양에서는 전통적으로 기술을 천시했다. 고대와 중세에 과학과 기술은 다른 계급의 사람들이 종사하는 분야였기 때문에 서로 관련된다고 생각하지 못했다. 르네상스 시대에 이르러 기술자의 사회적 지위가 조금씩 높아졌지만, 과학혁명기에 과학과 기술은 서로 영향을 주고받을 만큼 가까워지지는 못했다. 예컨대 기술자들이 뉴턴의 미적분학을 공부해 대포알이 날아가는 방향과 속도를 측정하며 대포를 만들지는 않았다는 것이다.

그렇다면 과학은 산업혁명기의 기술혁신에 얼마나 기여했을까? 역사적으로 서로 분리되어 있던 과학과 기술이 연결되는 계기는 무엇일까? 이렇게 과학과 기술과의 관계에 주목하는 이유는 현대에 이르러 과학과 기술이 서로 융합하며 엄청난 영향력을 발휘했기 때문이다. 과학과 기술은 산업혁명 이후 조금씩 가까워지면서 어떤 지점에서 핵융합 반응과 같은 폭발력을 여실히 보여주었다. 지난 두세기 동안에 과학기술과 산업화는 세계를 근본적으로 변화시키고 인류의 실존양식을 바꾸어놓았다. 오늘날 과학과 기술의 융합을 당연한 것처럼 여기지만, 이는 역사적으로 특이한 현상이다. 우리는 누구도 예상하지 못한 전례 없는 과학기술의 시대에 살고 있다. 따라서 과학사에서 과학과 기술의 관계는 우리 삶의 변화를 인식하는 데 중요한 주제라고 할 수 있다.

1

물질과
에너지의
과학

증기기관은 누가 발명한 것일까?

　　18세기 영국의 기술혁신은 자원의 부족에서 비롯되었다. 인구가 팽창하니 농경지를 늘리기 위해 숲과 나무를 없앴고, 그러다 보니 목재가 부족해졌다. 해상국가였던 영국의 조선업은 목재 기근을 더욱 부채질했다. 당시 목선이었던 대형 군함 한 척을 만드는 데 무려 통나무 4,000개가 필요했다. 이러한 조선업보다 목재가 훨씬 더 많이 들어가는 주범이 하나 더 있었다. 제철 산업의 근간인 철을 녹이는 용광로였다. 용광로 한 개는 매년 도시에 있는 작은 공원 하나를 사라지게 했다.

　제철 산업에서는 목재 기근을 해소하기 위해 기술적 변화가 일어났다. 용광로의 연료로 목재 대신 석탄을 활용하기 시작한 것이다. 석탄은 인류가 출현하기 전에 땅속에서 화석으로 변한 나무로, 탄소 함량이 높아 불이 쉽게 붙고 오래 타는 성질이 있다. 일찍이 석탄은 목재 대용으로 주목받았지만 철광석을 녹이는 제련과정에서 석탄에 함유된 유황이 철을 오염시키는 문제 때문에 제대로 활용하지 못하고 있었다. 중국의 기술자들은 11세기부터 이 문제를 극복한 석탄 사용법의 기술을 터득했지만 유럽에서는 18세기에 이르러서야 그 기술을 알아냈다.

제철공이었던 에이브러햄 다비Abraham Darby(1678~1717)는 최초로 용광로에 대량의 코크스를 활용했다. 코크스는 석탄을 태워 만든 일종의 석탄 숯이라고 할 수 있다. 석탄의 유황이 제거된 코크스는 거의 순수한 탄소로 이루어져 숯보다 더 뜨거운 온도에서 오래 탔다. 코크스를 태우면 용광로의 온도를 높여서 한층 더 질 좋은 철을 얻을 수 있었다. 아직 '탄소'나 '산소'와 같은 화학적 물질조차 알려지지 않은 상태에서 야금술을 전혀 모르는 기술자가 오직 경험에 의존해 코크스 활용법을 발견한 것이다.

석탄 사용량이 늘어나면서 탄광업은 석탄을 공급하기 바빠졌다. 광산 지표면 가까이에 묻혀 있던 석탄은 다 캐냈고, 더 많은 양을 파내기 위해서는 땅속 깊숙이 내려가야 했다. 땅을 파내려감에 따라 갱도에 차오르는 지하수를 퍼내기 위해 여러 가지 방법이 동원되었다. 전통적으로 가축의 힘을 이용해 펌프로 물을 끌어올렸는데 그 힘이 한계에 다다랐던 것이다. 드디어 더 강력한 동력원으로 증기기관이 발명되었다. 광산에서 물을 퍼내기 위해 발명된 증기기관은 산업혁명의 역사를 새로 쓰기 시작했다.

산업화의 상징인 증기기관은 인류의 역사를 바꾼 위대한 발명품이다. 증기기관이 발명되기 전, 인류는 기계적 에너지를 얻는 방법으로 바람과 물, 가축에 의존했다. 그런데 새로운 동력원인 증기기관은 석탄을 태워 발생한 열에너지로 기계적 에너지를 생산했다. 증기기관과 석탄이라는 화석연료가 결합해 기존 에너지가 가진 한계를 극복한 것이다. 증기기관은 물을 퍼 올리는 것뿐만 아니라 무거운 물건을 나르고 공장의 기계를 가동시키는 등 수많은 공정에서 활용되었고 이전보다 훨씬 싼값에 많은 일을 할 수 있었다.

증기기관의 원리는 간단하다. 밀폐된 실린더 속에 피스톤을 위아래로 움직이는 힘을 이용한 것이다. 이 원리는 17세기 진공펌프까지 거슬러 올라간다. 피스톤이 움직이는 힘은 실린더의 내부와 외부의 기압차에서 나온다. 실린더 내부의 압력이 높아져 피스톤을 위로 올렸다가 다시 압력이 낮아지면 실린더 외부의 대기압이 더 크기 때문에 피스톤을 아래로 누르게 된다. 실린더 내부의 압력이 매우 낮은 상태, 즉 진공상태에 이르면 피스톤이 힘차게 아래로 떨어지고 그 힘으로 상하운동을 하는 원리다.

그런데 어떻게 실린더 내부의 압력을 높였다가 다시 내릴 것인가 하는 문제가 있었다. 드니 파팽Denis Papin(1647~1714)은 실린더 속 피스톤 밑에 물을 넣고 가열해 증기를 발생시켰다. 파팽의 실험은 증기를 데워 실린더의 내부 압력을 높였다가 다시 증기를 식혀 낮추는 방식이었다. 그 후 1698년 토머스 세이버리Thomas Savery(1650~1715)는 '광부들의 친구'라는 증기펌프로 발명특허를 받았다. 이 증기펌프는 실린더 아래 좁은 관을 연결해 뜨거운 증기를 넣는 것이 특징이었다. 결국 불의 엔진인 증기기관은 실린더에 열에너지를 공급해 피스톤을 움직이고 그 힘으로 일을 하도록 만든 것이다. 이후 열 효율성을 높이는 방향으로 여러 차례 개량을 거듭했다.

1712년 철물상이었던 토머스 뉴커먼Thomas Newcomen(1663~1729)은 우연히 증기기관을 개량하게 되었다. 어느 날 실린더에 구멍이 나서 납땜을 했는데 그곳으로 차가운 물이 스며들면서 재빨리 증기를 응축시키는 것을 보았다. 이를 통해 뉴커먼은 밖에 물을 끼얹는 것보다 좁은 관으로 찬물을 뿌려 넣는 것이 더 효율적이라는 사실을 깨달았다. 이렇게 해서 제작된 것이 뉴커먼의 증기기관이었다. 밖에서 보일러로 가열된 증기를 넣었다가 다시 찬물을 넣어 실린더를 식히는 방법이었다. 실린더 밖과 대기압 차이를 만들어 피스톤을 움직였다고 해서 당시에는 '대기압 기관'으로 불렀다.

뉴커먼의 대기압 기관은 최초로 실용화된 증기기관으로 5~6층 높이의 빌딩만큼 컸다. 사람들 사이에서 경이로운 발명품으로 알려진 이 기관은 광산에서 널리 쓰이기 시작했다. 그런데 뉴커먼의 대기압 기관은 실린더를 데우고 식히기를 반복하며 석탄을 너무 많이 쓰는 단점이 있었다. 실린더를 식히지 않고 내부의 압력을 낮추는 방법은 없을까? 1764년 28세의 제임스 와트James Watt(1736~1819)가 산책길에서 불현듯 떠오른 아이디어로 이 문제를 해결했다.

와트가 생각한 것은 실린더 밖에 별도의 기구를 설치해 연결하는 방법이었다. 더운 증기를 실린더 속에 유입하면 별도의 기구까지 증기로 가득 차서 똑같은 압력에 놓인다. 다시 차가운 물을 넣을 때는 실린더에 넣지 않고 별도의 기구에 넣는다. 별도의 기구에 들어간 물은 증기를 응축시켜 압력이 아주 낮은 진공상태를 만들고, 이 진공상태가 실린더를 식히지 않고 실린더까지 확대된다. 이렇게 되면 실린

뉴커먼의 증기기관

증기기관의 원리를 순차적으로 이해하면 다음과 같다.

1. 물을 가열한다.
2. 보일러에서 증기가 만들어진다.
3. 증기가 실린더로 들어가면서 피스톤이 위로 움직인다.
4. 찬물이 분사되어 증기를 식힌다.
5. 실린더 내부에 부분 진공이 생기면서 피스톤이 아래로 내려간다.

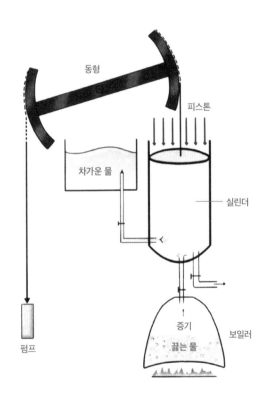

와트는 실린더와 별도로 응축기를 설치해 증기기관의 효율성을 향상시켰다. 별도의 기구에서 증기를 응축시키는 방법은 실린더를 식히지 않고 뜨겁게 유지시킬 수 있어서 땔감 비용을 절감할 수 있었다.

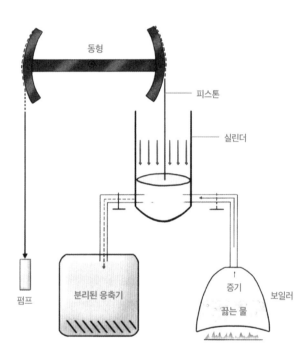

더를 따뜻하게 유지하면서 피스톤을 움직일 수 있고, 증기기관의 효율성을 획기적으로 향상시킬 수 있다.

제임스 와트는 1775년 버밍엄의 제조업자 매튜 볼턴Matthew Boulton (1728~1809)과 손을 잡고 자신이 설계한 효율적인 증기기관을 생산하기 시작했다. 와트는 이에 만족하지 않고 계속해서 증기기관을 개량할 수 있는 다른 장치들을 만들었다. 피스톤과 실린더 사이를 좀더 정교하게 밀착시켰고 피스톤의 상하운동을 회전운동으로 바꾸는 기어를 장착했다. 피스톤을 움직이는 열에너지는 바퀴를 회전시키는 기계적 에너지로 바뀌어 다양한 기계에 동력을 제공하게 되었다. 이제 와트와 볼턴은 탄광용 펌프로만 쓰이던 증기기관을 방적기나 제분기 등의 다양한 기계에 활용할 수 있었다. 증기기관은 어떤 기계에서나 쓰일 수 있는 만능 동력원이 된 것이다.

1800년에는 영국 전역에 와트의 증기기관이 500대 이상 증기를 뿜으며 가동 중이었다. 여기에는 볼턴의 사업수완도 한몫했다. 그는 처음에 와트의 증기기관을 연료비만 받고 대여하는 방식으로 판매했다. 뉴커먼의 기관보다 훨씬 연료비가 적게 든다는 것을 확인시키기 위한 전략이었다. 공장 자본가들은 70퍼센트 정도 연료비를 절감하는 와트의 증기기관에 만족해서 너도나도 구입했다. 공장주들이 버밍엄에 있는 증기기관 제작공장에 찾아오면 볼턴은 이렇게 말했다. "우리는 이곳에서 세상이 원하는 것을 팝니다. 바로 힘 말입니다."

힘! 힘의 증기기관은 꾸준히 진화해나갔다. 우선 빌딩만큼 컸던 증기기관의 크기가 줄어들었다. 1800년에 리처드 트레비식Richard Trevithick(1771~1833)은 달리는 기차에 탑재할 수 있는 작은 크기의 고압 증기기관을 발명했다. 더 나아가 1814년에는 조지 스티븐슨George Stephenson(1781~1848)이 최초의 증기기관차를 선보였다. 1830년에 이르면 리버풀에서 맨체스터까지 철도가 개설되면서 이른바 철도의 시대가 열렸다.

증기기관은 나날이 발전하는 방직업의 기계화를 가속화했다. 방직업은 1785년 이후 증기기관의 기계적 동력을 이용해 직물을 생산하기 시작했다. 사람의 손으로 짜던 옷감을 기계로 직조하니 생산성이 놀랄 만큼 증가했다. 1764년에서 1812년 사이에 방직 노동자 1인당 생산성이 자그마치 200배나 늘어났다. 1813년 2,400대에 불과하던 동력방직기가 20년이 지난 1833년에는 무려 10만 대가 보급되었다. 방직업에서부터 불이 붙은 기계화는 제철, 기계, 금속공업으로 빠르게 퍼져나갔다.

이렇게 산업혁명의 도화선이 된 증기기관은 누가 발명한 것일까? 우리는 제임스 와트로 알고 있지만 와트 이전에 뉴커먼과 세이버리, 파팽 등 수많은 사람이 증기기관 발명에 관여했다. 더 거슬러 올라가면 이들에 앞서서 증기기관의 원리를 제공한 사람들이 있다. 증기기관의 추진력이 공기의 힘이며, 압축된 공기가 압력을 증가시킨다는 사실을 입증한 과학자들이다. 예컨대 1643년에 에반젤리스타 토리첼리Evangelista Torricelli(1608~1647)는 공기에 힘이 있다는 것을 발견했고, 1662년에 로버트 보일Robert Boyle(1627~1691)은 기체의 부피가 작아지면 압력이 커진다는 '보일의 법칙'을 내놓았다. 하지만 공기의 압력, 온도, 부피와의 관계는 과학자의 발견을 모르더라도 상식적으로 다 알 수 있는 것들이다. 물 끓는 주전자의 뚜껑이 들썩이는 것을 보고 증기기관을 떠올렸다는, 와트의 위인전에 자주 소개되는 일화가 있지 않은가!

증기기관은 와트 한 사람의 발명품이 아니라 많은 사람의 참여로 완성된 것이다. 배관공, 제철공, 철물상 등 정규교육을 받지 않은 이름 모를 수많은 기술자의 손을 거쳐서 증기기관이 탄생했다. 그렇다면 이들의 증기기관 제작과정은 어떠했을까? 증기기관을 만드는 데 복잡하고 어려운 과학 이론이 응용되었나? 그렇지는 않았다. 당시 기술자들 사이에 통용되던 경험과 단순한 원리 그리고 번뜩이는 착상과 시행착오, 우연적 행운이 뒤섞여 증기기관이라는 발명품이 나왔다.

증기기관은 산업혁명기 과학과 기술과의 관계를 보여주는 좋은 실례다. 누구나 산업혁명기에 근대과학이 기술혁신에 기여했을 것이라고 기대하지만, 구체적인 지식의 응용보다는 과학적인 태도나 동기가 폭넓게 영향을 주었다. 예컨대 영국의 저변 문화에는 과학과 산업에 종사하는 사람들이 서로 교류하는 아마추어 학회가 널리 퍼져 있었다. 와트와 볼턴이 회원이었던 '버밍엄의 루나협회'와 '맨체스터의 문학과 철학 학회' 등의 유명한 지방과학단체가 있었다. 이곳에서 만난 과학자와 기술자들은 과학과 기술의 경제적 가치에 대해 부푼 희망을 안고 열띤 토론으로 밤을 지새웠던 것이다.

라부아지에는 어떻게
근대 화학체계를 세웠나?

18세기 화학혁명은 지구를 이루는 물질에 대한 탐구에서 시작되었다. 138억 년 전 빅뱅이라는 우주 대폭발이 일어났을 때, 우주공간을 가득 채운 것은 수소와 헬륨뿐이었다. 우주 전체 질량의 98퍼센트에 이르는 수소와 헬륨은 태양이나 지구와 같은 별들을 생성했고, 그 융합과정에서 새로운 물질을 만들어냈다. 지구를 구성하는 물질의 98.5퍼센트를 차지하는 철, 산소, 규소, 마그네슘, 니켈, 황, 칼슘, 알루미늄 등은 이때 생성되었다. 18세기에는 이러한 물질을 연구하는 화학이 탄생했는데, 프랑스 과학자 라부아지에Antoine Laurent Lavoisier(1743~1794)가 큰 공헌을 했다. 라부아지에는 우리 주변의 물질을 분석해 기본적인 요소를 찾아냈다. 그리고 기본적인 요소들이 결합해 물질을 이루는 방식을 새로운 언어로 체계화했다. 드디어 화학이라는 근대적 학문은 원소, 원자, 분자와 같은 새로운 개념을 내놓기 시작했던 것이다.

18세기 화학혁명을 촉발시킨 것은 기체의 성질을 다루는 기체화학이었다. 증기기관이 공기의 힘으로 작동하는 것을 보고 많은 사람이 공기에 관심을 갖게 되었다. 공기는 단일한 물질이 아니었다! 오랫동안 공기는 아리스토텔레스의 4원소 중 하나이며 단일한 물질로 여겨졌는데, 18세기에 들어서면서 다양한 성질을 지닌 여러 종류의 공기가 발견되었다. 1753년에 블랙Joseph Black(1728~1799)은 당시 '고정된 공기'라는 이름의 이산화탄소를 찾아냈다. 그 이후에 '가연성 공기'로 불린 수소, '나빠진 공기'로 불린 질소, '초석의 공기'로 불린 일산화질소, '플로지스톤이 빠져나간 초석의 공기'로 불린 이산화질소 등이 차례로 발견되었다. 이 중에서 가장 중요한 기체는 셸레Carl Wilhelm Scheele(1742~1786), 프리스틀리Joseph Priestley(1733~1804), 라부아지에 등 세 명의 과학자가 동시에 발견한 산소다.

오늘날 연소는 물질이 불에 타는 현상을 말한다. 누구나 물질이 공기 중의 산소와 결합해 불꽃을 낸다는 것을 알고 있다. 그러면 18세기 과학자들은 연소를 어떻게 생각했을까? 물질이 타는 과정을 살펴보면 연기가 피어오르면서 재만 남는 것을 목격할 수 있다. 이 때문에 당시 과학자들은 연소과정에서 무엇인가 빠져나간다고 생각했다. 눈에 보이는 대로 연소를 설명하면, 무엇인가 결합하는 것이 아니라 빠져나간다고 보는 것이 당연했다. 1723년 독일 화학자 슈탈Georg Ernst Stahl(1660~1734)은 임의적으로 무게가 없는 가연성 물질 입자가 있다고 가정하고, 이것을 그리스어의 '불꽃phlóx'에 어원을 둔 '플로지스톤phlogiston'이라고 이름 붙였다. 그는 물질에 플로지스톤이 포함되어 있고, 물질에서 플로지스톤이 빠져나가는 현상이 연소이며, 플로지스톤을 많이 가지고 있는 물질일수록 잘 탄다고 설명했다. 우리가 알고 있는 연소과정을 정반대로 본 것이다.

수은과 같은 금속을 가열하면 산소와 결합해 붉은 금속재가 생긴다. 다시 수은 금속재를 가열하면 산소가 방출되는데, 1774년에 프리스틀리는 이 실험에서 산소를 얻고 '플로지스톤이 없는 공기'라고 이름 지었다. 라부아지에는 1776년에 프리스틀리와 똑같은 실험을 하고, 수은 금속재에서 얻은 공기를 '산소'라고 명명했다. 금속과 결합해 산성의 금속재를 생성하므로 '산을 만드는 물질'이라는 뜻에서 산소라는 이름을 붙인 것이다. 이렇게 라부아지에는 플로지스톤 이론을 완전히 반대로 해석했다. 연소는 플로지스톤의 방출이 아니라 산소의 흡수라고 주장한 것이다. 그러나 대부분의 과학자는 라부아지에의 새로운 견해를 받아들이지 않고 1780년대까지 플로지스톤 이론을 고수했다. 실제로 프리스틀리는 새로운 화학 이론을 끝내 받아들이지 않고 1804년 최후의 플로지스톤 화학자로 삶을 마감했다.

산소의 발견은 화학혁명의 기폭제였다. 한쪽에서는 '플로지스톤이 없는 공기'를 발견했다고 하고, 다른 한쪽에서는 '산소'를 발견했다고 했다. 둘 다 똑같은 실험을 했기 때문에 결정적인 실험이라고 부를 수도 없었다. 플로지스톤을 잃는 것이 산소를 얻는 것이라는 재해석이 얼마든지 가능하기 때문에 똑같은 현상을 바라보는 관점의 차이만 있을 뿐이었다. 프리스틀리의 화학체계를 수용할 것인가, 라부아지에의 화학체계를 수용할 것인가? 이 갈림길에서 결정적인 열쇠를 쥔 것은 사고의 전환이었다.

그렇다면 라부아지에는 왜 생각을 바꾸었을까? 왜 플로지스톤을 버리고 산소를 선택했을까? 한마디로 말하면 새로운 화학체계에 플로지스톤이 맞지 않았다는 것이다. 라부아지에는 완전히 새로운 화학체계를 구축하겠다는 원대한 꿈을 가지고 몇 가지 원칙을 세웠다. '물질적 실체', '물질의 양', '보존'이었다. 이를 바탕으로 모든 물질의 변화에 정량적이고 일관적인 설명을 시도했다. 기존의 학자들은 플로지스톤을 '무게가 없는 물질 입자'라고 가정했는데, 이것이야말로 실체가 없는 존재였다. 연소현상을 그럴듯하게 설명하기 위해 제공된 불분명한 개념이라는 것이다. 라부아지에는 플로지스톤을 자신의 화학체계에서 과감하게 퇴출시켰다.

그리고 다양한 물질을 어떻게 정의하고 분류할 것인지에 대해 고민했다. 먼저 플로지스톤을 포기하듯 물질에 대한 관념적 가설들을 버렸다. 물질적 실체에 접근하기 위해 물리적으로 관찰되고 측정이 가능한 것을 '물질'로 인정했다. '물질의 양'을 정확히 측정해 서로 결합하고 분리되는 물질들을 다루기로 한 것이다. 그는 고대 그리스의 데모크리토스가 말한 원자에 대해 잘 알고 있었지만, 원자 가설보다는 실험이 가능한 물질을 가지고 '단순물질'을 택했다. 오늘날 '원소'로 불리며 더는 분해되지 않는 단순물질을 화학체계의 토대로 삼았다. 원소는 실험실에서 더 작은 물질로 쪼갤 수 없는 궁극의 입자다. 라부아지에에게 원소는 눈에 보이고 만질 수 있는 실체였지만, 원자는 가설에 불과했던 것이다.

그다음에는 물질의 원소들이 구체적으로 어떻게 서로 결합하고 분리되는지를 연구하면서 지금 우리가 알고 있는 화합물과 혼합물의 개념을 세웠다. 화합물이 화학적 반응으로 결합한 물질이라면, 혼합물은 화학적 반응을 일으키지 않고 물리적으로 단순히 섞여 있는 물질이다. 라부아지에는 원소, 화합물, 혼합물을 근본적으로 구별하고 과학혁명기 이래로 화학 변화를 둘러싸고 있던 불확실성을 제거했다.

지구에서 '질량'을 가진 모든 물질은 단순물질이거나 화합물, 혼합물의 형태로 존재한다. 이렇게 물질들을 개념화하는 과정에서 라부아지에는 물질들이 하나로 연결되어 있고 전체의 일부분이라는 통찰을 얻었다. 물리학에서 우주 안의 운동량 전체가 항상 일정하듯, 화학에서도 자연세계가 물질의 질량을 보존할 것이라고 생각했다. 우주의 물질은 태우거나 압축하거나 잘라내도 결코 사라지지 않고 다른 물질과 결합해 어딘가에 있을 것이라고 확신했다.

수은을 연소시켜 질량이 늘어났을 때, 공기 중의 산소가 그만큼 줄어들었다. 줄어든 산소의 질량은 간과할 수 없는 양이었고 수은과 결

라부아지에가 출간한 『화학의 기초』에 삽입된 실험도구의 삽화

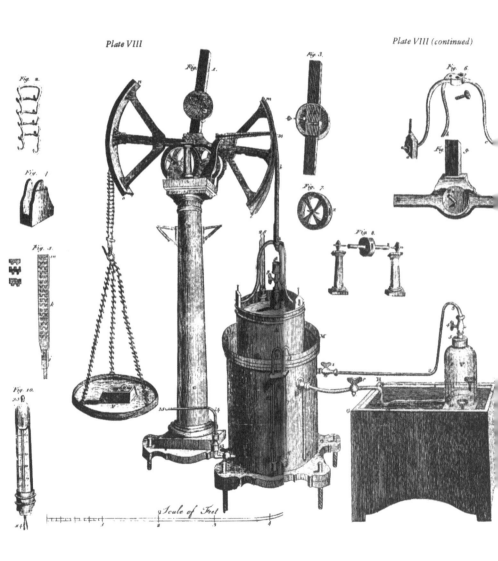

합한 것이 분명했다. 라부아지에에게 정밀한 측정은 생명과도 같았다. 그는 질량이 보존될 것이라는 원칙과 자신의 정량적 측정에 대한 믿음이 있었다. 물질이 탈 때 불꽃 속에서 기체 형태의 물질이 새어 나오는 것처럼 보이지만 그것은 우리의 착각이었다. 라부아지에는 연소가 플로지스톤의 방출이 아니라 공기 중에 줄어든 산소가 흡수된 것이라고 결론지었다.

그의 실험은 '질량 보존'에 대한 통찰을 확인시켜주었다. 석탄을 태우면 가벼운 재만 남아 질량이 줄어들었다고 생각하기 쉽다. 그런데 석탄은 타면서 산소를 흡수하고 탄산가스를 배출한다. 결국 석탄에 연소된 산소를 합한 질량과 남은 재에 새로 생겨난 탄산가스를 합한 질량은 서로 같은 것이다. 즉 화학반응에서 반응 전 물질의 총질량과 생성물의 총질량은 변함이 없다. 라부아지에의 '질량 보존의 법칙'은 산소의 발견보다 과학사에서 의미가 더 큰 업적이다. 당시 질량은 화학이 아니라 물리학의 개념이었는데, 라부아지에는 질량이 물질의 변화를 추적할 수 있는 중요한 개념임을 밝히고 화학의 개념으로 만들었다.

연금술사의 비법으로 알려졌던 화학이 라부아지에에 이르러 근대화학으로 개혁되었다. 라부아지에는 화학 변화와 물질에 관한 논의를 명확히 했다. 그는 물질의 최소 단위로서 원소를 단순물질로 정의했다. 이러한 단순물질은 물리적이거나 화학적인 변화가 일어나는 동안 보존되며 더는 나눌 수 없는 것이다. 화합물은 단순물질들이 결합해 형성된 것이며 원래의 성분들로 다시 분해될 수 있다. 이러한 화합물의 생성과 분해과정에서 물질의 질량은 변하지 않는다. 따라서 자연의 변화과정은 세 종류가 있을 뿐이다. 첫째는 고체의 모양 변화나 운동과 같은 물리적 변화다. 둘째는 물질들이 결합되거나 분리되어 다른 성질을 지닌 새로운 물질로 변하는 화학적 변화다. 셋째는 물질이 고체·액체·기체로 바뀌는 상태의 변화다.

라부아지에는 모든 물질을 분석해 33종의 원소를 찾았고, 이를 바탕으로 새로운 화학용어를 만들었다. 그동안 화학용어는 산소를 '플로지스톤이 없는 공기', '생명의 공기', '뛰어나게 호흡이 잘되는 공기' 등으로 지칭해 혼란스럽기 그지없었다. 라부아지에는 오해를 불러일으키는 이름을 버리고, 물질을 이루는 원소를 바탕으로 물질의 이름을 정했다. 각 물질이 어떤 원소들로 구성되었는지를 알기 쉽게 조합한 것이다. 예컨대 수은 재는 수은이 산소와 결합한 화합물이므로 산화수은이라고 명명했다. 이와 같이 산소가 결합된 산화물은 산화탄소, 산화철, 산화아연 등으로 불렸고 산소의 양을 기준으로 황산(H_2SO_4)과 아황산(H_2SO_3)을 구별했다. 라부아지에는 1782년 프랑스의 동료 화학자들과 더불어 『화학물질 명명법 *Méthode de nomenclature chimique*』을 출간했으며, 1789년에는 화학교과서 『화학의 기초 *Traité élémentaire de chimie*』를 썼다. 이렇게 근대화학의 체계가 완성됨으로써 고대부터 내려오던 흙, 물, 공기, 불의 4원소는 라부아지에가 발견한 새로운 원소들로 대체되었다.

그런데 1789년 화학혁명의 아버지 라부아지에는 프랑스대혁명의 정치적 소용돌이에 휘말렸다. 프랑스대혁명은 절대왕정 체제에서 소수의 귀족과 성직자들만이 특권을 독점한 것에 반기를 들고 일어난 혁명이다. 성난 민중은 루이 16세를 처형하고 왕이 아닌 국민이 정치하는 새로운 공화국을 건설하고자 했다. 이 와중에 세금 징수원이며 화약 감독관으로 부를 축적한 라부아지에는 혁명의 적으로 몰렸다. 그동안 가난한 민중에게 세금을 갈취했던 일, 과학아카데미에서 장인들의 요구를 거절하며 오만하게 굴었던 일이 화근이었다. 혁명은 라부아지에의 화학체계가 무엇인지 판단할 겨를도 없이 비극적인 결말로 치달았다. 혁명이 일어난 지 5년 만인 1794년 5월 8일, 라부아지에는 콩코르드 광장 단두대에서 처형당했다.

라부아지에 이후 원소의 개념은 더욱 발전했다. 영국의 과학자 존 돌턴John Dalton(1766~1844)은 원소의 차이에 의문을 가졌다. 왜 수소는 수소이고, 산소는 산소인가? 왜 수소는 산소가 아니고, 산소는 철이 아닌가? 각각의 원소가 다른 것은 무엇 때문일까? 이것을 풀기 위해 돌턴은 18세기 원자론자들과 다른 원자 가설을 세웠다. 보일을 비롯한 18세기 원자론자들은 모든 원소가 동일한 원자로 되어 있다고 보았는데, 돌턴은 각각의 원소마다 다른 원자로 구성된다고 생각했다. 각각의 원소는 그에 해당하는 고유한 원자로 구성되며, 각각의 원자는 고유한 질량을 가진다는 것! 따라서 원소들이 서로 다른 이유는 질량이 다른 원자들로 이루어졌기 때문이라고 추론했다.

돌턴이 주목한 원자의 핵심적 특징은 질량이다. 같은 원소의 원자들은 동일한 질량을 지녔지만 다른 원소인 경우에는 다른 질량의 원자를 갖는다는 것이다. 예컨대 수소 원자 두 개와 산소 원자 한 개는 결합해서 물이라는 화합물 H_2O를 만드는데, 이때 수소 원자와 산소 원자의 질량은 각각 다르다. 이렇게 돌턴이 원소를 원자로 나눈 것은 철, 황, 수은, 산소 등과 같은 기본적 물질들의 차이를 설명하는 데 도

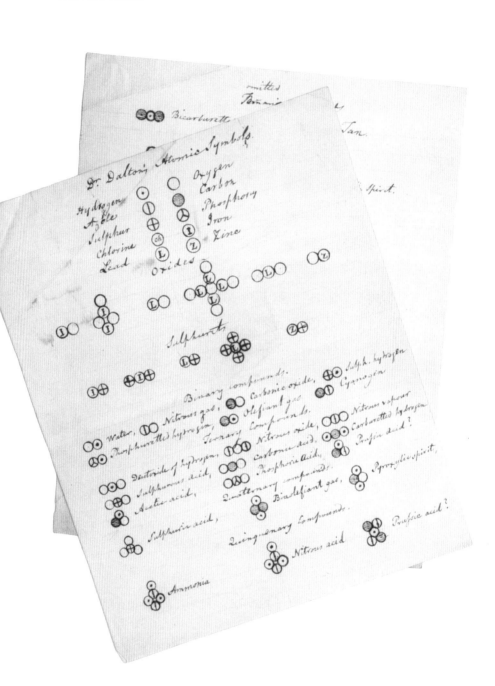

움을 주었다. 돌턴은 서로 다른 원소의 원자들이 갖는 상대적 질량을 계산해 1808년 『화학철학의 새 체계』에 원자량 표를 실었다. 당시 돌턴이 계산한 원자량은 틀린 것이 많았지만 원자에 대한 전체적인 개념은 대체로 옳았다.

빛은 입자인가, 파동인가?

19세기 유럽의 과학은 16세기 과학혁명에 버금가는 눈부신 성장을 했다. '제2의 과학혁명'이라고 부를 만큼 놀라운 변화가 일어났다. 그 결과 19세기 초반에는 보이지 않던 전문 과학 분야가 19세기 후반에 이르면 모두 나타났다. 우리가 지금 배우고 있는 물리학·화학·생물학·지질학 등이 19세기에 형성된 것이다. 특히 뉴턴의 『광학』에서 질문으로 남겨두었던 빛, 열, 전기, 자기와 같은 현상이 하나씩 밝혀졌다. 근대과학은 역학과 천문학 등의 수학적 분야와 빛, 열, 전기, 자기 등의 실험적 분야로 나누어 연구되었는데, 이 시기에 두 분야가 통합되면서 물리학이 탄생했다.

'빛' 하면, 앞서 살펴보았던 뉴턴과 훅의 논쟁을 떠올릴 수 있다. 빛은 입자일까, 파동일까? 빛이 입자일 때와 파동일 때 어떤 차이가 있을까? 빛이 입자라면 알갱이와 같은 물질이라는 뜻이고, 빛이 파동이라면 어떤 물질이 진동해서 빛이 퍼져나가는 현상을 말한다. 파동은 소리나 물결, 지진이 일어나는 움직임을 통해 쉽게 이해할 수 있다. 만약 도쿄에서 지진이 일어나 서울까지 전해온다면, 도쿄의 돌덩이가 시속 3만 킬로미터로 서울까지 날아오는 것이 아니라 땅이라는 물질을 통해 지진파로 전해져오는 것이다.

이때 파동을 전달하는 물질을 매질이라고 한다. 파동을 이해하는 데 가장 혼동하는 부분이 바로 매질의 움직임이다. 소리의 경우, 소리를 전달하는 매질은 공기다. 우리 귀로 소리가 들리는 것은 공기가 퍼져나가는 것이 아니라 공기를 통해 그 진동으로 소리가 전달되는 것이다. 마찬가지로 물결은 물이 움직여서 가장자리로 퍼져오는 것이 아니다. 물은 제자리에서 진동하고 그 진동이 퍼져나가는 것이다. 즉 파동은 매질이 이동하는 것이 아니라 매질이 그 자리에서 진동함으로써 힘을 전달할 뿐이다. 이와 같이 빛이 입자가 아니라 파동이라고 하면, 빛을 퍼져나가게 하는 물질이 필요하다. 빛의 파동설과 입자설의 차이는 여기에 있다. 빛이 파동이라면 에테르라는 물질이 가득 찬 공간을 가정해야 하고, 빛이 입자라면 중력처럼 힘을 주고받는 텅 빈 공간을 가정해야 한다.

뉴턴을 비롯한 대부분의 과학자는 빛이 입자라고 생각했다. 빛은 물체가 서 있으면 그 뒤편으로 가지 못한 채 그림자를 드리운다. 빛은 가로막과 같은 물체를 뛰어넘지 못하지만, 소리는 가로막 뒤편에서 주고받는 이야기를 들을 수 있다. 빛은 앞으로 똑바로 나아가는 반면, 소리는 물체를 에돌아갈 수 있다. 장애물이 있으면 에돌아가는 회절현상은 파동의 전형적인 특성이다. 빛이 돌아가지 않고 직진한다는 사실은 빛의 입자설을 입증하는 것처럼 보였다. 이 때문에 빛에 관한 논의는 한동안 입자설이 우세했다. 1803년 토머스 영Thomas Young(1773~1829)이 빛의 이중 슬릿slit 실험을 내놓기까지는 말이다. 영의 실험은 뉴턴의 입자설에 일격을 가하는 결정적 실험이었다.

영은 두꺼운 종이에 일자의 좁은 틈을 내고, 어두운 방에서 그 틈으로 빛을 비추어보았다. 빛은 좁은 틈으로 새어나와 뒤쪽 벽면에 넓게 퍼졌다. 다음에는 또 하나의 두꺼운 종이에 두 개의 일자 틈을 만들어서 설치했다. 이것이 빛의 이중 슬릿 실험이다. 빛이 첫 번째 하나의 틈을 통과한 뒤 두 번째 두 개의 틈을 통과해 벽면에 비쳤을 때 영은 놀라지 않을 수 없었다. 빛이 두 개가 합쳐졌으니 더욱 밝게 빛날 것이라는 예상을 깨고 벽면에 줄무늬가 생겼기 때문이다. 밝은 부분과 어두운 부분이 번갈아 나타나며 검은 줄무늬가 아른거리고 있었다. 이렇게 두 줄기의 빛이 서로 간섭하는 현상을 보고, 영의 머릿속에는 빛이 파동이라는 생각이 스쳐 지나갔다.

물결 모양의 파동은 올라갔다 내려갔다를 반복하는 파장으로 그려진다. 위로 올라가는 최고점(마루)과 아래로 내려가는 최저점(골)이 '+1, -1, +1, -1……'로 비유될 때, 영의 실험은 빛 두 개가 중첩되면서 '+1, -1, +1, -1……'과 '+1, -1, +1, -1……'이 더해져 '+2, -2, +2, -2……'가 된 결과로 볼 수 있다. 빛의 파동이 서로 간섭을 일으켜 밝은 곳은 더 밝고 어두운 곳은 더 어둡게 나타났다. 다시 말해 진동이 더해지거나 빼지거나 해서 간섭이 보강되거나 상쇄되었던 것이다. 빛이 파동이라는 사실을 명백하게 입증하는 실험이었다.

영국에서 영은 이러한 결과를 「물리 광학에 관한 실험과 계산」이라는 논문으로 써서 왕립학회에 제출했다. 그때 프랑스의 젊은 과학자 오귀스탱 장 프레넬Augustin Jean Fresnel(1788~1827)도 독자적으로 빛의 파동 연구를 하고 있었다. 영은 뉴턴과 달리 프레넬의 발견과 독창성

토머스 영의 이중 슬릿 실험

영은 1806년에 빛을 두 개의 틈에 통과시켜보고 빛이 간섭무늬를 만드는 것을 발견했다. 간섭은 둘 이상의 파동이 중첩되면서 일어나는 현상이다. 고요한 수면 위에 돌멩이 두 개를 던져보면 물결파가 서로 간섭을 일으키는 것을 볼 수 있다.

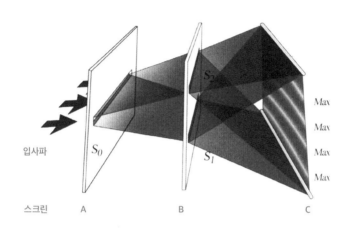

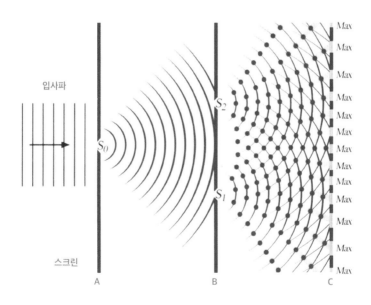

을 인정하고 격려해주었다. 프레넬은 영보다 수학적으로 완성도 높은 결과를 내놓았으며 19세기 빛에 관한 연구를 발전시켰다.

전기와 자기는 하나의 힘인가?

전기와 자기는 오래전부터 신기한 현상이었다. 전기를 띤 호박은 깃털을 끌어당겼고, 자기를 띤 자석은 못을 끌어당겼다. 이렇게 전기와 자기가 끌어당기는 힘이 있다는 것을 알고 있었지만 서로 밀접한 관계가 있다는 것은 몰랐다. 전기를 띤 호박이 못을 끌어당기지 않았고, 자기를 띤 자석이 깃털을 끌어당기지 않았기 때문이다. 19세기에 와서야 전기와 자기의 관계가 밝혀졌고, 이것은 인류가 불을 발견한 것만큼이나 엄청난 결과를 가져왔다.

마이클 패러데이Michael Faraday(1791~1867)는 정규 과학교육을 받지 못한 가난한 제본공이었다. 그는 우연한 기회에 영국 왕립과학연구소의 강의를 듣고, 험프리 데이비Humphry Davy(1778~1829)의 실험조교가 되었다. 1820년대 들어 화학자로 성장한 패러데이는 덴마크의 과학자 한스 외르스테드Hans Ørsted(1777~1851)의 실험소식을 들었다. 전선에 전류를 흐르게 했더니 우연히 옆에 있는 나침반의 바늘 방향이 움직였다는 것이다. 어떻게 전선 안에 있는 전기가 밖으로 빠져나와 자침을 움직였을까? 직관력이 뛰어났던 패러데이는 즉각 그 현상의 의미를 이해할 수 있었다. 전류의 전기가 나침반의 바늘을 움직인 것은 전기가 자기와 같은 역할을 한 것이다.

전기가 스스로 자기를 만드는 것은 여러 가지 실험으로 증명되었다. 프랑스의 과학자 앙드레 마리 앙페르André-Marie Ampère(1775~1836)는 두 개의 전선이 자석처럼 서로 끌어당기고 밀치는 것을 확인했다. 같은 방향의 전류가 흐를 때는 두 개의 전선이 서로를 끌어당겼고, 반대방향의 전류가 흐를 때는 서로를 밀어냈다. 또한 전선을 둥글게 많이 감을수록 자기력이 더 강해진다는 것도 알 수 있었다. 전기는 자석이나 쇠막대 없이도 혼자서 자기력을 만들었던 것이다.

우리가 알고 있는 전기코일이 바로 전선을 감아서 만든 자석이다. 전기로 만든 자석, 즉 전자석은 얼마나 힘이 센지 무거운 철판도 들어 올렸다. 이러한 전자석은 자석보다 더 유용하게 쓰일 수 있다. 전자석에 전기를 흘려보내 자기력을 마음대로 조절할 수 있기 때문이다. 전자석에 전기를 흘렸다가 끊으면 자기력이 생겼다가 없어지기를 반복할 수 있고, 이러한 특징을 이용한 것이 바로 전신이다.

1837년 새뮤얼 모스Samuel F. B. Morse(1791~1872)는 전자석을 이용해 전신기를 발명했다. 전신기는 송신기의 스위치를 누르면 전기가 흘러 수신기의 전자석이 철판에 붙고, 반대로 스위치를 놓으면 떨어지는 간단한 원리를 이용한 것이다. 이때 송신기의 스위치를 눌렀다가 떼면서 길이를 조절할 수 있는데, 모스는 이를 이용해 부호를 만들었다. 모스부호는 길고 짧은 부호를 다양하게 조합해 알파벳을 표현한 것이다. 전신기와 모스부호는 긴급한 소식을 빨리 전할 수 있는 새로운 통신수단으로 각광받았다.

이렇게 전기는 자기로 변할 수 있다. 그렇다면 자기가 전기로 변할 수는 없는 것일까? 패러데이는 이 문제를 해결하기 위해 10년이 넘는 세월을 실험실에서 보냈다. 자기로 전기를 만드는 일은 생각보다 쉽지 않았다. 1831년 드디어 자석 주변에 전기가 발생하는 실험에 성공했다. 전기가 흐르지 않는 코일에 자석을 넣었다, 뺐다 해보았더니 전기가 생겨났다. 여기에서 중요한 것은 '넣었다, 뺐다'의 작용이었다. 전기코일이든 자석이든 둘 중 하나를 움직여야지, 움직이지 않으면 전기는 발생하지 않았다. 마침내 패러데이는 그 움직임이 자기장을 변화시켜 전기를 만든다는 것을 알아냈다. 자기장의 변화가 전기를 유도한다고 해서 이 현상을 '전자기 유도'라고 한다.

패러데이는 자신이 발견한 '전자기 유도'로 값싼 전기를 공급할 수 있다는 생각을 했다. 두 개의 자석 사이에 전기코일을 계속 움직이면 자기장의 변화가 전기를 만드는 발전기가 될 수 있었다. 그는 전기코일을 움직이는 데 증기나 물, 바람과 같이 큰 힘을 이용할 수 있는 방법을 찾았다. 오늘날 화력·수력·풍력발전소의 형태를 미리 예견했던 것이다. 증기, 물, 바람은 전기코일을 회전시키는 역학적 에너지로 작용하고, 이 역학적 에너지가 전기에너지를 발생시켰다. 결국 발전기는 실험실 안에 머물렀던 전기를 세상 밖으로 나오게 만들었다.

패러데이의 열정과 놀라운 직관은 여기에서 멈추지 않았다. 패러데이는 자석 주변에 철가루를 뿌렸을 때 생기는 모양을 유심히 관찰했다. 물리학자로서 정식 교육을 받지 못하고 수학을 전혀 몰랐던 불리한 조건은 오히려 뉴턴 과학을 뛰어넘을 수 있는 계기가 되었다. 패러데이는 철가루 모양을 보고 뉴턴이 말한 힘의 개념과 다른 것을 상상했다. 뉴턴의 중력은 빈 공간에서 떨어져 있는 물체 사이에 아무런 매개 없이 직접 작용하는 힘이다. 그런데 패러데이는 뉴턴의 텅 빈 공간을 가득 메우는 힘의 장(마당)이 있다고 생각했다. 자석 주변의 철가루가 일정한 방향을 가지고 선을 그리는 것처럼 말이다. 거미줄 모양의 역선은 파동으로 힘을 전달하는, 보이지 않는 힘이 펼쳐진 것을 나타냈다.

패러데이는 연구노트에 "실험은 수학 앞에서 기죽을 필요가 없다"라는 말을 써놓았다. 수많은 실험에서 자신감을 얻은 그는 원거리에서 직접 작용하는 뉴턴의 힘에서 벗어났다. 뉴턴주의 과학자들처럼 전기를 좁은 전선 속에 흐르는 '액체 입자'로 본다면, 전기와 자기가 서로 영향을 주고받는 것을 설명할 수가 없었다. 패러데이는 전기와 자기를 입자로 보는 가설을 과감히 버리고 파동과 같은 현상으로 바라보기 시작했다. 전기와 자기는 빈 공간에서 힘을 직접 주고받는 것이 아니라 매질을 진동시켜 힘을 전달한다고 생각했던 것이다.

패러데이는 전자기 유도를 발견하는 과정에서 새로운 방식으로 힘을 전달하는 '장場'이라는 개념을 처음으로 고안했다. 전기와 자기가 파동이라면 매질이 필요한데 그 매질이 전자기장이 되는 것이다. 그는 자기력선과 자기장 같은 용어를 만들어 전기와 자기가 흐르는 주변에는 진동하는 전기장과 자기장이 형성된다고 설명했다. 이렇게 전기와 자기를 파동으로 보고 그 파동의 실체를 '장'이라는 힘의 공간으로 창조했던 것이다. 이러한 장 이론에 따르면 물체가 직접 힘을 주고받는 것이 아니라 물체 주변에 형성된 힘의 장으로부터 간접적으로 힘이 전달된다.

패러데이는 모든 물질이 힘의 장으로 연결되어 있으며 힘의 장에서 일어나는 국소적인 움직임은 저 멀리 떨어진 물질에까지 모두 영

패러데이의 역선

패러데이는 자석뿐만 아니라 전선이나 자화된 금속원판을 가지고 쇳가루 실험을 했다. 그의 실험은 자기력과 전기력이 하나의 힘이며, 이러한 '힘의 선'이 '물리적 실체'라는 것을 보여주기 위한 것이었다.

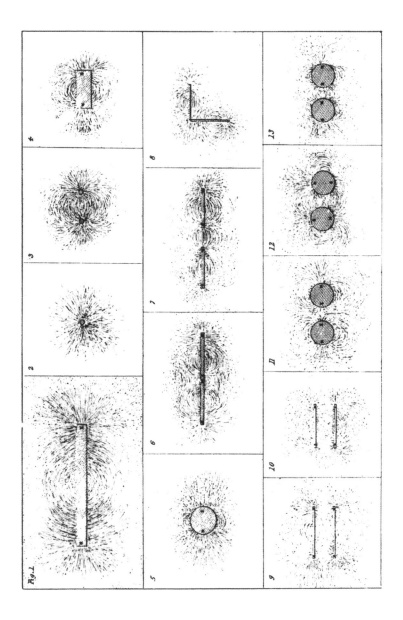

향을 준다고 말했다. 자기는 전기가 되고, 전기는 자기가 될 수 있는 바탕에는 이러한 힘의 장이 있었던 것이다. 전기와 자기는 전기장과 자기장을 만들어 서로를 변화시키면서 공간에 퍼져나갈 수 있다. 자기장의 시간적 변화가 전기장을 만든다는 것이 바로 패러데이의 전자기 유도법칙이다. 1852년 말년에 접어든 패러데이는 「자기력선의 물리적 성격」이라는 논문을 통해 힘의 장이 물리적으로 실재한다는 주장을 펼쳤다. 이러한 패러데이의 연구는 제임스 클러크 맥스웰James Clerk Maxwell(1831~1879)의 전자기학으로 발전했고 빛이 전기와 자기의 파동, 즉 전자기파라는 놀라운 발견에 이르렀다.

에너지는 무엇인가?

19세기에 들어서 빛, 열, 전기, 자기 등에 대한 관심은 점점 커져갔다. 한창 증기기관과 같은 동력원이 주가를 올렸고 자연의 동력으로부터 더 큰 힘을 얻을 수 있다는 기대가 무르익었다. 만약 전기에서 힘을 얻는다면 전기를 열로 변환시킬 수 있는 방법이 있지 않을까? 사람들은 이렇게 다른 종류의 힘들이 서로 변환될 수 있다는 가정을 했고, 또 이 힘들을 통일적으로 설명할 수 있다는 막연한 생각을 했다.

특히 증기의 힘으로 움직이는 증기기관은 열에 대한 연구를 자극했다. 과학자들은 대부분 열을 라부아지에가 말한 '열소'라는 물질 입자로 생각했다. 빛, 전기, 자기, 열을 '흐르는 액체 입자'로 보는 개

넘이 널리 퍼져 있는 상태였다. 과연 열의 실체는 무엇인가? 물질일까, 아니면 물질의 성질일까? 과학자들의 열띤 논쟁에도 뚜렷한 결론에 이르지 못했다. 그래서 타협책으로 나온 것이 열이 무엇인지를 규명하는 대신 열이 무엇을 하는지 측정해보자는 것이었다.

열이 '어떻게' 일을 만드는지 모르지만, 열이 '얼마나' 일을 만드는지는 지대한 관심사였다. 이것은 증기기관의 경제적 효율성과 직결되는 문제였다. 어떻게 하면 최대한 값싸게 일을 얻을 수 있는지는 시대적 과제였다. 수많은 발명가와 투자자들은 적은 양을 투입해서 무한한 양의 일을 얻어내는 영구기관―밖으로부터 에너지를 공급받지 않고 영원히 일을 계속하는 가상의 기관―에 열광했다. 자연스럽게 열과 일을 정량적으로 측정해서 증기기관의 효율성을 알아보는 작업에 관심이 쏠렸다.

제임스 줄James Joule(1818~1889)은 영국의 부유한 양조업자의 아들로 태어나 교수가 되지 않고 평생 양조업자로 살면서 열기관을 연구했다. 줄의 탁월한 실험은 1845년 '물갈퀴 달린 바퀴'를 제작하는 데서 시작되었다. 그는 먼저 물통 안에 물갈퀴 바퀴를 설치하고 도르래로 무거운 추를 연결했다. 그다음에 매달려 있는 추를 위에서 떨어뜨려 바퀴가 물속에서 회전하도록 만들었다. 매달려 있는 추는 내려가면서 바퀴를 회전시켜 물의 온도를 높였다. 이때 바퀴의 회전으로 높아진 물의 온도를 재서 얼마만큼의 열이 발생했는지 측정했다. 이 실험을 통해 줄은 바퀴의 회전운동이 물속에서 열로 변형되는 과정을 정량적으로 분석할 수 있었다.

양조업에서 정확한 온도 측정의 중요성을 익혔던 줄은 힘의 변환

줄의 실험도구 '물갈퀴 달린 바퀴'

일정한 무게를 가진 물체가 떨어지면서 발생한 일로 물의 온도를 높이는 이 실험은 일이 열로 변환될 수 있음을 보여주었다. 이 실험을 통해 열과 일이 동등하다는 것이 증명되었고, 이 실험은 열역학 제1법칙의 기초가 되었다.

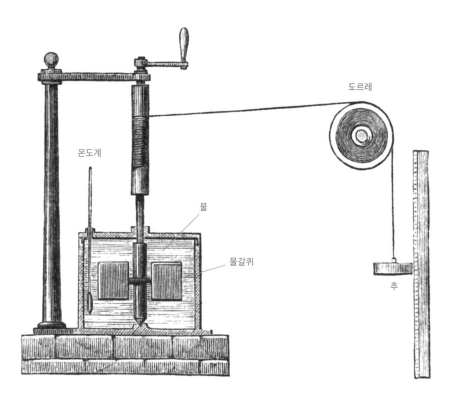

을 꼼꼼하게 측정했다. 그 결과 1파운드의 물을 화씨 1도 높이는 데 필요한 열은 890파운드의 물체가 1피트의 높이에서 떨어지는 힘과 맞먹는다는 결과가 나왔다. 회전하는 바퀴로 생성된 열의 양은 이 열이 발생하기 위해 필요한 역학적 일의 양과 같다는 것이 밝혀졌다. 줄은 이 수치를 '열의 역학적 등가량'이라고 불렀다. 줄의 실험은 열과 역학적 일이 동등하다는 사실을 증명하고 열과 일의 상호 변환 가능성을 시사했다. 즉 한 가지 힘이 다른 힘으로 변환될 수 있으며 그 과정에서 힘은 보전된다는 것이다.

줄의 실험으로 열역학 연구는 급물살을 탔다. 영국 글래스고 대학의 교수 윌리엄 톰슨William Thomson, Lord Kelvin(1824~1907)은 1847년 영국 과학진흥협회의 옥스퍼드 모임에서 줄을 만났고, 그의 연구에 큰 자극을 받았다. 줄의 이론을 받아들인 톰슨은 1851년 「열의 동역학 이론에 관하여」라는 논문을 발표하고 1854년 '열역학'이라는 이름의 새로운 학문을 만들었다. 그해 영국 과학진흥협회의 한 강연에서 톰슨은 줄의 발견이 "뉴턴 이래로 물리학이 경험한 가장 위대한 개혁"이라고 찬사를 아끼지 않았다.

톰슨은 열과 역학적 일의 상호 변환성을 통해 '열은 물질이 아니라 운동의 상태'라는 생각을 끌어냈다. 즉 열은 물질 입자의 운동에너지로 정의될 수 있다는 것이다. 이같이 열과 일, 에너지를 개념화함으로써 열역학의 제1법칙과 제2법칙이라는 위대한 원리가 도출되었다. 열이 일로 바뀌는 것은 열역학의 제1법칙, 에너지 보존의 원리를 나타낸다. 에너지는 다른 형태로 변할 수는 있지만 결코 소모되지 않는다. 다시 말해 에너지는 창조되지도 없어지지도 않으며, 형태만 변할 뿐이다.

　그런데 열역학 제1법칙에서 열은 일정한 방향으로 흘렀다. 열은 뜨거운 물체에서 차가운 물체로 향하는 방향성을 가지는데, 이를 열역학 제2법칙이라고 한다. 에너지의 변환에는 방향이 있어서 에너지는 항상 뜨거운 곳에서 차가운 곳으로 움직이고 반대방향으로는 움직이지 않는다. '시간의 화살'처럼 한번 날아간 것은 다시 돌아오지 못한다는 것이 바로 열역학 제2법칙이다. 열역학의 두 법칙은 에너지가 소멸될 수는 없지만 흩어진다는 것과 한번 흩어진 에너지는 다시 이용할 수 있는 에너지의 형태로 되돌아갈 수 없음을 뜻한다.

　이렇게 에너지가 보존되고 상호 변환한다는 사실은 모든 물리적 현상에 적용되었다. 열 현상은 물론 빛, 전기, 자기 등은 모두 에너지의 개념으로 연결되어 있고, 역학적 에너지의 형태로 나타낼 수 있다. 자연세계를 통일적으로 설명할 수 있는 새로운 개념이 탄생한 것이다. 톰슨과 같은 물리학자들은 에너지가 물리학의 토대가 될 것으로 전망했다. 톰슨은 1867년에 나온『자연철학에 관한 논고*Treatise on Natural Philosophy*』에서 에너지를 수학의 언어로 나타내고 새로운 에너지 과학의 가능성을 열었다.

　맥스웰은 새로운 에너지 과학을 열정적으로 옹호했다. 그는 에너지 개념을 자신의 새로운 전자기학의 중심에 놓았다. 그리고 패러데이가 말한 힘의 장(마당)과 그 속에서 움직이는 전기와 자기의 파동을 설명하기 위해 에테르를 적극적으로 받아들였다. 파동에서는 매질이 필요하기 때문에 에너지와 유사한 에테르의 개념을 도입했던 것이다. 이러한 맥스웰의 생각은 전기와 자기의 효과를 눈으로 관찰하면서 더욱 확신을 얻었다.

맥스웰은 자기적 작용에 시간이 걸린다는 사실을 포착했다. 자석 주변에 흩어진 철가루가 반응하는 데 시간이 걸리는 것처럼 힘이 전달되는 과정에도 시간이 필요하다는 것을 발견했다. 이것은 뉴턴의 고전역학으로 설명할 수 없는 놀라운 사실이었다. 맥스웰이 관찰한 전기와 자기는 뉴턴의 주장과는 다르게 즉각적으로 힘을 전달하지 않고 일정한 속도로 퍼져나갔다. 여기에서 맥스웰은 19세기 물리학의 새로운 돌파구를 열었는데, 바로 전기와 자기가 전달되는 속도를 계산한 것이었다. 전기와 자기가 서로 진동하며 상호 유도하는 전자기 파동의 속도는 놀랍게도 빛의 속도와 같았다! 이로써 전기와 자기의 장은 빛의 속도로 힘을 전달하고 있음이 밝혀졌다. 맥스웰이 전자기 파동을 수학적으로 나타낸 네 개의 방정식에는 이러한 의미가 모두 담겨 있었다.

맥스웰의 방정식은 파동 방정식으로서 전자기의 물리적 실체가 파동이며, 방정식에서 도출한 전자기파의 속도가 빛의 속도와 일치한다는 것을 보여주었다. 빛이 전자기적 파동이라는 예견에 과학자들은 놀라움을 금치 못했다. 마침내 맥스웰은 전기와 자기뿐만 아니라 빛까지 자신의 전자기학으로 통합시켰다. 1888년 하인리히 헤르츠Heinrich Rudolf Hertz(1857~1894)는 전자기파를 발견해 맥스웰의 이론을 입증했다. 우리가 보고 듣는 텔레비전과 라디오의 전파는 맥스웰과 헤르츠의 업적이다.

빛, 전기, 자기, 열이 에너지라면 도대체 에너지는 무엇인가? 19세기 물리학자들은 이러한 에너지의 실체를 밝히고 자연세계를 통일적으로 설명하는 데 주력했다. 그들에게 자연의 힘은 하나이며, 다른 힘의 형태로 변환되어 나타날 뿐이다. 세상에는 역학(운동)에너지, 중력에너지, 전기에너지, 열에너지, 화학에너지 등 수많은 에너지가 있고, 그 에너지 전체의 양은 보존된다. 물리학자들은 열역학과 전자기학을 통해 열, 전기, 자기 등을 에너지의 형태로 보여주기 위해 애썼다.

물리학자들이 한 일에서 '보여주었다'는 점은 매우 중요하다. "당신이 원자를 본 적이나 있어?" 오스트리아의 물리학자 에른스트 마흐Ernst Mach(1838~1916)가 동료 물리학자 루트비히 볼츠만Ludwig Boltzmann (1844~1906)에게 한 말이다. 볼츠만은 과학자들 대부분이 원자의 존재를 믿지 않을 때, 물질은 원자로 이루어졌다는 확신을 가지고 실증적인 결과를 제시했다. 그가 주목한 것은 기체 속 원자들의 운동이었다. 기체 원자는 예측할 수 없는 방식으로 움직이는데, 그는 이러한 원자집단의 운동을 통계적으로 측정했다. 그리고 맥스웰의 기체운동론을 확대해 기체 속에 분자들의 속력을 측정하는 공식을 내놓았다. 이것이 맥스웰-볼츠만 분포곡선이다. 볼츠만은 눈으로 볼 수 없는 원자의 세계를 수학과 통계학으로 표현해 보여준 것이다.

솔직히 말해 이들의 수학적 공식과 역학적 모형은 실재와 차이가 있었다. 또 확률적·통계적이라는 의미는 '확실하지는 않지만 근접한 사실'이라는 뜻을 담고 있다. 그래서 다른 물리학자들조차 원자, 분자, 에너지의 존재를 의심했다. 하지만 구체적인 증거들이 나오지 않던 시절에 줄, 톰슨, 맥스웰, 볼츠만은 이것들의 존재를 확신했고 수학적 공식과 역학적 모형으로 보여주었다. 이와 같이 19세기 물리학자들은 에너지를 '실재하는 원자들의 운동'으로 파악하며 모든 물질을 에너지로 설명하고자 했다.

　19세기 중엽부터 등장한 에너지 개념은 물리학이라는 학문 분야를 성립시키는 데 크게 기여했다. 빛, 전기, 자기, 열을 똑같은 에너지로 취급하고 수학적으로 풀어내는 과정에서 물리학의 공통적 주제와 방법이 뚜렷이 나타났다. 연구 활동의 변화는 제도적 차원에까지 영향을 미쳤다. 이 시기에 물리학자들은 전문 직업인으로서 정체성을 형성하며 대학의 물리학과, 물리학회와 학술지, 물리학협회 등으로 자신들의 사회적 활동 영역을 넓혀나갔다.

2

다윈의
진화론

진화는 어떻게 일어나는가?

19세기에 물리학에서 '에너지'라는 새로운 개념이 출현한 것처럼 생물학에서는 '진화론'이라는 혁명적인 이론이 등장했다. 영국의 과학자 찰스 다윈Charles Darwin(1809~1882)이 주장한 진화론은 18세기 지질학에서부터 시작되었다. 유럽에서 산업혁명이 일어나자 석탄과 철에 대한 수요가 급증하고 지질학적 탐구에 관심이 쏠리기 시작했다. 경제적 이익을 주는 광물들을 채취하다가 화석이 종종 발굴되기도 했는데, 자연스럽게 지질학이라는 새로운 학문 분야가 영국과 프랑스를 중심으로 등장했다. 프랑스의 과학아카데미와 자연사박물관, 영국의 과학단체에서 활동하는 아마추어 지질학자와 엔지니어 등이 주역이었다. 이들은 지표면의 다양한 변화를 경험적으로 탐색하며 지구의 역사를 재구성했다.

그런데 지질학은 성경의 창조론에 위배되는 화석 증거들을 쏟아냈다. 성경의 가르침대로라면 지구의 나이는 6,000년 정도로 추정되었다. 구약성서에 등장하는 인물들의 수명을 계산한 결과, 기원전 4004년에 지구가 창조되었다는 것이 정설처럼 받아들여지고 있었기 때문이다. 그러나 지질학자들이 발굴한 화석에 따르면 지구의 나이는 6,000년보다 훨씬 길어야 했다. 또한 여러 암석층에서 다양하게 발견되는 화석은 하느님이 단 한 번에 생명체를 만들었다는 창조론과도 어긋났다.

단순한 조개화석에서 거대한 육식공룡의 뼈까지 지구 생명체들은 순식간에 창조되고 사라졌다고 보기에는 의문점이 많았다. 멸종된 동물과 새로운 동물의 출현을 어떻게 설명할 것인가? 노아의 홍수와 같은 단 한 번의 천재지변으로 지구의 역사를 설명하기에는 역부족이었다. 새로운 대안으로 떠오른 것은 몇 번의 천재지변으로 화석 증거들을 설명하는 이론이었다.

프랑스 과학아카데미의 조르주 퀴비에Georges Cuvier(1769~1832)는 현재의 지구가 급격한 천재지변을 여러 번 겪으면서 형성되었다는 격변설catastrophism을 주장했다. 격변설은 생물 종의 멸종과 지형의 급격한 변화를 잘 보여주는 이론이었다. 창조론자들은 격변설을 자의적으로 해석해 노아의 홍수를 실재하는 지질학적 시간으로 이해했다. 노아의 홍수는 격변설에서 가정하는 여러 번의 천재지변 중 하나이며, 이렇게 천재지변이 있을 때마다 동식물은 완전히 멸종하고 다시 고요한 시대가 찾아와 하느님이 새로운 종들을 창조했다고 보았다.

프랑스 과학계의 중심이었던 퀴비에는 암석의 지층과 화석들이 연관되었다는 것을 발견했다. 지층에 묻힌 화석은 암석의 서열을 구분할 수 있는 좋은 자료였다. 한편 영국의 측량기사였던 윌리엄 스미스 William Smith(1769~1839)도 수로 확장 공사에 나갔다가 암석의 지층이 조금 떨어진 곳과 서로 연결된다는 사실을 알았다. 누적적으로 쌓인 암석의 지층들 사이에 공통된 상관성을 발견한 것이다. 프랑스의 지질학자 퀴비에와 영국의 엔지니어 스미스는 서로 다른 곳에서 암석의 서열을 구별하는 층서학을 개척했다. 암석의 층을 구분할 수 있는 고유의 화석들을 찾아 이것을 가지고 지층의 서열을 분석했던 것이다.

층서학과 격변설은 잘 맞았다. 암석의 층마다 과거에 살았던 동식물이 달랐다는 생각이 층서학과 격변설을 이어주었다. 격변설은 천재지변이 있을 때마다 오늘날 볼 수 없었던 생물들이 출현했다가 멸종되는 현상을 설명했다. 그리고 층서학에서는 이러한 격변설을 바탕으로 특정 화석들이 나온 지층을 구별하고 지질연대를 분석했다. 1840년대에 이르러 우리가 알고 있는 고생대, 중생대, 신생대의 이름과 각 시대별 표준화석이 정해졌으며 지구 역사의 윤곽도 밝혀졌다.

그런데 구체적인 화석 증거와 지층을 연결하다 보니 지질학적 시간 규모가 엄청나다는 사실이 드러났다. 격변설이 주장하는 몇만 년으로는 도저히 설명할 수 없는 규모였다. 영국의 지질학자 찰스 라이엘Charles Lyell(1797~1875)은 창조론자들이 지지하는 격변설에 도전장을 던지고 지구의 나이를 키웠다. 그는 지구의 변화가 오랜 세월에 걸쳐 전개되었다는 동일과정설uniformitarianism을 발표했다. 과거에 지구 환경은 노아의 홍수 같은 천재지변에 시달리지 않고 현재의 지구와 동일하게 변화가 진행되었다는 것이다.

라이엘은 1795년에 나온 제임스 허턴James Hutton(1726~1797)의 주장

서로 다른 두 지층

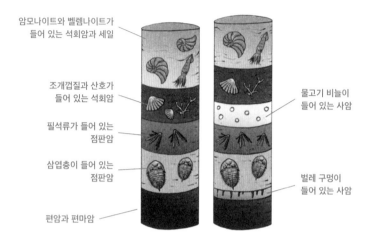

암모나이트와 벨렘나이트가
들어 있는 석회암과 세일

조개껍질과 산호가
들어 있는 석회암

물고기 비늘이
들어 있는 사암

필석류가 들어 있는
점판암

삼엽충이 들어 있는
점판암

벌레 구멍이
들어 있는 사암

편암과 편마암

표준화석인 삼엽충과 공룡의 화석

떨어져 있는 지층에서 똑같은 형태의 화석을 발견했다면 두 지층의 나이가 거의 같다는 사실을 알 수 있다. 이러한 연구가 진행됨에 따라 지질시대의 어느 한 시기를 대표하는 '표준화석'이 정해졌다. 대표적으로 고생대에는 '삼엽충', 중생대에는 '암모나이트', '공룡' 등을 들 수 있다.

을 부활시키며 격변설을 비판했다. 스코틀랜드의 지질학자 허턴은 지구 변화를 중력과 내부 열에 의한 힘으로 설명했다. 지구 밖에서 중력이 누르고 지구 안에서 마그마의 열이 올라오면서 지각이 변동했다는 것이다. 과거에 작용했던 두 힘이 오늘날까지 계속된다면 아주 오랫동안 느리게 진행된 것이 틀림없었다. 허턴의 주장은 라이엘의 동일과정설을 뒷받침해주는 좋은 이론이 되었다. 라이엘은 1830년에 발표한 『지질학의 원리』에서 허턴의 이론과 각종 화석 증거를 상세히 제시하며 지구가 얼마나 오랫동안 변화해왔는지를 입증했다. 다윈의 진화론이 나오기 위한 분위기가 서서히 무르익어갔다.

다윈은 1809년 영국의 부유한 신사계급의 가정에서 태어났다. 아버지는 성공한 의사였고 어머니는 산업혁명기에 도자기 사업으로 출세한 웨지우드 가문의 딸이었다. 그런데 어머니는 다윈이 여덟 살 되던 해에 세상을 떴고, 다윈은 엄격한 아버지 밑에서 어머니의 따뜻한 사랑을 그리워하면서 컸다. 어린 시절 공부보다는 밖에서 뛰어노는 것을 좋아하는 다윈을 보고 그의 아버지는 "사냥하고 개들과 놀고 쥐 잡는 일 외에 다른 일에는 관심이 없구나. 넌 나중에 너 자신과 집안의 망신거리가 될 거야"라고 나무랐다고 한다.

다윈은 의사가 되길 원했던 아버지 뜻에 따라 에든버러 대학에 입학했다. 하지만 끔찍한 수술 광경을 접하고 난 후 의학 공부를 중도에 포기하고 말았다. 아버지의 실망이 컸지만 어쩔 수 없는 일이었다. 이어서 그는 영국 국교회 성직자가 되겠다는 뜻을 품고 케임브리지 대학에 들어갔다. 이곳에서 저명한 식물학자 존 헨슬로John Henslow(1796~1861)와 지질학자 애덤 세지윅Adam Sedgwick(1785~1873)을 만났다. 다윈은 그들에게서 식물학과 지질학에 대한 지식을 배웠지만 22세에 학위를 받을 때까지도 자신의 미래는 성직자의 길이라고 막연하게 생각하고 있었다.

그러던 중에 운명적 기회가 다가왔다. 박물학자의 자격으로 영국 해군함 비글호를 타고 자연탐사를 하는 일에 추천된 것이다. 1831년 12월 다윈은 긴 항해에 올라 1836년 10월까지 지구를 한 바퀴 돌고 돌아왔다. 남아메리카에서 태평양을 거쳐 인도양과 아프리카까지 비글호와 동고동락의 세월을 보냈다. 배가 해안가를 측량하는 동안, 다윈은 내륙의 지형과 동식물들을 조사했다. 날카로운 관찰력을 가진 그는 부지런히 식물과 동물의 표본을 수집했고 그동안 관찰한 내용을 꼼꼼히 기록해 스승인 헨슬로에게 보낼 편지와 비글호의 항해기를 썼다.

예상보다 길어진 5년의 항해기간 동안 다윈은 뱃멀미와 열대기후, 향수병에 시달렸다. 영국에 도착한 후 다시는 영국 밖에 나가지 않을 만큼 긴 항해에 신물이 났다. 하지만 그때 다윈이 얻은 지질학적 발견은 무척 값진 것이었다. 남아메리카의 자연은 라이엘의 동일과정설을 직접 보여주는 듯했다. 다윈은 라이엘의『지질학의 원리』1권을 가지고 비글호에 탑승했고, 나머지 책 2권은 항해 중에 전달받았다. 이 책들을 읽고 안데스 산맥을 바라보니 단 한 번의 격변이 아니라 긴 시간에 걸쳐 산맥이 매우 천천히 상승했다는 증거를 찾을 수 있었다.

다윈의 마음은 점점 동일과정설이 옳다는 심증으로 굳어졌다. 그러자 지질 변화가 오랫동안 일어난 것이 사실이라면 이러한 환경 변화에 맞춰 생물들이 어떻게 살았는지 궁금해졌다. 생물들은 살아남을 수 있는 환경조건을 찾아 이주하거나 서서히 멸종할 수밖에 없었을 것이라는 생각에 이르렀다. 라이엘의 지질학은 종들이 불변한다는 입장이었지만 다윈은 다른 생각을 품었다. 환경의 변화에 적응하는 과정에서 생물 종들이 충분히 변형될 수 있다는 증거가 조금씩 눈에 들어오기 시작했다.

갈라파고스 군도에 도착했을 때, 다윈은 각각의 섬에 흩어져 있는 다양한 동식물을 발견하고 감탄했다. 거대한 육지거북만 해도 섬마다 제각각 다른 모양의 등껍질을 가지고 있었다. 핀치들은 부리가 짧은 것, 긴 것, 휘어진 것, 두꺼운 것 등 각양각색의 모양이었다. 왜 이렇게 많은 생물이 다른 곳에는 없고 오직 갈라파고스 섬들에만 살고 있을까? 왜 식물과 동물 종이 섬마다 다를까? 이런 의문들을 가지고 영국으로 돌아온 다윈은 갈라파고스에서 채집한 표본들을 조사했다.

다윈이 표본조사를 의뢰한 런던 동물학회의 조류학자 존 굴드John Gould(1804~1881)는 놀라운 사실을 통보했다. 갈라파고스에서 채집할 당시 굴뚝새나 찌르레기라고 여겼던 표본 13종이 모두 핀치라는 것이었다. 오늘날 '다윈의 핀치'라고 불리는 이 새들은 전혀 핀치라고 할 수 없을 정도로 완전히 다른 형태로 변했다. 갈라파고스의 핀치들은 10여 종 모두 독특한 부리 모양을 지니고 있었다. 길고 날카로운 부리를 가진 놈들은 바닷새를 찔러 피를 마실 수 있게 생겼고, 짧고 두꺼운 부리를 가진 놈들은 딱딱한 씨와 견과를 깰 수 있었다. 자갈을 뒤집어 먹이를 찾을 수 있는 힘센 부리를 가진 놈들도 있었고, 선인장을 쪼아 곤충을 찾을 수 있도록 좁고 굽은 부리를 가진 놈들도 있었다. 확실히 같은 종에서 서로 다른 특징을 갖는 변이가 일어난 것이 분명했다.

섬마다 각각의 개별적인 종이라니! 다윈은 딜레마에 봉착했다. 그가 보기에 갈라파고스의 핀치들은 하느님의 작품으로는 설명될 수 없었다. 하느님이 다양한 종류의 동물 종을 독립적으로 창조해 작은 섬들에 각각 살게 했다는 것은 말이 안 되는 이야기였다. 다윈은 몇몇 핀치가 남아메리카에서 갈라파고스로 건너와 각 섬에 자리 잡고 새로운 환경에 적응하기 위해 변화한 것이라고 생각했다. 처음에 핀치가 얼마 없을 때는 먹이가 풍부했겠지만 점점 핀치의 수가 늘어나면서 서식지 쟁탈전이 일어났을 것이다. 살아남기 위한 경쟁에서 부리 모양이 중요했을 것이고, 주어진 환경에 적응하기 위해 핀치는 여러 모양의 부리를 갖게 되었다고 추론했다.

이러한 예측이 맞는다면 우리가 진화라고 부르는 돌연변이는 새로운 종까지 만들 수 있다. 예를 들어 각각 다른 섬에 떨어져 살던 핀치는 어느 시점에 이르면 너무나 달라져 서로 교배가 되지 않는 상황이 벌어질 것이다. 교배를 못 한다는 것은 자식을 낳지 못한다는 것인데, 이 경우 완전히 다른 종이 되었다고 볼 수 있다. 이렇게 새로운 종이 나타나는 게 가능하다면 긴 시간이 주어졌을 때 어류, 조류, 포유류와 같은 큰 계통의 생물 개체가 탄생할 수 있다. 이때 다윈의 머릿속에 그려진 진화의 흐름은 생명의 나무였다. 사다리처럼 단계적으로 발전하는 진화가 아니라 가지치기식의 진화가 그려졌다. 생명의 나무는 하나의 공통된 조상에 뿌리를 두고 가지가 나오는 식으로 새로운 종의 출현을 보여준다. 진화는 아주 오랜 시간에 걸쳐 수많은 종이 멸종하고 새로운 종이 탄생하는 과정에서 이루어진 것이다. 갈

(A) 다윈이 직접 그린 핀치 그림 (B) 먹이에 따라 달라진 핀치의 부리 모양

다윈은 『비글호 항해기』에서 큰땅 핀치, 중간땅 핀치, 작은나무 핀치, 솔새 핀치 등의 부리 모양을 설명하고 "어쩌면 이 제도에 있는 소수 토착종 새들 중에서 하나의 종이 선택되어 여러 가지 다른 목적에 맞게 변종되었을지도 모른다는 상상을 할 수 있다"라고 언급했다.

(A)

큰땅 핀치 　　　　 중간땅 핀치

작은나무 핀치 　　　　 솔새 핀치

(B)

부드러운 과실을 먹는 새　　　씨앗을 먹는 새　　　딱딱한 과실을 먹는 새

곤충을 먹는 새　　　선인장을 먹는 새

라파고스의 핀치처럼 진화는 미리 결정되는 것이 아니었다. 새로운 종은 우연적으로 나타난 것이 확실했다.

변이 때문에 진화가 일어난다! 다윈은 같은 종 사이에 다른 특징이 나타나는 변이에 주목했다. 지구상의 77억 인구가 모두 다르게 생겼듯이 생물들 사이에 일어나는 변이는 매우 다양했다. 특히 품종을 개량하는 사육사들은 인위적으로 변이를 만들어내는데, 다윈은 사육사들을 찾아가 그 과정을 살펴보았다. 놀랍게도 변이가 일어나는 과정에서 어떤 뚜렷한 패턴이나 목적이 발견되지 않았다. 사육사가 더 좋은 품종으로 개량하는 것처럼 보이지만 변이는 무작위로 일어났다. 변이가 일어나는 명확한 방향이나 목적은 없는데, 어떻게 사육사들은 변이를 이용해 다양한 종류의 개나 비둘기를 만드는 것일까?

사육사들이 한 일은 단지 자신들이 원하는 방향으로 변이가 일어난 개체를 선택해 번식시킨 것뿐이었다. 여기에서 다윈이 발견한 해답은 '선택'이었다. 사육사들은 좋은 품종을 얻기 위해 우연적으로 일어난 변이 중 하나를 선택해 교배시키는 일을 몇 세대에 걸쳐 반복했다. 결국 품종개량은 사육사들이 원하는 변이체를 선택하고 다른 것들을 제거하는 과정이었다. 마찬가지로 사육사가 해온 선택을 위대한 자연도 할 수 있다는 것을 다윈은 깨달았다. 갈라파고스의 여러 섬에 퍼져 있는 핀치가 10여 종으로 분화한 것은 자연이 한 일이었다. 자연은 각 섬에서 살기에 알맞은 변이체를 선택하고 다른 것을 제거했다. 다윈은 사육사의 인위선택에서 '자연선택'이라는 용어를 떠올렸다.

그렇다면 다시 질문은 이어진다. 자연은 왜 선택을 하는 것일까?

다시 말해 자연적 형태의 선택이 일어나는 배경이 무엇일까? 다윈은 토머스 맬서스Thomas Malthus(1766~1834)의 『인구론』을 읽고, 이에 대한 영감을 얻었다. 맬서스는 인구가 기하급수적으로 늘어나는데 식량은 산술급수적으로 늘어난다고 말했다. 농업혁명과 산업혁명이 일어난 이유를 묻는다면 첫 번째로 꼽히는 것이 인구증가에 따른 자원부족이었다. 그만큼 인류에게 인구증가와 자원부족은 영원한 숙제였다. 맬서스는 도저히 감당할 수 없는 인구압력에 대항해 처절한 생존투쟁이 불가피하다고 보았다. 맬서스의 이론에서 다윈은 인구가 자원을 압박하는 상황, 즉 주어진 환경에서 살아남기 위해 경쟁할 수밖에 없는 상황이 바로 자연선택이 일어나는 배경이라는 영감을 얻었다.

다윈은 맬서스가 사회에 적용한 이론을 자연세계의 동식물에 적용했다. 다윈은 『종의 기원』에서 이렇게 말했다. "만약 어떤 생물에 유용한 변이가 일어나면 그 특징을 가진 개체는 생존경쟁에서 살아남을 가능성이 커진다. 그리고 유전의 원리에 따라 그 개체들은 비슷한 특징을 지닌 자손을 낳게 된다. 나는 이 일을 간략히 일컬어서 '자연선택'이라고 한다." 자연은 환경에 잘 적응한 개체를 선택할 것이고, 자연의 선택을 받은 개체들은 서로 교배해 그들의 형질을 후대에 더 강화해갈 것이다. 이 과정이 오랜 시간에 걸쳐 일어나면서 다양한 종이 생겨난다는 것이 진화론의 핵심이다. 동식물들이 살아남는다는 것은 곧 자연의 선택을 받았다는 것을 의미하기 때문에 다윈은 이를 자연선택이라고 부른 것이다.

인간은 왜 존재하는가?

다윈은 비글호 항해를 끝내고 진화론에 대한 큰 깨달음을 얻었다. 그때가 1838년경이었다. 그 후부터 자신의 이론에 확신을 가지고 진정한 진화론자로 변신하는 데 20년이 걸렸다. 다윈은 1842년 자연선택에 관한 짧은 요약문을 썼고, 1844년 그 요약문을 확장해 상당한 분량의 원고를 작성했다. 그런데 그는 이 위대한 작품을 세상에 알리기 주저했다. 만약에 자신이 일찍 죽거든 이 원고를 출판하라는 쪽지를 남긴 채 꽁꽁 숨겨두고 있었다.

다윈은 진화론을 확실히 증명할 수 없다는 것에 늘 불안한 삶을 살았다. 어느 누구도 새로운 종의 출현을 본 적이 없었기 때문이다. 기껏해야 100년 남짓한 유한한 삶을 살아가는 인간이 46억 년에 달하는 지구의 역사를 그려내는 일은 추측으로나 가능할 뿐이었다. 당시는 다윈이 제시한 변이의 원인에 대해 과학적 근거가 전혀 밝혀지지 않은 상황이었다. 멘델의 유전 이론이나 돌연변이 이론, DNA 모형 등 유전의 메커니즘에 관해 모르는 상태에서 진화론을 증명하기는 매우 어려운 일이었다. 영국의 보수적인 사회 분위기에서 진화론의 비밀을 간직한 그의 삶은 무거울 수밖에 없었다.

비글호 항해에서 돌아온 후 다윈은 다양한 만성질환에 시달렸다. 만성피로, 위장장애, 온갖 피부병이 그의 증상이었다. 오늘날 학자들은 다윈의 질병이 남아메리카에서 감염된 혈액질환이었을 것으로 추측하기도 한다. 또 진화론의 논쟁이 그를 정신적으로 괴롭혀 시골에 숨어 살게 했다는 말도 있다. 일종의 공황장애였다고 하는데, 어쨌든 심리적 부담이 몸 상태를 안 좋게 만든 것은 사실이었다.

1850년대 중반 다윈은 라이엘을 포함한 몇몇 동료에게 진화론의 세부사항을 알리고 집필을 준비했다. 그는 자신의 발견을 계속 숙고하며 철저히 사실적 증거에 기반을 둔 방대한 작품을 쓰려고 했다. 그런데 1858년 6월 모든 과학자가 두려워하는 일이 벌어졌다. 알프레드 월리스Alfred Wallace(1823~1913)라는 자연학자에게 편지가 왔는데, 그 안에는 자신의 진화론과 똑같은 내용의 논문이 들어 있었다. 20년 동안 고민해온 자연선택 이론을 하루아침에 빼앗길 위기에 처한 것이다.

월리스는 독학으로 표본수집 활동을 하며 연구업적을 쌓은 자연학자였다. 그는 1840년대 남아메리카를 여행하며 생물들이 자연적으로 진화한다는 사실을 확신했다. 1850년대에 말레이반도를 탐험한 월리스는 다윈과 같은 생각에 이르렀다. 그는 독자적으로 진화의 메커니즘이 자연선택이라는 추론을 얻었고, 이런 생각을 논문으로 써서 평소에 존경하던 다윈에게 보낸 것이다. 이 사태를 겪은 다윈은 뒤늦은 감이 있지만 진화론을 세상에 알리기로 결심했다. 그해 7월 린네학회에서 월리스와 자신의 이름을 공동 발견자로 올리고 공식적인 발표를 했다. 늦게 연락을 받은 월리스는 이러한 처리에 전혀 불만을 표하지 않았다. 그 후에도 월리스는 진화론이 자신보다는 다윈의 이름으로 거론되는 것에 대해 그다지 신경 쓰지 않았다. 다윈은 사심 없는 월리스의 태도에 안도했고, 이 둘은 평생 좋은 관계로 지낼 수 있었다.

월리스의 등장에 적잖이 놀란 다윈은 그 이듬해인 1859년『종의 기원*On the Origin of Species*』을 출간했다. 그동안 준비했던 방대한 분량을 접고 간결하게 요약한 책을 서둘러 낸 것이다.『종의 기원』은 다윈이 원래 쓰려던 분량보다는 짧아졌지만 그래도 400쪽이 넘는 두꺼운 책이다. 다윈은 진화론을 설득력 있게 보여주기 위해 이 책에 인상적인 증거들을 풍부하게 담았다. 스스로 '하나의 논증'이라고 밝히고 있듯, 상세한 논증을 통해 진화론을 증명하려고 애썼다. 이 책은 첫 판이 나온 날 1,250권이 모두 팔려나가는 진기록을 달성하며 과학자와 지식인들 사이에서 베스트셀러로 주목받았다.

다윈의 예측대로『종의 기원』은 열띤 논쟁을 불러일으켰다. 과학자들 사이에서 지구의 나이, 진화론, 자연선택에 대한 반응은 각기 달랐다. 그중에서 예상치 못한 반론은 다윈을 크게 실망시켰다. 스승인 케임브리지 대학의 세지윅과 헨슬로는 자연선택 이론을 거부했고, 라이엘도 공개적으로 다윈의 진화론을 지지하지 않았다. 열역학 분야의 권위자였던 톰슨은 물리학적으로 지구 나이가 다윈이 요구하는 3억 년은 될 수 없다고 선언했다. 당대의 과학계는 다윈의 진화론에 차가운 반응을 보였다.

『종의 기원』이 나오고 불과 몇 달 뒤 영국 과학발전협회의 회의에서 첫 번째 비판이 제기되었다. 이 공식적인 논쟁에 큰 관심을 보인 사람들이 700여 명이나 몰려들었다. 옥스퍼드의 영국 국교회 주교인 새뮤얼 윌버포스Samuel Willberforce(1805~1873)는 유창한 연설로 진화론을 맹공격했다. 이에 다윈의 지지자로 참석한 토머스 헉슬리Thomas H. Huxley(1825~1895)와 조지프 후커Sir Joseph D. Hooker(1817~1911)는 윌버포스의 감정적인 비판을 냉철하게 받아치며 분전했다.

윌버포스는 논쟁 중에 헉슬리에게 반농담식의 신랄한 질문을 던졌다. "그렇다면 당신은 당신의 할아버지와 할머니 중에 도대체 어느 쪽이 원숭이와 친척이 되십니까?" 헉슬리는 윌버포스의 조롱에 다음과 같이 응수했다. "사람이 원숭이 할아버지와 할머니를 가졌다고 해서 부끄러워해야 할 아무런 이유도 없습니다. 만약 나에게 학문적 훈

다윈을 원숭이에 빗댄 영국 신문의 삽화. 1871년

런을 받은 사람으로서 무지한 군중을 오도하기 위해 자기 논리를 남용하고, 논쟁을 하는 것이 아니라 사실을 왜곡하며, 나아가 심각하고 중대한 철학적 문제를 뒷받침하기 위한 합리적 사고를 우롱하는 사람과 원숭이 중 어느 쪽을 조상으로 택하겠느냐고 묻는다면 나는 잠시도 망설이지 않고 원숭이 쪽을 택할 것입니다." 이 사건에서 헉슬리는 거칠고 집요하게 물고 늘어졌다고 해서 '다윈의 불독Darwin's bulldog'이라는 별명을 얻었다.

다윈은 1871년에 쓴 『인간의 유래와 성선택The Descent of Man and Selection in Relation to Sex』에서 "인간은 영장류의 여러 동물 중 하나에 지나지 않는다"라고 분명하게 말했다. 나아가 진화는 인간의 지능, 감정, 도덕성까지 발달시켰다고 주장했다. 인간의 마음은 뇌의 활동이고, 뇌 또한 진화에 의해 만들어진 산물이라는 것이다. 그리고 인류의 기원에 대해 "과거에 아프리카에서 고릴라와 침팬지와 매우 흡사하게 닮은 유인원이 살다가 멸종되었을 가능성이 많다. 고릴라와 침팬지는 현재의 인간과 가장 가까운 친척이므로, 인간의 초기 조상도 다른 곳이 아닌 바로 아프리카에서 살았을 것이다"라고 예측했다.

이러한 다윈의 진화론을 종교계에서는 결코 받아들일 수 없었다. 전능하신 창조주의 자리를 빼앗아 자연으로 대체시킨 것은 종교적 감성과 성경의 권위에 대한 심각한 도전이었다. 종교사상가들은 진화론이 인간을 동물과 연결하고 인간이 영원불멸한 영혼의 존재임을 부정하는 것에 노여워했다. 또한 진화론이 인간의 특별한 지위를 위협하고 심지어 사회질서를 무너뜨린다고 생각했다. 그들은 다윈의 위대한 아이디어를 위험하고 선동적이며 극단적인 학설로 취급했다.

당시 영국 사회는 다윈의 사상에 호의적이지 않았다. 다윈은 영국 왕실로부터 작위를 받지 못하고 1882년 4월 19일에 숨을 거두었다. 과학적 유물론자였던 그는 마지막에 "적어도 나는 죽음이 두렵지 않다"라는 말을 남겼다. 다윈은 자신의 마을에 묻히길 원했지만, 그의 동료들은 다윈을 뉴턴과 라이엘이 묻혀 있는 웨스트민스터 대성당에 안치하길 희망했다. 위대한 다윈의 업적에 걸맞은 장례식을 치르기 위해 헉슬리와 후커가 정치계와 학계를 설득한 끝에 다윈은 웨스트민스터 대성당에 잠들 수 있었다. 자연선택의 진정한 힘을 인식하고 진화론을 과학적으로 논증하는 데 한평생을 바친 다윈은 마침내 고단했던 삶의 여정을 마쳤다.

다윈의 진화론에 등장한 '생존경쟁', '자연선택'은 당시 사회에 큰 충격을 안겨주었다. 당시 사람들은 다윈의 개념을 사회과학과 철학에 적용해 일명 '사회적 다윈주의', '사회진화론'을 등장시켰다. 영국의 사회학자 허버트 스펜서Herbert Spencer(1820~1903)가 대표적인 인물이었다. 스펜서를 비롯한 사회적 다윈주의자들은 '생존경쟁'을 통해 우월한 개체만이 살아남는다는 '적자생존'의 논리를 끌어냈다. 유럽과 미국의 자본주의가 한창 발전하던 시기에 사회진화론은 자유경쟁을 옹호하는 자유주의자들에게 압도적인 지지를 받았다. 더욱이 제국주의자와 인종주의자는 사회적 다윈주의를 아전인수 격으로 해석해 식민지인들과 비서양인들, 유대인들을 억압하는 데 이용했다. 열등한 민족이나 인종은 아메리카 인디언처럼 학살당해도 그것이 자연의 법칙인 것처럼 선전되었다. 이처럼 20세기 초에 서양 사회에서는 결코 다윈이 원치 않은 사회진화론이 횡행했다.

3

원자의
시대로

원자는 어떻게 이루어졌는가?

오늘날 원자는 특수한 현미경으로 직접 사진까지 찍을 수 있다. 그런데 19세기와 20세기 초에는 원자가 실제로 존재하는지, 아니면 원자는 가설에 불과한 것인지에 대한 논쟁이 뜨거웠다. 원자는 아주 작아서 맨눈으로는 볼 수 없기 때문에 물질이 정말 원자로 되어 있는지에 대해 의심을 할 수밖에 없었다. 드디어 돌턴 이후 수많은 과학자가 주장했던 원자를 실증적으로 확인한 천재가 나타났다. 1905년 스위스 특허국에서 근무하던 26세의 청년 알베르트 아인슈타인Albert Einstein(1879~1955)이었다. '기적의 해'라고 불리는 그해에 아인슈타인은 '광양자 가설', '브라운 운동', '특수상대성 이론' 등 과학사에서 기념비적인 논문 다섯 편을 발표했다. 그중에서 브라운 운동에 대한 연구가 원자와 분자의 존재를 증명하는 논문이다.

브라운 운동이란 물에 띄운 작은 꽃가루 입자가 불규칙하게 이리

저리 움직이는 것을 말한다. 생명체가 아닌 꽃가루 입자가 물속에서 끊임없이 움직이는 것은 물 분자와 부딪쳐서 일어나는 현상이다. 아인슈타인은 눈으로 볼 수 있는 꽃가루 입자의 운동을 통해 물 분자의 존재를 확인할 수 있다고 생각했다. 물 분자가 존재한다면 어떻게 운동할지 수학적으로 설명하는 방식을 채택하고, 통계적 방법을 이용해 물 분자의 운동을 예측했다. 3년 후인 1908년에 프랑스의 장 바티스트 페랭Jean Baptiste Perrin(1870~1942)은 아인슈타인의 공식이 정확하다는 것을 실험적으로 증명했다.

한편 쪼갤 수 없는 가장 작은 입자라고 여겼던 원자가 놀랍게도 더 작은 입자로 쪼개졌다. 1897년 영국의 물리학자 조지프 톰슨Joseph Thomson(1856~1940)은 원자 속에 전자가 있다는 것을 발견했다. 음극선관이라는 장치 양쪽 전극에 전압을 걸어주면, 음극에서 광선이 나오는 것을 확인할 수 있었다. 이 음극선에 자석을 붙이니 광선의 방향이 휘어지는 것을 보고 톰슨은 음극선이 음(-)전기를 띤 입자들의 흐름이라고 생각했다. 그래서 그 입자에 전기를 띤다는 뜻에서 '전자'라는 이름을 붙였다. 이로써 그동안 화학자들이 물질 속에 전기가 흐르는 현상에 대해 품었던 의문이 풀리게 되었다. 물질을 이루는 원자 속에는 전자가 있으므로 모든 물질은 전기적 성질을 가진다. 특히 금속과 같은 물질의 원자는 전자를 쉽게 내놓아 전기가 잘 통하는 '도체'로 알려졌다. 원자 속의 전자들은 원자에서 원자로 흘러다니고 원자들은 전자를 접착제 삼아 결합하는 것이다.

그런데 이렇게 전자가 음전기를 띤다면 중성인 원자의 어딘가에 양(+)전기를 띠는 것이 있어야 한다. 이런 추론을 바탕으로 1911년에 뉴질랜드 출신의 영국 물리학자 어니스트 러더퍼드Ernest Rutherford (1871~1937)는 양전기를 띠고 있는 원자핵을 발견했다. 그는 양전기를 띤 알파선을 얇은 금속박에 발사했다. 여기서 알파선은 알파입자이자 헬륨의 원자핵이다. 알파선은 대부분 금속박을 통과했는데 약 8,000개의 알파입자 중 하나가 반대방향으로 튕겨 나왔다. 이것을 보고 러더퍼드는 크게 놀라서 "내 인생에서 일어난 것 중 가장 믿을 수 없는 일이었다. 15인치 포탄을 한 겹의 화장지에 대고 쏘았더니 그것이 도로 튀어나와 나를 맞힌 것과 같은 일이었다"라고 회고했다.

러더퍼드는 왜 이렇게 놀란 것일까? 약 8,000개나 되는 양전기의 알파입자를 쏘았는데 그중 하나가 반발해 튕겨 나왔다는 것은 두 가지 의미가 있다. 알파입자가 부딪친 입자가 아주 작다는 것 그리고 그렇게 작은 입자가 알파입자를 튕겨낼 만큼 아주 큰 양전기를 지니고 있다는 것이다. 실제 원자핵은 원자 전체 크기의 1만 분의 1에 해당하지만 원자핵의 질량은 원자 전체 질량의 99퍼센트 이상을 차지한다. 상식적으로 이해할 수 없는 원자의 세계에 러더퍼드는 놀랄 수밖에 없었다. 그는 원자 안에 아주 작으면서 양전기를 띤 입자를 '양성자'라고 부르고, 이 양성자가 원자의 중심인 원자핵을 구성하고 그 주위에 전자가 도는 것으로 보았다.

그런데 원자핵에는 양성자만 있는 것이 아니었다. 원자는 양전기의 양성자와 음전기의 전자가 똑같은 양이 있어서 전기적으로 중성을 띠고 있는데, 두 입자만으로는 원자가 너무 가벼웠다. 원자핵에 우리가 모르는 무거운 입자가 더 있는 것이 아닐까? 1932년에 러더퍼드의 연구학생인 제임스 채드윅James Chadwick(1891~1974)이 이 무거운 입자를 찾아냈고, 전기적으로 중성인 이 입자에 '중성자'라는 이름을 붙였다. 따라서 원자는 원자핵 속에 양성자와 중성자가 있고 그 밖에서 양성자의 수만큼 전자가 돌고 있다는 것이 밝혀졌다. 지구에 수소, 산소, 우라늄과 같이 여러 가지 원소가 존재하는 것도 양성자, 중성자, 전자가 다양한 방법으로 결합하고 있기 때문이다.

이렇게 원자의 비밀이 풀리면서 물질의 원소에 대한 비밀도 풀렸다. 1869년에 드미트리 멘델레예프Dmitrii I. Mendeleev(1834~1907)는 63종의 원소들을 주기율표로 가지런히 정렬했는데, 각 원소에 매겨진 원자번호는 원자의 질량인 원자량이다. 원소는 각기 독특한 질량을 가지고 있으며 원자량은 각 원소의 고유한 성질을 만든다. 20세기 핵물리학에서 원자의 내부가 밝혀지자 이러한 사실이 분명히 확인되었다. 왜 원소의 질량에 차이가 나는가? 원자 속에는 양성자와 중성자가 있고, 그것의 개수가 원소의 질량을 결정하기 때문이다. 주기율표의 질서를 나타내는 원자량은 각 원소의 원자핵에 있는 양성자의 수를 나타낸다. 원자번호 1의 수소 원소에는 양성자가 하나뿐이고, 원자번호 92의 우라늄 원소에는 92개의 양성자가 있다.

원자핵에는 우주를 지배하는 새로운 힘이 있다! 물리학자들은 우주의 모든 삼라만상이 중력과 전자기력, 강한 핵력(강력), 약한 핵력(약력)의 네 가지 힘으로 설명된다고 보았는데, 그중에서 원자핵 속에 핵력이라는 강력한 힘이 있음을 발견한 것이다. 뉴턴이 밝힌 중력이 질량을 가진 물질들끼리 서로 끌어당기는 힘이라면, 전자기력은 원자의 세계에서 양전기의 원자핵과 음전기의 전자가 서로 끌어당기는 힘이다. 그런데 원자핵 속에 있는 양성자와 중성자는 양전기를 띠고 있기 때문에 서로 반발해야 하는데 놀랍게도 강하게 결합되어 있었다. 원자핵 밖에서 전자에 작용하는 전자기력을 물리칠 수 있을 만큼 훨씬 큰 힘이 원자핵 속의 양성자와 중성자를 단단하게 결합시키고 있었던 것이다.

물리학자들은 우주에 작용하는 힘을 탐구하면서 새로운 판도라의 상자를 열었다. 물질들 사이에 작용하는 중력을 밝혔을 뿐 아니라 물질 내부를 파고들어 원자의 세계에서 작용하는 전자기력이 있다는 사실도 알아냈다. 그다음에는 원자핵 속에 있는 양성자와 중성자를 강하게 결합시키는 핵력을 발견했다. 이 힘들의 세기를 살펴보면, 핵력이 가장 강하고 그다음이 전자기력이며 중력이 가장 약하다고 할 수 있다. 이러한 강한 핵력 때문에 대부분의 원자핵은 안정적이다. 어떤 물리적·화학적 변화에도 원소의 불변성이 유지되고 있는 것이다.

그런데 1896년 프랑스의 물리학자 앙리 베크렐Henri Becquerel(1852~1908)은 방사선을 관찰하던 중 원자핵이 불안정할 수 있음을 발견했다. 우라늄 원자핵이 자연스럽게 붕괴하면서 방사선을 방출하고 다른 종류의 원자핵으로 변해가는 원소의 변환이 일어난 것이다. 1898년에는 폴란드 태생의 프랑스 과학자 마리 퀴리Marie Curie(1867~1934)와 그의 남편인 피에르 퀴리Pierre Curie(1859~1906)가 발견한 폴로늄polonium과 라듐radium도 이러한 방사성 원소다. 이처럼 20세기 물리학은 원자핵의 붕괴로 새로운 국면을 맞이했다.

빛의 정체는 무엇인가?

원자의 세계는 우리가 살고 있는 세계와 다르다. 우리의 뇌는 지구 환경에 맞춰 살도록 진화했기 때문에 원자들의 세계를 인식할 수 없다. 우리가 우주공간이나 원자의 세계를 보고 느낄 수 없는 것은 당연한 일이다. 그런데 물리학자들은 원자의 세계를 접하고 당시 물리학의 이론으로는 도저히 설명할 수 없는 문제에 부딪히자 당황하지 않을 수 없었다. 그동안 뉴턴의 고전역학에서 기준틀이었던 절대시간, 절대공간, 파동, 입자 등의 개념이 모두 무용지물이 된 것이다.

1905년 아인슈타인이 발표한 논문들은 고전역학 체계를 무너뜨리는 신호탄이 되었다. 아인슈타인은 첫 번째 논문부터 파격적인 주장을 내놓았다. 빛이 입자인 동시에 파동이라는 것이다! 뉴턴 이래 빛의 성질은 논쟁의 중심에 있었다. 빛은 입자인가, 파동인가? 뉴턴은 빛을 입자로 보았지만, 토머스 영의 실험은 빛이 파동이라는 사실을 입증했다. 또한 맥스웰이 빛이 전자기파임을 밝힌 후부터 대부분의 물리학자는 빛을 파동이라고 생각하고 있었다. 그런데 아인슈타인은 빛이 전파될 때는 파동이었다가 빛이 물질과 상호작용을 할 때는 입자처럼 행동한다고 주장했다.

아인슈타인이 빛의 입자성에 주목한 것은 광전효과를 설명하기 위해서였다. 광전효과는 금속 표면에 빛을 쪼이면 전자가 튀어나오는 현상을 말한다. 광전효과에서 빛은 모래알갱이처럼 쏟아져 나와 금속의 전자와 부딪치는 것처럼 보였다. 빛이 파동이라면 연속적으로 에너지가 흐르는 것처럼 보였을 텐데 그런 모양새가 전혀 나타나지 않았다. 마치 금속의 전자는 빛의 입자와 부딪칠 때 에너지 덩어리를 한꺼번에 얻어서 금속 표면으로부터 떨어져 나오는 것과 같았다. 이때 아인슈타인은 빛이 단순한 물질 입자가 아니라 독특한 형태를 띠고 있음을 감지했다.

아인슈타인은 독일 베를린 대학의 막스 플랑크Max Planck(1858~1947)의 양자 이론에서 빛의 성질을 찾았다. 플랑크는 원자의 에너지가 불연속적인 양으로 흡수되거나 방출된다는 것을 발견했다. 원자에서 나온 에너지는 빛의 형태로 발산되는데, 이것은 연속적으로 흐르는 것이 아니라 작은 덩어리를 이루며 띄엄띄엄 튀어나왔다. 아인슈타인은 플랑크의 양자 가설을 받아들이고 광전효과에서 나타나는 빛에 에너지가 덩어리져 있는 입자, 즉 '광양자'라는 이름을 붙였다. 여기에서 양자는 원자와 같은 물질이 아니라 물질의 상태나 성질을 나타내는 말이다. 물리학자들은 물질의 상태가 덩어리져 있는 것을 보고 '양자화quantized'라고 한다.

당시 물리학자들의 눈에 아인슈타인의 광양자 가설은 매우 불합리한 주장으로 비쳤다. 고전역학에서 입자와 파동은 완전히 다른 실체를 말한다. 입자는 형태가 있고 불연속적인 데 반해, 파동은 형태가 없고 연속적인 성질을 나타낸다. 그래서 대부분의 물리학자는 빛이 파동이자 입자라는 이중성을 받아들이지 않았다. 아인슈타인의 발표 후 15년 동안 빛의 이중성은 너무나 난해한 문제였다. 드디어 1923년 미국 물리학자 아서 콤프턴Arthur H. Compton(1892~1962)이 빛이 입자처럼 움직이는 것을 실험을 통해 입증했다. 아인슈타인의 예상대로 빛 입자가 실제로 존재함을 밝힌 것이다.

그 이듬해 프랑스의 물리학자 루이 드브로이Louis Victor de Broglie(1892~1987)는 전자가 파동이라는 것을 발견했다. 드브로이는 콤프턴의 실험소식을 듣고 물질도 빛과 같이 파동과 입자의 이중성을 가질지 모른다고 생각했다. 파동인 줄 알았던 빛이 입자인 것처럼 입자라고 생각했던 전자도 파동의 성질을 가질 거라고 예상한 것이다. 결국 전자뿐만 아니라 크고 작은 다른 물질들까지 파동의 성질을 가지고 있음이 밝혀졌다. 빛에 대한 아인슈타인의 탁월한 통찰 덕에 양자의 개념은 처음으로 물리적인 의미를 얻었다. 그리고 드브로이가 원자의 이중적 구조를 발견함에 따라 물리학자들은 양자라는 개념을 피할 수 없게 되었다. 지구의 모든 물질을 구성하는 원자와 그 구성요소들은 양자의 형태를 띠고 있기 때문이다.

그렇다면 원자의 내부는 어떻게 생겼으며, 어떻게 작동하나? 러더퍼드는 음전기를 띤 전자가 양전기를 띤 원자핵 주위를 도는 모형을 그렸다. 우리가 살고 있는 태양계처럼 원자핵과 전자가 서로 원운동을 하면서 안정적인 궤도를 유지하고 있다고 생각한 것이다. 그런데 전자가 에너지를 얻거나 잃어서 궤도를 옮겨갈 때, 상식적으로는 이해할 수 없는 이상한 현상이 벌어졌다. 전자는 궤도 사이의 공간을 가로지르지 않고 한 궤도에서 사라졌다가 다른 궤도에 나타났다. 예컨대 사람이 계단을 올라갈 때, 아래 계단에서 사라졌다가 바로 위 계단에서 나타나는 것처럼 보였던 것이다. 1912년에 덴마크의 물리학자 닐스 보어Niels Bohr(1885~1962)는 이러한 현상을 전자의 '양자 도약 quantum leap'이라고 설명하고 자신의 이름을 붙인 원자모형을 발표했다.

이렇게 원자는 기존의 고전역학이나 전자기학으로는 설명이 불가능한 세계였다. 사실 파동이나 입자와 같은 고전역학의 개념으로는 원자의 세계를 표현할 수 없다. 원자가 입자와 파동의 이중성을 지녔다고 하지만, 실제로 원자는 입자도 아니고 파동도 아니다. 예를 들어 설명하면 어떤 외계인이 지구에서 나오는 방송을 수신해 영어와 일본어를 들었다고 하자. 어느 날 이 외계인이 지구에 와서 한국 사람들이 하는 말을 들어보면, 가끔씩 영어도 들리고 일본어도 들을 수 있을 것이다. 그가 알고 있는 것이 영어와 일본어이기 때문에 한국인들이 영어와 일본어를 쓴다고 생각할 수도 있는 것이다. 하지만 한국인들은 한국어로 말하고 있다. 이처럼 원자의 세계는 입자와 파동이 아닌 완전히 다른 개념으로 설명해야 하는 세계다. 이러한 문제를 통찰한 물리학자가 바로 보어였다. 그는 덴마크의 코펜하겐 대학에 이론물리학연구소를 세우고 양자역학이라는 새로운 학문이 출현하는 데 주도적인 역할을 했다.

보어와 함께 연구했던 젊은 물리학자들 중에는 독일 출신의 베르너 하이젠베르크Werner Heisenberg(1901~1976)가 있었다. 그는 1927년 불확정성 원리를 발표해 양자의 개념적 기반을 더욱 확장시켰다. 불확정성 원리는 원자의 세계에서 전자의 위치와 속도를 동시에 정확하게 측정하는 것이 원리적으로 불가능함을 뜻한다. 고전역학에서는 물체의 운동상태를 매 순간 위치와 속도로 나타낼 수 있지만, 양자역학에서는 근본적으로 위치와 속도를 말할 수 없다는 것이다. 만약 전자의 위치가 어디인지 묻는다면 어림해서 거기쯤에 있을 거라고 추측할 뿐이다. 우리는 자연에 대해 그 무엇도 확실하게 말할 수 없으며, 다

원자모형의 발전

원자모형은 다음과 같은 발전과정을 거친다. 1. 단단하고 더는 쪼갤 수 없는 공과 같은 모양(돌턴) 2. 핵의 개념 없이 양성자와 전자가 골고루 퍼져 있는 모양(톰슨) 3. 태양 주위를 돌고 있는 태양계와 같은 모양(러더퍼드) 4. 전자가 원자핵 주위를 불연속적인 원 궤도를 그리면서 운동하는 모양(보어) 5. 핵 주위의 전자가 확률 분포에 따라 나타나는 전자구름 모양(현재의 모형)

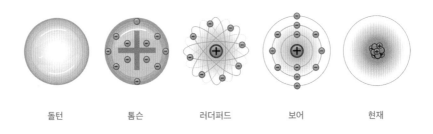

| 돌턴 | 톰슨 | 러더퍼드 | 보어 | 현재 |

만 확률적으로 예측할 수 있을 뿐이라는 것이다.

하이젠베르크는 불확정성 원리를 통해 원자의 세계에서는 측정하는 행위가 대상에 영향을 미친다는 사실을 알려주었다. 관찰 행위가 관찰 대상에 영향을 주기 때문에 정확한 측정이 불가능하다는 것이다. 실제로 관찰에는 빛이 필요한데 원자의 세계에서 빛은 에너지를 가진 광양자다. 따라서 눈으로 원자 속 전자를 관찰하려면 빛과 전자가 부딪칠 수밖에 없다. 관찰 수단이 되는 빛과 관찰 대상이 되는 전자가 비슷하기 때문에 둘 사이에 상호작용이 일어나는 것이다. 이렇듯 원자의 세계는 초기 조건만 주어지면 모든 입자의 미래 행동을 예측할 수 있는 고전역학의 결정론이 통하지 않게 되었다. 결국 양자역학은 원자가 어떻게 이루어졌는지를 밝혀내는 데 큰 공헌을 했지만,

물질의 실재성에 대해 많은 논란거리를 남겼다. 물질과 에너지는 직관적인 이해가 불가능하고, 자연세계는 불확정적이며 확률적으로 해석될 수밖에 없는 문제가 생겼다.

1927년에 열린 제5차 솔베이 회의

원자의 시대로

E=mc²이 의미하는 것은 무엇인가?

빛은 아인슈타인에 의해 에너지가 덩어리져 있는 입자, 즉 광양자로 밝혀졌다. 그리고 광양자라는 명칭은 1926년에 미국의 화학자 길버트 루이스Gilbert Lewis(1875~1946)가 '광자photon'로 고쳐 불렀다. 광자는 원자의 세계에서 원자핵과 전자 사이의 에너지를 전달하는 것으로 알려졌다. 양전기의 원자핵과 음전기의 전자는 서로를 끌어당기는데, 그 둘 사이에 전자기력이라는 힘이 작용하고 있다. 원자핵과 전자가 결합되어 있는 것은 광자를 주고받으면서 생겨난 전자기력에 의한 것이다. 맥스웰이 빛을 전자기파라고 주장한 이후 빛의 정체가 확실하게 드러났다. 빛은 원자핵과 전자 사이에서 전자기력이라는 힘을 만들어내는 존재다. 이제 문제는 빛의 속도로 모아졌다.

아인슈타인은 빛의 속도가 불변이라는 사실에 주목했다. 만약에 빛과 같은 속도로 달리면 빛이 어떻게 보일까? 갈릴레오가 말한 운동의 상대성 원리에서 물체의 속도는 다른 물체와의 상호관계에서 상대적으로 결정되는 양이다. 예컨대 우리가 항구에 서 있으면 배가 다가오는 것을 느끼지만, 배를 타고 가면 배의 속도를 전혀 느끼지 못한다. 우리가 지구의 공전이나 자전을 못 느끼는 것처럼 말이다. 이러한 고전역학의 관점에서는 빛과 같은 속도로 달린다면 빛의 속도는 0이 되고 멈춘 것처럼 보여야 옳다. 그런데 빛의 속도는 어디에서 관측되든지 일정하고 불변이었다. 실험적 결과를 보든, 맥스웰의 전자기 방정식을 보든 빛의 속도가 줄어드는 일은 일어나지 않았다.

지난 100여 년 동안 움직이는 관측자가 빛의 속도를 수도 없이 측정했지만, 그 결과는 한결같이 1초에 30만 킬로미터였다.

아인슈타인은 이 문제를 해결하기 위해 고전역학의 절대시간과 절대공간의 개념을 깨버렸다. 빛의 속도가 불변이라면 시간과 공간이 상대적으로 변해야 한다는 것이었다. 운동법칙에서 속도는 물체가 이동한 거리를 시간으로 나눈 값이므로, 속도는 시간과 공간에 연결되어 있다. 뉴턴은 운동법칙을 만들 때, 모든 현상에 기준계가 되는 절대시간과 절대공간을 가정했다. 과연 영원불변의 절대시간과 절대공간이 실재하는 것일까? 아인슈타인은 물리학자들이 의심하지 않았던 고전역학의 핵심적인 개념이 잘못되었다고 생각했다. 만약에 시간과 공간이 절대적이라면 빛의 속도는 관측자의 운동상태에 따라 다르게 나타나야 한다. 그런데 우주에서 빛의 속도는 불변이었고, 이에 따라 시간과 공간이 변할 수밖에 없다는 결론에 이르렀다.

운동도 상대적이고, 시간과 공간도 상대적이다! 공간, 시간, 물질은 서로 단단히 얽혀 있어서 각각의 양은 다른 것에 대한 관점으로만 파악할 수 있다는 것이 상대성 이론의 핵심이다. 아인슈타인은 3차원 공간에 1차원의 시간을 합쳐서 '4차원 시공간'을 구성했다. 시간과 공간이 얽혀 있는 4차원 시공간에서는 공간에서 빠르게 이동하면 시간이 느려지고, 공간에서 느리게 이동하면 시간이 빨라지는 일이 벌어진다. 1971년에 물리학자들은 세슘 원자시계를 이용해 시간이 느려지는 것을 확인했다. 제트기를 타고 지구를 빠르게 돌았더니 제트기 속의 세슘 원자시계는 지구의 시계보다 느리게 가고 있었다.

또한 아인슈타인은 상대성 이론에서 얻은 유명한 공식 $E=mc^2$(E:

에너지, m: 질량, c: 빛의 속도)을 제시했다. 그는 1905년 9월에 발표한 3쪽밖에 안 되는 논문에서 "상대성 이론으로부터 질량과 에너지는 둘 다 동일한 것의 각기 다른 표현이라는 결론이 나온다"고 말했다. 물리학자들은 물질의 질량과 에너지를 구분했지만, 자연은 그렇지 않다는 것을 아인슈타인은 간파했다. $E=mc^2$은 에너지가 질량으로도 바뀔 수 있으며, 질량이 에너지로도 바뀔 수 있다는 것을 말한다. 한마디로 질량 보존의 법칙과 에너지 보존의 법칙을 하나로 통합시킨 것이다. 그의 놀라운 통찰은 빛의 속도를 이용해 에너지와 질량을 연결시켰다는 점이다. 빛의 속도를 제곱한 c^2은 에너지와 질량의 세계가 어떻게 연결되는지 보여주는 결정적인 요소다. c^2은 초속 30만 킬로미터의 제곱이라는 엄청나게 큰 숫자로, 이렇게 큰 숫자를 곱한 질량은 아주 작은 양일지라도 대단히 큰 값의 에너지가 된다는 것을 암시한다.

이 사실에 아인슈타인 자신도 놀랐다. "질량이 이렇게 큰 에너지를 가지고 있는데, 왜 우리는 오랫동안 그것을 몰랐을까?" 그는 에너지가 밖으로 방출되지 않는 한 그것을 관측할 수는 없는 일이기 때문이라고 생각했다. $E=mc^2$은 질량이 에너지로 바뀔 수 있는 가능성을 이야기할 뿐, 질량을 에너지로 바꿀 수 있는 방법을 말하지는 않았다. 아인슈타인은 이 공식을 발표하면서 실제로 원자핵을 분열시키고 질량을 에너지로 바꾸는 일이 일어날 것이라고는 전혀 생각지 못했다. 그런데 $E=mc^2$은 원자 속의 비밀을 하나하나 파헤쳐나갔다. 퀴리 부부가 발견한 라듐은 스스로 붕괴하면서 에너지를 방출하는데, 이때 질량 감소가 나타났다. 우리가 방사성이라고 부르는 현상은 바로 원자핵이 분열되면서 질량이 에너지로 전환되는 것을 의미한다.

또한 E=mc²은 우주의 별들을 빛나게 하는 것이 무엇이며, 태양이 어떻게 에너지를 만드는지도 밝혔다. 우주가 탄생할 때 양성자, 중성자, 전자는 거대한 소용돌이 상태였다가 결합을 하면서 원자를 생성했다. 먼저 양성자 하나와 전자 하나를 가진 수소가 만들어졌다. 그다음에 높은 온도에서 수소의 원자핵과 전자는 분리되고 충돌하면서 수소(원자량 1.0073) 원자 네 개가 헬륨(원자량 4.0015) 원자 한 개를 만들었다. 새롭게 생산된 헬륨의 질량은 수소 네 개를 결합한 질량보다 작은데, 여기에서 엄청난 에너지가 발생한다. 아인슈타인의 방정식 E=mc²은 수소의 핵융합으로 일어난 질량 감소가 에너지로 전환되어 별들이 빛난다는 것을 알려주었다.

20세기 현대물리학은 우주의 역사를 다시 쓰기 시작했다. 아인슈타인은 일반상대성 이론을 우주에 적용해 우주의 팽창을 이론적으로 예측했다. 마침내 미국의 천문학자 에드윈 허블Edwin P. Hubble (1889~1953)은 다른 은하의 존재를 관측한 데 이어 수많은 은하 너머에 더 큰 우주가 있다는 사실까지 발견했다. 그는 한 걸음 더 나아가 우주의 팽창속도를 계산해 우주가 언제 생성되었는지를 산출했다. 138억 년 전 밀도가 높은 하나의 점에서 대폭발이 일어나 오늘날의 우주가 된 것이다. 이러한 '대폭발 이론Big Bang theory'은 지금까지 우리 은하를 우주의 전체로 알고 있던 우리에게 놀라움을 안겨주었다. 현대식 관측기구로 관찰해본 결과, 우주가 팽창한다는 허블의 발견은 관측 가능한 우주 전체에 걸쳐 실제로 일어나고 있음이 확인되었다.

한편 제2차 세계대전이 막바지로 치닫던 1938년에 독일의 물리학자 오토 한Otto Hahn(1879~1968)과 프리츠 슈트라스만Fritz Strassmann

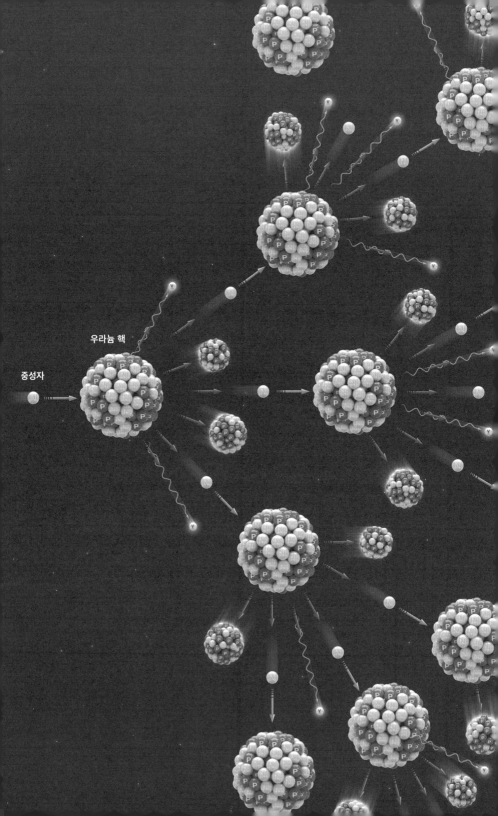

중성자

우라늄 핵

(1902~1980)은 우라늄 원자핵을 분열시키는 데 성공했다. 실제 원자핵을 쪼개는 일은 결코 쉽지 않은데 놀랍게도 원자핵 분열이 현실화되었다. 우라늄 원자핵이 분열되면 중성자 두 개를 버리고 원래의 우라늄 원자보다 질량이 가벼워진다. 이때 일어난 질량 결손은 아인슈타인의 공식 $E=mc^2$대로 에너지로 바뀌었다. 원자핵 속에 양성자와 중성자는 핵력이라는 강한 힘으로 결합되어 있는데, 이러한 핵을 분열시키고 융합시키면 엄청난 핵에너지가 나오는 것이다. 원자핵을 변화시키는 원자폭탄은 우리가 알고 있는 화약으로 만든 폭탄에 비해 상상을 초월할 정도의 파괴력을 갖고 있다. 물리학자들은 대략 80회의 핵분열이 연쇄적으로 일어날 경우, 골프공 크기보다 작은 우라늄 1킬로그램은 TNT(1863년에 개발된 화약으로 폭약의 위력을 재는 표준 폭약이다) 2만 톤의 위력을 가지고 폭발한다고 말했다.

핵분열 연쇄반응

우라늄 핵은 중성자와 부딪치면서 둘로 쪼개지고 중성자 2~3개를 내놓는다. 이때 2차로 발생한 중성자들은 더 많은 우라늄 핵을 분열시킨다. 이렇게 우라늄 핵분열이 기하급수적으로 일어나는 것을 핵분열 연쇄반응이라고 한다. 원자핵폭탄과 원자력발전은 핵분열 연쇄반응을 이용한 것이다.

4

산업화,
식민지,
전쟁

과학은 어떻게 기술에 응용되었나?

18세기 산업혁명은 증기의 시대였다. 와트와 볼턴이 만든 증기기관은 기차와 배를 움직이고 공장의 기계를 돌렸다. 과학자와 기술자들은 증기기관에 매료되었다. 경제적 이익을 안겨주는 새로운 기술혁신이 잇따르자 너도나도 과학적 원리를 찾는 일에 발 벗고 나섰다. 열역학과 에너지 보존의 법칙은 이러한 '증기 문화'에서 탄생했다. 증기 문화는 증기가 인간과 동물의 노동을 대신하고 인간과 기계가 조화롭게 공존하는 미래를 그렸다. 영국의 산업혁명은 과학이 미래의 기술혁신에 바탕이 될 것이라는 희망을 품게 했다. 과학자들은 과학의 목적이 기술개선이라고 생각하지는 않았지만 과학이 경제적으로나 기술적으로 이익을 가져온다는 데는 이의가 없었다.

19세기에는 증기의 시대가 가고 전기의 시대가 왔다. 교통수단과 산업의 동력원으로 활용되던 증기는 전기로 대체되기 시작했다. 증기 문화에서 전기 문화로 눈부신 변화가 일어났다. 전기와 자기의 성질을 발견한 때가 바로 출발점이었다. 전기와 자기는 서로 변환되는데, 1831년 패러데이는 이것을 이용해 전자기 유도를 발견했다. 전자기 유도는 발전기를 제작할 수 있는 과학적 원리를 제공했다. 자기장 주변에 전기코일을 움직여서 전기에너지를 만들었던 것이다.

전기가 자석과 같은 성질을 지닌다는 것은 전신에도 이용되었다. 전선을 감아서 만든 전기코일은 쇠붙이에 붙었다, 떨어졌다 할 수 있는 자석이 되었다. 전기를 통하고 끊을 때마다 자석처럼 작용해서 전기신호를 만들 수 있었다. 1837년 영국에서는 찰스 휘트스톤Charles Wheatstone(1802~1875)과 윌리엄 쿡William F. Cooke(1806~1879), 미국에서는 새뮤얼 모스와 조지프 헨리Joseph Henry(1797~1878)가 전신특허를 받았다. 전자기를 이용한 장거리 전기통신 시대가 열린 것이다. 1854년에는 런던과 파리를 잇는 전신이 가설되었고, 1866년에는 영국과 미국 사이에 대서양을 횡단하는 해저 전신 케이블이 성공적으로 설치되었다.

우리가 모스부호로 알고 있는 전신 시스템은 특허출원 당시, 발명자 표시권에 관한 소송에 휘말렸다. 전신 시스템은 과연 누구의 것인가? 전신의 과학적 원리를 제공한 사람의 것인가, 아니면 전신 작동 모형을 설계하고 만든 사람의 것인가? 영국의 휘트스톤은 자신의 과학적 지식 때문에 전신의 발명이 가능했다고 주장했고, 쿡은 장거리에 작동하는 전신모형을 설계한 장본인은 자신이라고 주장했다. 결국 법원의 중재자들은 휘트스톤을 전신의 발견자로, 쿡은 전신 시스템에 관한 설계자이자 발명자로 구분해주었다. 발견자와 발명자라는 규정은 애매모호하지만, 어쨌든 미국에서도 모스와 헨리가 비슷한 논쟁을 벌였다.

그렇다면 전신에서 어디까지가 과학적 지식이고, 어디까지가 기술적 발명인가? 과학이 새로운 기술에 기여한 것은 분명한데, 어떤 기여를 했는지 묻는다면 쉽게 말할 수 없는 상황에 이르렀다. 과학과 기술은 전신 시스템이 만들어지는 과정에서부터 융합하기 시작한 것이다. 토머스 에디슨Thomas Edison(1847~1931)과 같은 인물이 등장하면서 과학과 기술의 구분은 더더욱 의미가 없어졌다. 1879년에 에디슨은 그 유명한 백열등을 발명했다. 그런데 "발명은 99퍼센트의 노력과 1퍼센트의 영감이다"라는 에디슨의 말처럼 단순한 노력과 시행착오로 발명된 것이 아니었다. 에디슨은 백열등 하나만 발명해서는 뉴욕이라는 온 도시에 전등을 밝힐 수 없다는 것을 알고 있었다. 전깃불을 켜기 위해서는 전기 전력을 생산해 각 가정이나 공장으로 분배하고 이와 관련된 각종 전기 부품의 개발이 필요하다는 것을 말이다. 그러기 위해서는 무엇보다 통합적인 전기 시스템을 하루빨리 구축해야 했다.

백열등을 발명하기 전이었던 1876년 에디슨은 뉴욕의 변두리 멘로파크Menlo Park에 자신의 연구소를 세웠다. 전기 기계공, 모형 제작자, 화학자 등 10여 명으로 된 팀을 구성해 조직적인 연구에 돌입했다. 그 후 1878년 가을, 멘로파크에 온 뉴욕의 신문기자들 앞에서 에디슨은 수개월 안에 값싸고 편리한 전등을 만들 수 있다고 장담했다. 신문에는 "전기로 값싼 빛, 열 그리고 힘을 보내는 에디슨의 새로운 기적"이라는 제목의 기사가 대서특필되었다. 기자회담 자리에서 에

디슨은 도시의 중앙발전소에서 시작되는 전력 공급에 관한 계획을 언급했고 백열등뿐만 아니라 계량기, 발전기, 배전선과 같은 부품에 대해서도 말했다. 그의 머릿속에는 전기 시스템에 대한 종합적인 계획이 들어 있었다.

신문기사가 난 뒤에 에디슨의 참모진은 자본금을 끌어모아 1878년 10월 16일 에디슨 전등회사Edison Electric Light Company를 설립했다. 그리고 1년 뒤에 백열등을 발명해서 캄캄한 멘로파크의 실험실을 화려하게 밝혔다. 에디슨은 수많은 취재진과 사람들 앞에서 쇼를 연출하듯 백열등을 과시했다. 뉴욕 맨해튼 중심가에 중앙발전소의 건설을 염두에 두고 투자자를 확보할 요량이었던 것이다. 백열등은 발명 전부터 전체 전력 네트워크를 고려해 치밀하게 만들어졌다. 필라멘트 하나까지도 에너지 손실과 상업적 가치를 염두에 두고, 구리 전선의 비용을 줄이는 방법으로 제작되었다.

드디어 1882년 에디슨은 뉴욕 펄 가Pearl Street에 중앙발전소를 건설했다. 에디슨 기계제작소Edison Machine Works와 에디슨 전기튜브사Edison Electric Tube Company, 에디슨 전등제작소Edison Lamp Works에서는 발전기와 전도체, 백열등을 대량생산할 수 있는 설비와 공장을 갖추었다. 에디슨은 전기 시스템에 필요한 주요 부품을 스스로 발명하고 개발했다. 전기에 관한 모든 서비스를 제공하는 '에디슨 제국'의 회사들은 에디슨 제너럴 일렉트릭Edison General Electric으로 통합되었다. 1892년 에디슨 제너럴 일렉트릭은 다시 톰슨 휴스턴사Thomson-Houston와 합병해 제너럴 일렉트릭General Electric이라는 공룡처럼 거대한 대기업을 출현시켰다.

19세기 말 미국의 전기 산업은 오늘날에도 유명한 수많은 대기업을 탄생시켰다. 1866년 모스의 전신회사는 대서양 횡단 케이블을 성공적으로 마무리하고 웨스턴 유니온 전신Western Union Telegraph으로 성장했다. 이 기업은 1980년대까지 전신 서비스를 거의 독점하다시피 했다. 1876년 전화를 발명한 알렉산더 그레이엄 벨Alexander G. Bell은 벨 전화사Bell Telephone를 세웠는데, 이 회사는 1885년에 AT&T(Amerian Telephone & Telegraph)로 거듭나 미국 장거리 전화 산업을 독식했다. 에디슨과의 '전류전쟁'으로 알려진 웨스팅하우스사Westinghouse Electric Company는 1886년에 설립되었다. 니콜라 테슬라Nikola Tesla(1856~1943)가 고안한 교류 발전기를 채택한 웨스팅하우스사는 1893년 시카고 만국박람회의 전기시설 독점권을 따내며 에디슨의 직류 시스템에 뼈아픈 패배를 안겨주었다.

초창기부터 전기 산업의 주도권을 쥔 대기업들은 20세기에 접어들어 더욱 치열해진 경쟁에서 살아남기 위해 회사 내부에 연구소를 만들었다. 선두주자는 1900년에 산업체연구소를 설립한 제너럴 일렉트릭이었다. 제너럴 일렉트릭은 독점하고 있던 특허가 소멸하고 기술적 합병이 어려워지자 회사 자체적으로 새로운 기술을 개발하기로 결정했다. 그렇지 않고서는 웨스팅하우스사나 AT&T와의 경쟁이 불가능하다는 절박함을 느꼈기 때문이다. 이미 웨스팅하우스사는 실용적인 금속 필라멘트 전등을 생산하며 에디슨이 쌓아 올린 제너럴 일렉트릭의 아성을 위협하고 있었다. 제너럴 일렉트릭은 매사추세츠 공과대학Massachusetts Institute of Technology(이하 MIT)의 물리화학자 윌리스 휘트니Willis R. Whitney(1868~1958)를 영입하고 새로운 전문 과학자에게 회사의 사활을 걸었다.

연구소 운영에 책임을 맡은 휘트니는 회사가 요구하는 상품성 있는 전등을 개발하는 데 온 힘을 쏟았다. 우선 대학보다 높은 연봉을 책정해 젊고 유능한 과학자들을 산업체 연구실로 모여들게 했다. 그리고 대학 연구실과 같은 분위기를 만들어 학문적 연구와 산업적 연구를 조화롭게 병행할 수 있도록 신경 썼다. 결과는 대만족이었다. 1913년 MIT 출신의 물리학자 윌리엄 쿨리지William D. Coolidge(1875~1975)는 상업용 텅스텐 필라멘트를 개발했고, 1916년 독일 괴팅겐 대학 출신의 화학자 어빙 랭뮤어Irving Langmuir(1881~1957)는 기체 충전 백열등으로 특허를 획득했다. 1932년에 랭뮤어가 노벨화학상을 받자 산업체 연구는 성공적 모델로 인식되어 다른 대기업으로 확대되기 시작했다.

에디슨 같은 천재 발명가의 시대는 기업체의 산업적 연구에 자리를 내주고 저물어갔다. 개인이 기술자와 과학자들을 고용해 발명하는 형태가 아무리 조직적일지라도 산업체연구소를 따라갈 수는 없었다. 에디슨의 연구실에서 보조역에 불과하던 과학자들은 대기업의 전폭적인 지원 아래 주도적으로 기술개발을 이끌었다. 과학 지식을 상품생산에 직접 응용할 목적으로 산업체에서 과학을 연구하는 시대가 온 것이다.

과학에 기반을 둔 기술science-based technology, 과학에 기초를 둔 산업science-based industry이 20세기에 새롭게 등장했다. 이 시기 산업은 18세기 산업혁명과는 비교할 수 없는 수준으로 발전해 '제2차 산업혁명'이라고 불린다. 제2차 산업혁명에서는 전기 산업, 통신 산업, 철강 산업, 화학 산업, 자동차 산업 등이 새로운 산업 분야로 급부상했다. 기술혁신의 주도권은 영국에서 독일과 미국으로 이동했고, 대기업은 산업과 기술개발의 중심으로 발전했다.

미국과 유럽 국가들은 과학의 이론적 연구가 기술과 산업에 충분히 응용될 수 있다는 것을 깨달았다. 결과적으로 과학의 기술적·산업적 응용은 크게 확대되었다. R&D(research and development), 즉 연구개발의 깃발 아래 과학은 산업의 엔진을 달고 질주하기 시작했다. 역사적으로 분리되었던 과학과 기술이 서로 융합해 오늘날 과학기술의 시대를 출범시킨 것이다. 이는 4,000년의 과학사에서 전례가 없는 특이한 역사적 현상이라고 할 수 있는데, 이로써 과학기술은 현대사회에서 막강한 힘을 발휘할 수 있는 터전을 마련했다.

과학기술은 어떻게 제국주의에 봉사했는가?

18세기 말에서 19세기 초에 일어난 영국의 산업혁명은 세계적으로 확산되었다. 독일, 프랑스, 미국으로 산업화의 물결이 퍼져나간 데 이어 네덜란드, 에스파냐, 이탈리아가 합류했다. 유럽과 북아메리카 대륙으로 뻗어나간 산업화는 국가적·지역적 차이 때문에 균형적으로 발전하지 못했다. 동유럽 지역은 유럽 대륙에서 농업경제를 고수하며 낙후된 상태로 남아 있었다. 그런데 20세기에 들어서면서 산업화의 거센 파도가 유럽은 물론 아시아와 아프리카 대륙에까지 밀어닥쳤다. 전 세계가 농업경제에서 산업경제로 이

행했으며, 21세기의 현시점에 세계의 산업화는 아직도 진행 중이다.

19세기와 20세기에 산업화는 인류에게 새로운 실존양식을 선사했다. 각 나라마다 약간의 차이는 있지만 비슷한 경로를 밟으며 산업화가 진행되었다. 영국에서 산업혁명이 일어났을 때처럼 증기기관과 철도, 방직과 방적 산업, 제철 산업이 먼저 발흥했다. 그러고는 제2차 산업혁명이라고 불리는 전기 산업과 화학 산업 등이 등장했다. 이때 과학은 기술과 산업에 완전히 통합되었고 역사적으로 '과학기술'이라는 용어가 만들어졌다. 산업화를 아직 모르는 세계 곳곳의 사람들은 과학기술을 근대화, 경제발전, 산업화의 동력으로 이해하기 시작했다.

1870년대에 이르면 산업화를 달성한 유럽과 미국이 세계를 지배하는 세력이 되었다. 영국은 인도를 지배하고 아편전쟁을 일으켜 중국을 침략했다. 프랑스는 동남아시아와 아프리카에 식민지를 건설했고, 미국은 일본을 무력으로 개항시키는 데 성공했다. 본격적인 제국주의 시대가 열린 것이다. 제국주의 국가들은 과학기술과 산업화를 앞세워 식민지 쟁탈전에 뛰어들었다. 무기와 철도, 전기, 선박 등을 독점하고 있던 이들은 산업화가 되지 않은 국가들을 침략하고 지배하기가 훨씬 수월했다.

전 세계로 향한 산업화의 확산은 유럽 식민주의의 역사와 맞닿아 있다. 유럽은 아시아와 아프리카 나라들을 침략해 유럽 중심의 자본주의 시장경제를 이식하는 데 사활을 걸었다. 식민지는 유럽의 원료공급지이며 상품시장을 위해 꼭 필요한 거점이었다. 유럽은 식민지에서 원료를 수탈해 유럽의 공장을 가동시켰고, 유럽에서 생산된 상품을 식민지에 다시 팔아 큰 이익을 챙겼다. 유럽이 미개한 나라를 문명화한다는 슬로건은 명분에 불과했으며, 그들의 식민지 개척이란 전쟁을 일으키는 도발이었다. 이런 점에서 제국주의 시대의 산업화는 '전쟁의 산업화'였다. 전쟁의 산업화는 유럽의 입장에서 일거양득의 소득이었다. 전쟁물자를 산업적으로 생산해 자국의 경제를 성장시키고 앞선 산업과 과학기술로 손쉽게 식민지를 획득했다.

산업화가 전쟁에서 기여한 것은 어떤 무기보다도 철도와 증기선 같은 운송수단이었다. 화석연료로 움직이는 운송수단은 과거 동물이 끌던 운송수단과는 비교할 수 없을 정도였다. 아무리 멀고 험한 곳이라도 군인과 무기, 보급물자 등을 조직적으로 움직일 수 있었기 때문이다. 1840년대 영국이 아편전쟁에서 승리할 수 있었던 것도 증기선 덕분이었다. 승객과 화물을 운반하던 증기선을 군함으로 개량해서 전투에 활용하자 영국군은 전 세계 모든 해안 지역에 침투할 수 있었다.

증기선은 나날이 발전해 '노급전함弩級戰艦'으로도 불리는 드레드노트Dreadnought로 진화했다. 두꺼운 철갑을 두르고 어떤 물길에도 거침없이 나아가며 고성능 폭탄을 쏠 수 있는 이 전함은 바다에 떠 있는 요새였다. 1906년 영국군이 선보인 1만 5,000톤급의 드레드노트는 목조군함을 순식간에 바닷속에 매장시켰다. 이러한 해군함으로 무장할 수 있는 나라는 강철 생산 기술과 무기 산업을 보유한 서양 세력과 급속도로 산업화된 일본뿐이었다.

유럽의 다양한 과학기술은 아낌없이 전쟁에 활용되었다. 1837년 발명된 전신은 유럽의 전쟁터에서 활약하면서 전쟁의 승리를 위한 필수적인 통신수단이 되었다. 유럽의 제국주의 국가가 침투하는 곳마다 전신 케이블이 설치되었다. 전신은 적군의 동태를 파악하고 대응하는 데 매우 효과적인 첨단무기로 활용되었다. 또한 영국, 독일, 프랑스의 무기경쟁은 다이너마이트, 잠수함, 기관총 등과 같은 신무기 개발을 가속화했다. 1870년대 영국의 발명가 하이럼 맥심Hiram Maxim(1840~1916)이 만든 기관총은 여러 과학기술을 하나로 융합시킨

〈파괴되는 중국의 정크선〉, 에드워드 던컨, 1843년
아편전쟁을 그린 그림으로 맨 오른쪽에 있는 영국의 군함 네메시스 호는 목재로 만든 청나라의 배들을 순식간에 궤멸시켰다.

무시무시한 살상무기였다. 1898년 영국의 식민 통치를 반대해 수단에서 민중봉기가 일어났을 때, 불과 여섯 대의 맥심 기관총은 40분 만에 1만 4,000명의 수단인을 전멸시켰다.

유럽의 최신 무기와 장비는 아시아와 아프리카의 대규모 병력을 가볍게 이길 수 있었다. 19세기 동안 유럽의 군사적 기술은 대적할 수 없을 정도로 앞서나갔다. 유럽이 식은 죽 먹기 식으로 식민지를 점령할 수 있었던 것은 과학기술과 산업이 우월했기 때문이다. 통신과 수송 수단은 거의 유럽이 독점하고 있었고 나날이 발전하는 새로운 무기는 가공할 위력을 내뿜었다. 식민지인들은 이렇다 할 저항도 못 해보고 유럽의 무력 앞에 무릎을 꿇어야 했다.

이렇게 유럽의 침략을 받은 나라들은 산업 문명에 굴복했다. 영국이 통치하기 전에 인도는 세계적으로 우수한 문명을 가진 나라였다. 그런데 1858년 영국이 인도를 점령하자 과거 번창했던 전통경제는 밀려나기 시작했다. 그리고 그 자리에 식민지 지배를 위한 철도와 전신이 건설되었다. 1853년에 처음 개통된 철도는 1870년에 7,200여 킬로미터에 이르렀고 영국과 인도의 케이블 부설 공사는 시작된 지 7년 만에 완공되었다. 1866년에 부설된 영국과 미국 사이에 대서양 횡단 케이블에 버금가는 수준이었다.

영국의 식민지 경영은 철도와 전신을 타고 원활하게 돌아갔다. 실제 인도의 민중항쟁 주모자는 사형장으로 끌려가면서 전선을 노려보며 "우리의 목을 조르는 것은 바로 저 저주받을 전선이로구나"라고 한탄했다고 한다. 인도 내부 전신망은 영국의 현지 주둔군이 조직적으로 저항운동을 진압하는 데 큰 몫을 했다. 식민지의 통신 사업은

인간을 닮은 현대 과학기술

영국의 식민지 지배 도구였지 결코 민간의 공중 통신을 위한 것이 아니었다.

인도의 각 지역을 연결하는 철도는 식량과 천연자원을 약탈하고 영국의 상품 판매 시장을 확장하는 대동맥 구실을 했다. 철도를 통해 영국의 자본, 상품, 군대, 이민자들이 들어오고 면화, 곡물, 노동력이 반출되었다. 세계 최대의 면직물 수출국이었던 인도는 결국 초라한 수입국으로 전락하고 말았다. 영국은 식민지에 철도를 부설하고 공장을 세웠다고 큰소리를 치지만 이러한 기간산업과 기술이 인도의 산업발달에 도움을 주지는 못했다. 오히려 인도에서 자생적으로 일어난 산업과 농업 기반마저 몰락시키고 생산구조의 불균형을 초래해 빈곤을 더욱 악화시켰다.

이러한 식민지 착취의 패턴은 유럽과 미국, 일본 등의 제국주의 세력이 침략한 곳 어디에서나 그대로 반복되었다. 서양 과학기술과 산업의 성공은 다른 지역에서 독자적으로 산업화가 일어날 수 있는 가능성 자체를 짓밟았다. 식민지 지배는 과학기술과 산업을 식민지 현실에 맞게 받아들일 수 있는 기회를 빼앗았던 것이다. 그 이후 식민지였던 나라들은 정치적으로 독립을 해도 경제적 종속상태에서 벗어나기는 어려웠다. 20세기에 전 세계로 퍼진 산업화는 불평등을 양산했고 부유한 나라와 가난한 나라의 격차를 더 크게 만들었던 것이다.

무엇이 더 사악한가?

제1차 세계대전이 끝난 뒤 독가스를 만든 독일 과학자 프리츠 하버Fritz Haber(1868~1934)가 전범재판에 회부되려 하자 수많은 과학자가 후버를 옹호했다고 한다. 독가스를 처벌한다면 독가스가 발명되기 이전에 나온 고성능 폭약과 탱크, 잠수함은 어찌해야 하는가? 전쟁무기들 중에 무엇이 더 사악하고 나쁜 것인가? 이렇게 반문하면서 살상무기를 만든 과학자가 사악한 것이 아니라 전쟁이 사악할 뿐이라고 말했다고 한다. 그렇다면 과학자의 책임은 전혀 없는 것인가?

20세기 유럽은 서로를 죽이는 광적인 패권경쟁으로 치달았다. 세계를 지배하려는 야욕은 어떤 전쟁이라도 불사하겠다는 폭력성을 드러냈다. 유럽인들은 순식간에 적을 섬멸하고 승부를 결정짓는 속전속결의 꿈을 숨기지 않았다. 더 파괴적인 무기를 개발했고, 동시에 그런 파괴적인 무기에 견딜 수 있는 방어시설을 건설했다. 부대를 신속하게 이동할 수 있도록 거미줄 같은 철도망을 온 유럽 대륙에 깔았고 수백만의 국민을 징병해 대규모 군대를 양성했다. 무엇보다 막대한 분량의 탄약과 총포류를 비축하며 총력전을 펼칠 전쟁에 대비했다.

1914년 제1차 세계대전이 발발하자 과학기술은 폭력적인 전쟁에 동원되었다. 독일의 화학자 하버는 당시 베를린에 있는 카이저 빌헬름 물리화학연구소 소장이었다. 그는 1909년 농업용 비료와 화약의 원료가 되는 질소화합물을 인공적으로 개발하며, 그동안 광물자원에 의존하던 질소화합물을 암모니아 합성법으로 대량생산할 수 있는 길을 열었다. 질소비료가 식량생산을 크게 향상시킨 공로를 인정받아 하버는 1918년 노벨화학상을 수상했다. 그런데 전쟁이 터지자 나치 최고사령부는 독일의 승리를 위해 이 천재 과학자의 두뇌를 이용하는 데 주저하지 않았다.

나치의 명령을 받고 1915년 하버가 실험실에서 만들어낸 것은 염소가스였다. 염소는 치명적인 독극물은 아니지만 호흡기를 심하게 자극하는 물질이다. 영하 32도에서 액체가 되는 염소가스는 추운 날씨에 사용할 수 있고 높은 압력에 쉽게 액화되어 수송하기도 쉬웠다. 독일군은 1915년 4월 날씨가 좋은 날을 골라 최초의 염소가스 공격을 개시했다. 발사기에서 나오는 염소가스를 전혀 예측하지 못했던 연합군 병사들은 참호 속에서 고통스럽게 죽어갔다.

독일군은 이 전투에서 승리했지만 승리의 행진이 오래가지는 못했다. 연합군 측이 염소가스의 맹점을 파악해 대응했기 때문이다. 축축한 손수건을 코와 입에 갖다 대고 바람이 오는 방향을 피하고 있으면 염소가스의 피해를 덜 받을 수 있었다. 쉽게 끝날 것 같던 전쟁이 교착상태에 빠지자 나치 수뇌부는 하버에게 더 치명적인 독가스를 요구했다. 독가스가 들어 있는 탄두가 폭발하면 적군 전체를 순식간에 싹쓸이할 수 있는 것을 개발하라는 명령이었다.

1916년 하버는 독일 육군의 화학전 전담국 책임자로 임명되었다. 이번에 하버가 연구해낸 것은 포스젠phosgene과 이페리트yperite였다. 포스젠은 몇 초 만에 사람을 죽일 수 있는 독극물이었고, 이페리트는 사람의 눈을 멀게 하고 폐를 손상시키는 독성이 강한 물질이었다. 즉각 실전에 투입된 이 독가스로 수천 명의 프랑스군이 그 자리에서 몰살당했다. 독가스의 공포에 겁이 질린 연합군은 방독면을 개발해 독일군의 화생방전에 맞섰다.

전쟁은 점점 광기로 치달았다. 제1차 세계대전 동안 독일과 연합군 양편에서 화학무기만을 연구한 과학자가 모두 5,500명 정도에 달했고, 독가스 공격으로 무려 100만 명의 사상자가 났다. 하버의 아내는 독가스 살포 소식을 듣고 1915년 5월 어느 날 새벽, 권총 자살로 생을 마감했다. 최초로 동위원소의 존재를 밝힌 영국의 화학자 프레더릭 소디Frederick Soddy(1877~1956)는 영국 군부로부터 런던탑에 감금하겠다는 위협을 받으면서도 독가스 관련 연구를 용감하게 거절했다.

아인슈타인은 절친했던 친구 하버를 찾아가 독가스 개발을 막으려고 애썼지만 허사였다. 하버는 아인슈타인에게 전시에 과학자가 해야 할 일은 순수과학에 봉사하는 것이 아니라 조국에 봉사하는 일이라고 말했다. 하지만 하버가 그토록 충성을 바쳤던 조국 독일은 그가 유대인이라는 이유로 등을 돌렸다. 1933년 히틀러가 정권을 잡은 후, 하버는 20년 동안 몸담았던 빌헬름 물리화학연구소에서 쫓겨나 망명길에 올랐다. 수많은 연합군 병사를 고통스럽게 죽게 만든 하버는 이듬해 스위스의 초라한 호텔방에서 심장마비에 의한 돌연사로 최후를 맞았다.

놀라운 사실은 1915년 독가스를 만들어 실전에 투입한 하버에게 1918년 노벨화학상이 주어졌다는 것이다. 유럽 사회는 과학자의 사회적 책임에 대한 의식이 마비되어 있었다. 과학자들은 자신들이 개발한 무기가 어떤 영향을 미치는지에 대해 거의 알지도 못했고 심각한 문제의식을 느끼지도 않았다. 반면 하버의 아내 클라라 임머바르

Clara Immerwahr(1870~1915)는 과학자들이 대량살상무기를 만드는 데 누구보다 절망했다. 그녀는 독일 여성 중에 몇 안 되는 박사학위 소지자이며 유능한 화학자였다. 과학자로서 양심의 고통을 견딜 수 없었던 그녀는 남편의 행동에 저항하는 의미에서 자살을 선택했던 것이다.

제1차 세계대전 당시 방독면을 쓴 미국 군인들

인간은 왜 원자폭탄을 만들었을까?

과학자들은 과학이 전쟁에 이용되어서는 안 된다고 원칙적으로 생각했다. 그러나 전쟁은 과학의 발전을 촉진했으며 자연스럽게 과학자의 사회적 지위도 올라갔다. 현대사회에서 과학기술의 중요성은 제1차 세계대전과 제2차 세계대전을 거치면서 더욱 커졌다. 말 그대로 거대과학big science이 된 것이다. 과학기술은 정부(군부), 산업, 대학의 견고한 '군산학 복합체'로 결속되었다. 군부의 전폭적인 지원을 받고 원자탄, 항공기, 컴퓨터 등이 출현했다. 현대 산업은 제1~2차 세계대전에 헌신한 과학기술의 산물이라고 해도 과언이 아니다. 이제 전쟁과 과학기술의 타협은 감출 수 없는 역사적 사실이 되었다.

제2차 세계대전은 독가스보다 더 사악한 무기를 탄생시켰다. 20세기 현대 물리학자들은 원자의 세계를 연구해 제2차 세계대전이 발발하던 시점인 1938년에 우라늄의 원자핵 분열을 발견했다. 순수과학의 세계에서 일구어낸 위대한 과학적 발견이 원자폭탄으로 실용화될지는 아무도 예상하지 못한 상황이었다. 그동안 거의 쓸모없는 것으로 여겨지던 우라늄이 전쟁의 최대 관심사로 떠올랐고, 제2차 세계대전은 물리학자들의 전쟁이 되어버렸다.

나치의 박해를 피해 우수한 핵물리학자들이 독일을 떠났지만, 우라늄 핵분열을 발견한 오토 한, 프리츠 슈트라스만과 하이젠베르크 같은 유능한 과학자가 여전히 독일에 남아 있었다. 당시 미국으로 망명한 과학자 레오 실라르드Leo Szilard(1898~1964)와 아인슈타인 등은 히틀러가 원자폭탄을 개발할 가능성이 충분히 있다고 판단했다. 이들은 1939년 8월 미국의 루스벨트 대통령에게 미국 정부의 주의 깊고 신속한 대처가 필요하다는 편지를 보냈다. 한편 영국은 '모드위원회 Maud Committee'를 구성하고 그 산하에서 핵무기 개발에 대한 연구를 수행했다. 1941년 여름, 모드위원회는 우라늄 235와 플루토늄으로 원자폭탄의 제조가 가능하다는 보고서를 제출했다. 그동안 우라늄 폭탄을 만드는 데 걸림돌이던 문제가 해결된 것이다.

자연상태의 우라늄 광석에는 우라늄 238이 대부분이고 우라늄 폭탄을 만드는 데 필요한 우라늄 235는 0.7퍼센트에 불과하다. 다시 말해 우라늄 238은 폭탄 제조용으로 쓸모가 없고 우라늄 235가 필요한데, 이전까지는 이 둘을 분리해내는 일이 불가능하다고 알려져 있었다. 그런데 모드위원회의 과학자들은 우라늄 광석에서 우라늄 235를 분리, 농축할 수 있는 방법을 찾아냈다. 그리고 우라늄 238에서 폭탄으로 만들 수 있는 새로운 원소 플루토늄을 발견했다. 드디어 우라늄 235와 인공원소 플루토늄을 생산할 수 있게 된 것이다.

모드위원회의 보고서가 제출되자 영국의 정치권은 곧 원자폭탄 계획을 승인했다. 그런데 영국이 한창 전쟁 중이라는 문제가 제기되었다. 밤낮으로 공습에 시달리는 영국에 거대한 공장을 짓고 원자폭탄을 제조하는 일이 극히 위험하다는 것이었다. 영국의 과학자들은 영국과 미국의 공동개발을 제안하고 적극적으로 미국을 끌어들었다. 모드위원회 보고서를 읽은 미국 과학자들은 원자폭탄 연구의 중요성을 인식하고 미국 정부의 동참을 요구했다. 결국 원자폭탄에 대한 최초의 구상은 핵분열을 통해 폭탄개발이 가능하다고 인식한 과학자들에게서 나온 것이 분명하다. 과학자들이 이 구상을 정치권에 촉구하지 않았다면 원자폭탄 프로젝트는 시작되지도 않았을 것이다.

어쨌든 영국의 결정적인 기여로 1942년 6월 미국 정부는 암호명 '맨해튼 프로젝트Manhattan Project'에 착수했다. 육군 준장 레슬리 그로브스Leslie Groves(1896~1970) 장군이 이 계획의 총책임을 맡았다. 그는 미국의 여러 대학, 연구소, 산업체, 군대를 동원해 엄청난 규모의 프로젝트를 진행시켰다. 미국의 19개 주와 캐나다에 있는 37개의 공장이 가동되었고, 여기에서 일한 인력이 3만 7,800여 명에 이르렀으며, 당시 투여된 자금만 22억 달러였다.

전체 계획의 목표는 우라늄 235와 플루토늄을 생산해 각각의 폭탄을 제조하는 것이었다. 작업은 두 종류의 핵분열 가능 물질을 생산하는 것과 두 가지 유형의 원자탄을 설계하고 제조하는 것으로 나뉘었다. 시카고 대학의 금속연구소, 미국의 거대 화학회사 듀퐁사 등이 참여해 우라늄 235와 플루토늄의 분리, 농축을 주관했다. 거대한 제조공장을 짓고 원자로를 가동시키는 일에 수많은 과학자와 숙련 기술자들이 동원되었다.

원자폭탄의 설계와 조립은 버클리 대학의 젊은 이론물리학자 로버트 오펜하이머Robert Oppenheimer(1904~1967)가 진두지휘했다. 오펜하이머는 뉴멕시코 주의 로스앨러모스Los Alamos에 대규모 실험실을 짓고 비밀리에 과학자들을 끌어모았다. 오펜하이머는 리더십을 발휘해 개성이 강한 과학자들을 조직적으로 이끌었다. 1944년 가을이 되자 무려 3,000여 명의 과학자들이 실험실과 연구실을 대낮처럼 밝히고 폭탄설계에 매달렸다. 드디어 1945년 7월 '꼬마Little Boy'라는 이름의 우라늄 235 폭탄 한 개와 '뚱보Fat Man'라는 이름의 플루토늄 폭탄 두 개가 완성되었다.

며칠 뒤인 7월 16일에 뉴멕시코 주 사막에서 인류 역사상 최초의 원자폭탄 실험이 있었다. 플루토늄 폭탄 한 개는 과학자들이 예측한 것보다 더 파괴적인 굉음을 내면서 폭발했다. 이 광경을 지켜보던 이탈리아 물리학자 엔리코 페르미Enrico Fermi(1901~1954)는 "1,000개의 태양보다 밝다"라고 외치며 놀라움을 감추지 못했고, 오펜하이머의 입에서는 "나는 죽음의 신이요, 세상의 파괴자다"라는 고대 힌두교 경전의 한 구절이 흘러나왔다. 그 옆에 있던 물리학자 케네스 베인브리지Kenneth Bainbridge(1904~1996)는 "음, 이제 우리는 모두 개자식들이야" 하고 자조적인 욕을 내뱉었다.

핵무기는 과학기술자들이 만들었지만 일단 만들어진 다음에는 그들의 손을 떠났다. 상황은 묘하게 흘러갔다. 1945년 5월 8일 독일은 이미 항복을 했다. 일본은 항복하지 않고 계속 저항했지만 핵무기를 제조할 능력은 없었다. 핵폭탄을 만들기 전에 독일 나치가 선제공격을 할지도 모른다는 공포심으로 원자폭탄의 제조를 서두르던 명분은 사라졌다. 그런데도 원자폭탄의 사용은 기정사실화되었다. 맨해튼 프로젝트에는 너무나 많은 예산과 노력이 들어갔던 것이다. 한번 써보지도 못하고 원자폭탄을 폐기한다는 것은 아까운 일이었다. 맨해튼 프로젝트의 총책임자였던 그로브스 장군과 대다수 과학기술자는 오히려 일본의 항복을 걱정했다. 원자폭탄을 쓸 수 있는 기회를 잃을까봐 조바심을 내는 형국이었다.

그런데 일부 과학자들은 원자폭탄의 투하가 몰고 올 비극을 감지

트리니티 실험

1945년 7월 16일, 뉴멕시코 주 트리니티 실험장에서 인류 역사상 최초의 원자폭탄 실험이 성공했다.

했다. 루스벨트 대통령에게 원자폭탄 개발의 필요성을 처음으로 건의했던 실라르드가 가장 적극적으로 원폭투하 반대운동을 펼쳤다. 자신이 핵무기 개발을 주도했다는 책임감 때문에 가만히 있을 수 없었던 것이다. 그는 독일에서 망명한 물리학자 제임스 프랑크James Franck(1882~1964)와 함께 1945년 6월 11일에 「프랑크 보고서」를 발표했다.

「프랑크 보고서」는 핵무기의 위험성을 경고하고 인류의 미래를 위해 핵무기 사용이 통제되어야 한다는 것을 골자로 하고 있다. 이 보고서는 핵폭탄을 인명 살상용으로 쓰지 말고 무인도 실험을 통해 경각심을 일깨워 일본의 항복을 유도하자고 제안했다. 또한 영원한 비밀로 봉인할 수 없는 원자폭탄의 개발이 전 세계를 군비경쟁으로 치닫게 할 것이라 예견하고, 전쟁 이후 국제적인 통제방안을 마련해야 한다고 주장했다.

하지만 「프랑크 보고서」를 본 과학자들은 그들의 제안을 받아들이지 않았다. 로스앨러모스의 과학자들은 「프랑크 보고서」의 논쟁에 참여하는 일에 소극적이었다. 대다수의 미국인은 원자폭탄이 미국인의 목숨을 구할 수 있다고 생각했다. 이 보고서가 미국 대통령 트루먼에게 전달되기도 전에 결정은 이미 나버렸다. 트루먼은 소련이 일본전에 참여하기 전에 전쟁을 끝내야만 이후에 미소관계에서 확실한 주도권을 잡을 수 있다고 판단했다. 핵폭탄이 얼마나 처참한 결과를 가져올 것인지 진지한 고찰도 하지 않고 미국 정부와 군부는 원폭투하의 버튼을 눌렀다. 일본에 아무런 사전경고도 하지 않은 채 8월 6일 미국의 B-29 폭격기는 히로시마 상공으로 날아가 우라늄 폭탄 '꼬마'

를 투척했다. 그리고 3일 후 8월 9일 플루토늄 폭탄 '뚱보'를 나가사키에 떨어뜨렸다. 그 결과 8월 15일 일본은 무조건 항복을 했고, 이로써 제2차 세계대전은 비로소 막을 내렸다. 하지만 히로시마와 나가사키는 죽음의 도시가 되고 말았다.

원자폭탄이 폭발하는 순간, 우라늄이 전기충격을 받아 중성자들이 원자핵으로 떠밀려 들어가면서 연쇄반응이 일어나기 시작했다. 원자핵이 분열되면서 중성자가 튀어나오고 원래보다 감소된 질량은 에너지로 전환되었다. 질량이 엄청난 에너지를 방출하는 아인슈타인의 $E=mc^2$이 히로시마와 나가사키를 불바다로 만들었다. 핵폭탄의 중심 온도는 100만 도에 이르렀고 지면의 온도는 3,000도까지 끓어올랐다. 폭발로 방출된 에너지의 35퍼센트는 뜨거운 열로, 50퍼센트는 폭풍으로, 15퍼센트는 방사능 복사로 터져 나왔다. 1945년 그해 히로시마 주민 35만 명 중에 14만 명이 희생되었다. 나가사키에는 7만 5,000명의 사상자가 나왔고 도시의 건물 60퍼센트 이상이 무너져 내렸다.

다음은 히로시마에서 살던 한 목격자의 증언이다.

거기엔 마치 죽은 개와 고양이처럼 시체들이 둥둥 떠가고 있었다. 옷 조각들이 넝마처럼 그들 몸에 간댕거리고 있었다. 나는 둑 근처 모래톱에서 얼굴을 위로 하고 떠내려가는 한 여인을 보았다. 잘려나간 그녀의 가슴에서 피가 뿜어져 나오고 있었다. 세상에 어떻게 이런 끔찍한 모습이 있을 수 있는 걸까?[*]

당시 히로시마와 나가사키에는 7만 명의 한국인이 살고 있었는데 히로시마에서 3만 명, 나가사키에서 1만 명, 모두 4만 명의 한국인들도 이렇듯 처참하게 죽어갔다.

제2차 세계대전은 끝났지만 원자폭탄은 인류의 역사에 큰 상처를 남겼다. 인간의 창조성이 낳은 순수과학이 이토록 무시무시한 물건을 만들 수 있다는 사실에 모두 경악했다. 과학자들은 과학기술이 사회적으로 어떤 결과를 낳는지 직접 눈으로 확인했다. 과학자의 사회적 책임이 주요 논제로 떠올랐지만 과학자 몇몇의 노력으로 현대 산업자본과 권력의 흐름을 바꿀 수는 없었다.

현대 과학기술은 '거대과학'의 형태로 성과물을 만들어내는 대형 프로젝트가 되어버렸다. 과학자 한두 명이 실험실에서 연구하던 시절은 지나갔다. 엄청난 돈과 장비, 인력이 동원된 새로운 연구개발 시스템에서 과학자들은 하나의 부품이 되어버렸다. 정부 권력자들 사이에서는 충분한 자금과 노력을 투자하면 어떤 과학적 이론도 실용적 목적에 이용할 수 있다는 사고가 팽배해졌다.

제2차 세계대전 이후에 강대국들의 군비경쟁은 더 치열해졌다. 미국과 소련의 냉전시대는 수소폭탄 개발에 불을 지폈다. 1954년 3월 미국 최초의 수소폭탄 실험이 태평양에서 시행되었고, 그 이듬해 소련도 수소폭탄 개발에 성공했다. 이것은 히로시마에 투하된 원자폭탄의 1,000배가 넘는 위력을 가지고 있다. 원자폭탄의 한계를 뛰어

---

* 다이에나 프레스턴 지음, 류운 옮김, 『원자폭탄, 그 빗나간 열정의 역사』, 뿌리와이파리, 2006, 98~99쪽.

넘은 또 다른 신무기를 개발한 것이다. 수소폭탄은 무거운 원소의 원자분열이 아니라 가벼운 원소의 핵융합에 의해 에너지를 얻는 방식으로 어떤 이론적 제한도 없는 괴물이다. 인류는 한 번에 지구의 모든 생물과 문명을 절멸시킬 수 있는 무기를 스스로 만들어내고 만 것이다.

인간은 왜 원자폭탄을 만들었을까? 당연히 알고 있는 무서운 사실인데, 원자폭탄은 인간을 살상하기 위해 만든 무기다. 그러면 어떻게 원자폭탄을 만들 수 있었을까? 지금까지 과학의 역사에서 보았듯이 인간은 우주를 지배하는 힘을 알아낸 것이다. 중력과 전자기력, 핵력이 차례차례 밝혀지면서 산업혁명에서 과학과 기술의 융합 그리고 원자폭탄에 이르게 된 것이다. 어떤 물리학자는 유럽이 세계의 중심이 될 수 있었던 것은 바로 우주를 지배하는 힘들의 작동원리를 밝혔기 때문이라고 말한다. 결과적으로 우리는 자연세계를 탐구해 인간을 살리기도 하고 죽이기도 하는 도구를 만들었다. 단적으로 1986년 체르노빌과 2011년 후쿠시마에서 일어난 원자력발전소 사고는 20세기에 개발한 핵에너지가 얼마나 치명적인 위험성을 안고 있는지를 분명하게 보여주었다.

20세기 전반기는 물리학이 주도했다면, 20세기 후반기에는 생물학이 눈에 띄게 발전했다. 생명체에 대한 탐구는 부모 세대에서 자식 세대로 전달되는 유전자에 관심이 집중되었다. 1950년대에 유전자가 물리적 실재라는 사실은 DNA의 존재로 확인되었다. 1953년 미국의 생물학자 제임스 왓슨James Watson(1928~)과 영국의 물리학자 프랜시스 크릭Francis Crick(1916~2004)은 모든 생명체의 유전을 담당하는 물질인 DNA가 이중나선의 구조로 되어 있다는 사실을 규명했다. 그이후에 분자생물학과 유전공학이 급속하게 발전했다. 1970년대에 DNA 재조합 기술이 개발되었고, 1997년에는 복제양 돌리가 탄생했다. 21세기의 생명공학은 20세기의 원자폭탄만큼 과학계에 새로운 이슈로 떠올랐다. 유전자 변형Genetically Modified 식품은 DNA 재조합 기술의 위험성을 드러냈고, 유전공학의 상업화는 생명윤리의 문제에 부딪혔다. 이렇듯 현대의 과학기술은 인간의 삶을 위협할 정도로 성장해 철학적 성찰을 요구하게 되었다.

사람이
중심이다

어느 농부가 이렇게 말했다. "이제 사람이 없으면 세계도 없다는 걸 분명히 알겠네요." 그러자 교육자는 말했다. "글쎄요. 논의를 더 진전시켜볼까요. 세상의 모든 사람이 죽는다고 해도 세상은 여전히 남겠죠. 나무, 새, 짐승, 강, 바다, 별 등등이 모두 말이에요⋯⋯. 그 모든 것들도 세계 아닌가요?" 그러자 농민은 흥분해서 이렇게 대답했다. "하지만 '이것이 세계다'라고 말할 사람이 아무도 없잖아요?"*

세상의 모든 사람이 죽으면, '이것이 세계다'라고 말할 사람이 아무도 없잖아요? 이것은 브라질의 교육개혁가 파울루 프레이리Paulo Freire(1921~1997)가 쓴 『페다고지』에서 농부가 하는 말이다. 농부는 자신이 없다면 세계도 아무 의미를 갖지 않는다는 것을 깨닫는 순간, 자신이 세계를 해석하고 변화시키는 주체임을 자각했다. 인간은 세

* 파울루 프레이리 지음, 남경태 옮김, 『페다고지』, 그린비, 2002, 497쪽.

계를 이해하기 위해 끊임없이 노력하는 과정에서 과학이라는 언어를 창조했다. 인간의 머리뼈 안에 있는 약 1.4킬로그램의 세포 덩어리인 뇌는 세계에 대한 객관적 지식을 구성했다. 인간이 없다면 세계에 대한 앎으로서의 과학도 없는 것이다.

지금까지 살펴본 과학의 역사에서 과학기술은 인간의 세계관은 물론 실존양식까지 변화시켰다. 현대사회의 과학기술은 인간의 생존과 직결되어 있다. 인간의 안위와 생존보다 더 절박한 문제는 없다고 할 수 있다. 오늘날 인류는 환경파괴를 비롯해 전쟁, 인구증가, 경제 양극화 등 세계적 위기에 처해 있다. 과연 현대의 과학기술이 이러한 세계의 문제를 해결할 수 있을까? 다시 말해 과학기술의 발전이 인류에게 지속 가능한 행복을 선사할 수 있을까?

한국 사람들 대부분은 과학기술이 인간의 행복을 가져올 것이라고 믿고 있다. 역사적으로 우리는 서양의 근대과학을 받아들이면서 과학주의까지 수입했다. 과학기술은 역사를 진보시키는 선하고 좋은 것으로 인식되었다. 그런데 과학기술이 발전하면 무조건적으로 인간의 삶이 나아진다고 생각하는 것은 큰 착각이다. 우리는 과학의 역사를 통해 과학기술의 발전이 인간을 행복하게 해주지 않는다는 것을 확인할 수 있었다. 수많은 전쟁에서 과학기술은 인간을 죽이는 무기를 만드는 데 이용되었다. 과학기술의 발전은 인간의 행복을 증대시킨 만큼 불행도 증대시켰다. 우리가 간과하고 있는 것이 있다. 과학기술의 발전 그 자체가 중요한 것이 아니라는 점이다. 정작 중요한 것은 과학기술을 어떻게 발전시키고 어떻게 활용할 것인지의 문제다.

브라질의 농부처럼 우리는 자신이 세계를 변화시키는 주체임을 자각해야 한다. 지난 역사를 보면 한국인은 서양의 근대과학이 생산된 과정에서 철저하게 소외된 존재였다. 우리는 과학기술을 주도적으로 이끌기보다 과학기술에 끌려가고 있다. 인간인 우리가 과학기술에 맞춰 살고 있는지, 아니면 과학기술을 인간에 맞출 것인지를 생각할 시점이다. 과학기술이 중심이 아니라 사람이 중심이 되어야 한다. 우리가 어떻게 살 것인지를 먼저 묻고, 그다음에 과학기술의 방향성을 찾아야 한다는 것이다. 그동안 과학기술에 대한 철학적 성찰과 역사의식이 없었기 때문에 과학기술을 전쟁에 이용하는 극단적인 사태가 계속 벌어지고 있다.

다시 한번 한국인들이 왜 과학사를 읽어야 하는지를 강조하는 의미에서 다음과 같은 질문을 해보았다. 우리는 과학사를 통해 무엇을 배울 것인가? 첫째는 과학과 기술에 대한 역사의식이다. 과학과 기술은 역사 속에서 시대적 과제를 해결하기 위해 인간이 만들어낸 생산물이다. 과거에는 아프리카 초원에서 맹수들에게 쫓기던 영장류의 한 종에 불과했던 우리는 근대로 접어들어 과학과 기술을 발달시키면서 지구를 지배했다. 그 이후 유럽에서 근대과학이 출현했고 산업화를 통해 물질적 풍요를 이루었다. 오늘날 우리는 과학과 기술이 융합된 현대사회에 살고 있는데, 이러한 현대의 과학기술은 역사적으로 전례 없는 특이한 현상이다.

둘째는 과학사를 통해 과학기술에 대한 문제의식을 느끼는 것이다. 과학기술의 수많은 문제는 바로 우리가 만들었다. 따라서 우리가 해결해야 한다. 예를 들어 유럽에서는 과학혁명이 일어난 데 비해 중국에서는 과학혁명이 일어나지 않았다. 유럽에서 과학혁명과 산업혁명이 일어난 뒤, 유럽과 북미 대륙은 세계의 패권을 잡았고 불평등한 세계구조를 양산했다. 이러한 역사적 기원을 이해하고 현대의 과학기술이 자본주의와 산업화의 도구로 전락한 과정에 문제의식을 가져야 한다. 또한 지구 온난화와 생물 다양성의 감소 등 돌이킬 수 없는 환경파괴에 대해서도 막중한 책임감을 느껴야 한다.

과학기술은 현재 인류가 처한 생태계의 파괴와 자본주의의 모순을 극복할 수 있을 것인가? 이러한 문제의식은 다시금 지구에서 인간이라는 생물 종으로 진화한 우리 자신을 돌아보게 한다. 인간은 광대한 우주에서 티끌처럼 작은 존재에 불과하지만, 자기가 살고 있는 우주를 파악하고 삶의 가치를 부여하는 존재로 성장했다. 과학사는 인간이 우주와 자연을 해석하고 물리적 지배력까지 획득하는 과정을 낱낱이 보여주었다. 아인슈타인은 "우주에 대해 가장 이해할 수 없는 점은 우주가 인간에게 이해된다는 사실이다"라고 말했다. 분명 과학사는 인류가 직면한 문제의 심각성을 느끼고 그 문제를 해결하는 데 좋은 출발점이 될 것이다.

도판출처

58쪽 ⓒ Tunç Tezel/ TWAN

65쪽 https://en.wikipedia.org/wiki/Aristotelian_physics

90쪽 https://www.engadget.com/2018/09/28/backlog-zhang-heng-seismoscope/

107쪽 https://commons.wikimedia.org/wiki/File:Drawing_of_viscera_etc.,_Avicenna,_Canon_of_
Medicine_Wellcome_L0029162.jpg

115쪽 https://commons.wikimedia.org/wiki/File:Clock_Tower_from_Su_Song%27s_Book_desmear.JPG

119쪽 https://www.geographicus.com/P/AntiqueMap/TianwenTu-haungshang-1247

127쪽 https://museum.seoul.go.kr/www/relic/RelicView.do?mcsjgbnc=PS01003026001&mcseqno1=0
02674&mcseqno2=00000&cdLanguage=KOR#layer_download

128쪽 https://ko.m.wikipedia.org/wiki/파일:GeneralMapOfDistancesAndHistoricCapitals.jpg

148쪽 https://en.wikipedia.org/wiki/Bastion_fort

154~155쪽 https://commons.wikimedia.org/wiki/File:Colbert_Presenting_the_Members_of_the_
Royal_Academy_of_Sciences_to_Louis_XIV_in_1667.PNG

169쪽 Foundation de l'Hermitage, Lausanne, Switzerland

183쪽 https://en.wikipedia.org/wiki/Johannes_Kepler

200쪽 http://www.the-athenaeum.org/art/full.php?ID=132273

220쪽 https://www.sciencesource.com/archive/Newton-s-reflecting-telescope-SS2111162.html

225쪽 https://www.gazette-drouot.com/lot/publicShow?id=6516826

230쪽 https://commons.wikimedia.org/wiki/File:Sir_Isaac_Newton_by_Sir_Godfrey_Kneller,_Bt.jpg

246~247쪽 https://ggc.ggcf.kr/p/5a9d85da71dcf531873e71ec

255쪽 숭실대학교 한국기독교박물관

282쪽 https://commons.wikimedia.org/wiki/File:Lavoisier%27s_balance_for_weighing.jpg

286쪽 https://www.sophiararebooks.com/pages/books/4943/john-dalton/atomic-symbols-by-john-
dalton-explanatory-of-a-lecture-given-by-him-to-the-members-of-the-manchester

298쪽 https://historyofscience101.wordpress.com/2013/07/21/james-prescott-joule-1818-89/

308쪽 (위) ⓒ Bennyartist/ 셔터스톡 (아래) ⓒ Chantal de Bruijne

313쪽 Arts and Humanities Research Council, Swindon, U.K.

333쪽 https://en.wikipedia.org/wiki/Solvay_Conference

351쪽 https://en.wikipedia.org/wiki/Edward_Duncan

* 작업자가 직접 그린 것과 저작권이 없는 경우는 따로 출처를 표기하지 않았습니다.

찾아보기

381